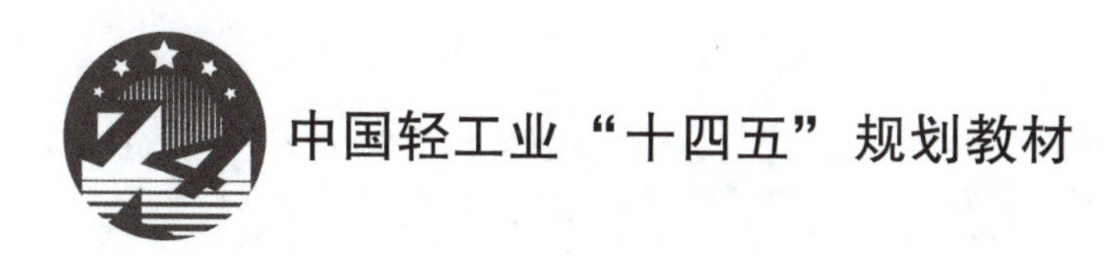

数控车铣加工
（1+X 实操教程）

主　编　刘　勇　代艳霞　伍倪燕
副主编　王　信　赖　啸　王　用　程艳奎
参　编　刘学航　汪朝志（普什集团）
田进宏（华中数控）　岳　松

任务扩展训练图纸

北京理工大学出版社
BEIJING INSTITUTE OF TECHNOLOGY PRESS

内 容 简 介

在响应教育部发布的“1+X”数控车铣加工职业技能等级标准的背景下，本书作为一部校企合作精心打造的“双元”教材，旨在为高等院校、高职院校的装备制造类专业学生以及企业技术人员提供一个实践与理论相结合的学习途径。本教材紧密结合企业数控加工的真实生产项目，内容涵盖车削零件数控加工、铣削零件数控加工以及“1+X”数控车铣加工考核训练三大学习领域，分为17个细分的学习任务，每个任务都旨在培养学习者对应的职业能力和技能。本书以企业项目为核心，任务驱动学习，强调技能训练，以增强学习者的实践操作能力。教材内容围绕工作任务卡、知识链接、任务分组、信息获取、工作实施、反馈评价等多个环节设计，形成完整的学习闭环，旨在通过实践操作的同时，强化学习者的理论知识和技能应用。

图书在版编目（CIP）数据

数控车铣加工：1+X实操教程 / 刘勇，代艳霞，伍倪燕主编. -- 北京：北京理工大学出版社，2024.6(2024.8重印).

ISBN 978-7-5763-4354-0

Ⅰ. TG519.1;TG547

中国国家版本馆CIP数据核字第2024KF3284号

责任编辑：王玲玲　　**文案编辑**：王玲玲
责任校对：刘亚男　　**责任印制**：李志强

出版发行 / 北京理工大学出版社有限责任公司
社　　址 / 北京市丰台区四合庄路6号
邮　　编 / 100070
电　　话 / (010) 68914026（教材售后服务热线）
(010) 68944437（课件资源服务热线）
网　　址 / http://www.bitpress.com.cn

版 印 次 / 2024年8月第1版第2次印刷
印　　刷 / 涿州市新华印刷有限公司
开　　本 / 787 mm×1092 mm　1/16
印　　张 / 17.5
字　　数 / 397千字
定　　价 / 49.50元

前　言

在响应教育部发布的“1+X”数控车铣加工职业技能等级标准的背景下，本书作为一部校企合作精心打造的“双元”教材，旨在为高职高专院校的装备制造类专业学生以及企业技术人员提供一个实践与理论相结合的学习途径。为深入贯彻落实党的二十大精神，助推中国制造高质量发展，本书紧密结合企业数控加工的真实生产项目，内容涵盖车削零件数控加工、铣削零件数控加工及1+X数控车铣加工考核训练三大学习领域，包括17个细分的学习任务，每个学习任务都旨在培养学习者对应的职业能力和技能。

本书采用了活页式教材形式，以企业项目为核心，任务驱动学习，强调技能训练，以增强学习者的实践操作能力。本书内容围绕工作任务卡、知识链接、任务分组、信息获取、工作实施、反馈评价等多个环节设计，形成完整的学习闭环，旨在通过实践操作的同时，强化学习者的理论知识和技能应用。

本书在编写上突出任务驱动的学习方法，通过工作手册和任务工卡的形式安排学习任务，确保每个任务都能引入新的技能点。通过零件的生产工作过程的操作指导，帮助学习者快速、有效地自学和理解相关知识，同时，通过提供相关视频资源和教师的共同指导，确保学习者能够在实践中深化理解。

本书由刘勇编写学习任务一、二、三、七、十一、十二、十三；代艳霞与伍倪燕联合编写学习任务八、九、十；赖啸与刘学航联合编写学习任务四、五、六；王信与程艳奎联合编写学习任务十四、十五；王用与汪朝志（普什集团）联合编写学习任务十六；田进宏（华中数控）与岳松联合编写学习任务十七。本书得到了来自各方的专业审稿，确保了内容的专业性和实用性。

我们深知，无论是教材的编写还是技术的传授，都难免存在不足之处，因此，我们诚挚地欢迎读者的批评指正，以期不断改进和完善本书。

编　者

学习领域一 车削零件数控加工

学习模块一 数控车床基本操作 …… 3
学习任务一 HNC-8 型数控系统数控车床基本操作 …… 3
学习任务二 数控车削刀具的安装与工件的装夹 …… 17
学习任务三 数控车床对刀操作 …… 27

学习模块二 数控车削编程与加工 …… 43
学习任务四 阶梯轴 CAD/CAM 数控车削编程与加工 …… 43
学习任务五 螺纹轴 CAD/CAM 数控车削编程与加工 …… 64
学习任务六 内孔零件 CAD/CAM 数控车削编程与加工 …… 82
学习任务七 复杂零件 CAD/CAM 数控车削编程与加工 …… 98

学习领域二 铣削零件数控加工

学习模块一 数控铣床基本操作 …… 127
学习任务八 HNC-8 型数控系统数控铣床基本操作 …… 127
学习任务九 数控铣削刀具的安装与工件的装夹 …… 137
学习任务十 数控铣床对刀操作 …… 149

学习模块二 数控铣削编程与加工 …… 161
学习任务十一 平面零件 CAD/CAM 数控铣削编程与加工 …… 161
学习任务十二 型腔零件 CAD/CAM 数控铣削编程与加工 …… 183

学习任务十三　孔类零件 CAD/CAM 数控铣削编程与加工 …… 204
学习任务十四　综合零件 CAD/CAM 数控铣削编程与加工 …… 220

学习领域三　1+X 数控车铣加工考核训练

学习任务十五　1+X 数控车铣加工考核训练（初级） …… 237
学习任务十六　1+X 数控车铣加工考核训练（中级） …… 249
学习任务十七　1+X 数控车铣加工考核训练（高级） …… 261

学习领域一

车削零件数控加工

学习模块一 数控车床基本操作

学习任务一 HNC-8 型数控系统数控车床基本操作

学习任务卡

任务编号	1	任务名称	HNC-8 型数控系统数控车床基本操作
设备名称	数控车床	实训区域	数控车间-车削中心
数控系统	HNC-8 型数控车削系统	建议学时	2
参考文件	1+X 数控车铣加工职业技能等级标准		
学习目标	1. 掌握 HNC-8 型数控车床开关机步骤及注意事项； 2. 认识 HNC-8 型车削系统主机（NC）面板及操作面板； 3. 操作 HNC-8 型数控车床； 4. 新建数控加工程序，在自动方式下，调用数控加工程序并仿真加工； 5. 安全文明生产，掌握车间安全操作规程。		
素质目标	1. 执行安全、文明生产规范，严格遵守车间制度和劳动纪律； 2. 着装规范，不携带与生产无关的物品进入车间； 3. 遵守实训现场工具、量具和刀具等相关物料的定制化管理； 4. 培养学生爱岗敬业、热爱劳动、规范操作、严守流程、团队协作的职业素养。		
任务书			
1. 独立完成数控车床开关机检查； 2. 独立操作 HNC-8 型系统数控车床； 3. 独立完成新建数控加工程序和编辑程序； 4. 独立完成数控加工程序刀路轨迹图形模拟校验； 5. 独立完成数控加工程序自动运行。			

知识链接 <<<

1. 数控车床开机前检查

①检查机床外观，清除机床上的灰尘和切屑，检查液压和润滑油箱的油位。

②检查机床防护门、电气控制柜门等是否已经关闭。

③检查机床操作面板上的急停按钮是否按下处于急停状态。

④移去调节的工具，启动机床前应检查是否已将扳手、楔子等工具从机床上拿开。

2. 数控车床开关机步骤

①打开机床电气柜的电源总开关，接通机床主电源，电源指示灯亮，电气柜散热风扇启动。

②在机床操作面板上按下系统电源启动“ON”键（关机时按“OFF”键），为数控系统上电，待显示器工作并显示初始画面。

③松开“急停”按钮（关机时按下“急停”按钮），为伺服系统上电。

④回零操作：如果机床的伺服系统采用的是增量式编码器，开机后需要进行回零操作；如果是绝对式编码器，则不需要进行回零操作。

⑤关机则是用相反的顺序操作。

3. 认识 HNC-8 型车削系统主机（NC）面板及操作面板

1）主机（NC）面板

HNC-8 型系统主机面板（NC 面板）包括 MDI 键盘区、功能按键区、软键区。系统主机面板区域划分如图 1.1 所示。

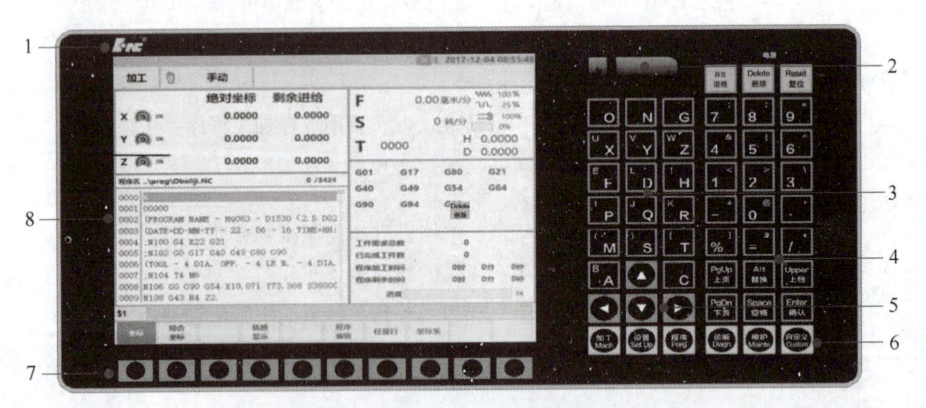

图 1.1 系统主机面板区域划分

1—LOGO；2—USB 接口；3—字母键盘区；4—数字及字符按键区；
5—光标按键区；6—功能按键区；7—软键区；8—屏幕显示界面区

（1）MDI 键盘

HNC-8 型系统主机（NC 面板）MDI 键盘按键功能说明见表 1.1。

表 1.1 MDI 键盘按键功能说明

类型	图标	功能说明
字符键	O N G / U X, V Y, W Z / E F, L D, ! H / I P, J Q, K R / (M,) S, [T / B A, C / 7, 8, 9 / 4, 5, 6 / 1, 2, 3 / –, 0, . / %, =, /	输入字母、数字和符号。每个键有上、下两档，当按下“上档键”的同时，再按“字符键”，输入上面的字符，否则，输入下面的字符
光标移动键	▲ ◀ ▼ ▶	控制光标左右、上下移动
程序名符号键	%	其下档键为主、子程序的程序名符号
退格键	BS 退格	向前删除字符等
删除键	Delete 删除	删除当前程序、字符等
复位键	Reset 复位	CNC 复位，进给、输入停止等
替换键	Alt 替换	当按 Alt 键的同时移动光标时，可切换屏幕界面右上角的显示框（位置、补偿、电流等）内容；当按 Alt+P 组合键时，可实现截图操作
上档键	Upper 上档	使用双地址按键时，切换上、下档按键功能。同时按上档键和双地址键时，上档键有效
空格键	Space 空格	向后空一格操作
确认键	Enter 确认	输入打开及确认输入
翻页键	PgUp 上页 PgDn 下页	上、下页面的切换

续表

类型	图标	功能说明
功能按键：加工/设置/程序/诊断/维护/自定义		加工：选择自动加工操作所需的功能集，以及对应界面。 设置：选择刀具设置相关的操作功能集，以及对应界面。 程序：选择用户程序管理功能集，以及对应界面。 诊断：选择故障诊断、性能调试、智能化功能集，以及对应界面。 维护：选择硬件设置、参数设置、系统升级、基本信息、数据管理等维护相关功能，以及对应界面。 自定义*（MDI）：选择手动数据输入操作的相关功能，以及对应界面
软键		HNC-808Di-TU 显示屏幕下方的 10 个无标识按键即为软键。在不同功能集或层级时，其功能对应为屏幕上方显示的功能。软键的主要功能如下： ①在当前功能集中进行子界面切换。 ②在当前功能集中实现对应的操作输入，如编辑、修改、数据输入等。 10 个软键中，最左端按键为返回上级菜单键，箭头为蓝色时有效，功能集一级菜单时箭头为灰色。10 个软键中，最右端按键为继续菜单键，箭头为蓝色时有效。当按下该键后，可在同一级菜单中界面循环切换（本系统同一级菜单最多为 2 页）

（2）显示界面

HNC-8 型数控系统常需配合使用相应的应用功能。在不同工作方式下，完成不同的工作，在数控装置的 NC 面板上，配有“加工、设置、程序、诊断、维护、自定义（MDI）”6 个功能按键，功能按键的说明及功能内容见表 1.2。每个功能按键对应一组功能集。每组功能集可通过功能软键选择相应的功能及显示界面。

表 1.2　HNC-8 型数控系统 NC 面板各功能集的功能说明及功能内容

功能集	功能说明	功能内容
加工	自动加工操作所需的功能	编辑新程序，编辑当前加载程序，编辑选择程序，加工程序选择，程序校验，对刀操作、刀补设置，图形设置，显示切换，用户宏查询，加工信息显示，参数配置（用户）
设置	刀具设置相关的操作功能	对刀操作、刀补设置、坐标设置、刀具寿命管理、刀具自动测量、螺纹修复
程序	用户程序管理功能	编辑新程序，从系统盘、U 盘、网盘中选择、复制、粘贴、删除程序，程序改名、排序，设置标记

续表

功能集	功能说明	功能内容
诊断	故障诊断、性能调试、智能化功能	1. 故障诊断功能：报警信息、报警历史、梯形图、PLC状态、宏变量、日志等功能。 2. 性能调试功能：伺服调整。 3. 智能化功能：二维码、故障录像、丝杠负荷检查等
维护	硬件设置、参数设置、系统升级、基本信息、数据管理等的维护	1. 系统硬件设备配置及配置顺序设定功能：设备配置。 2. 通用参数的设置功能：参数设置。 3. 用户选配参数的设置功能：参数设置。 4. 系统升级及调试功能：批量调试、数据管理、系统升级、权限管理、用户设定。 5. 注册、基本信息等功能：注册、机床信息、系统信息、工艺包、时间设定
自定义	手动数据输入操作的相关功能	暂停、清除、保存、输入

HNC-8 型系统显示界面区域划分如图 1.2 所示。

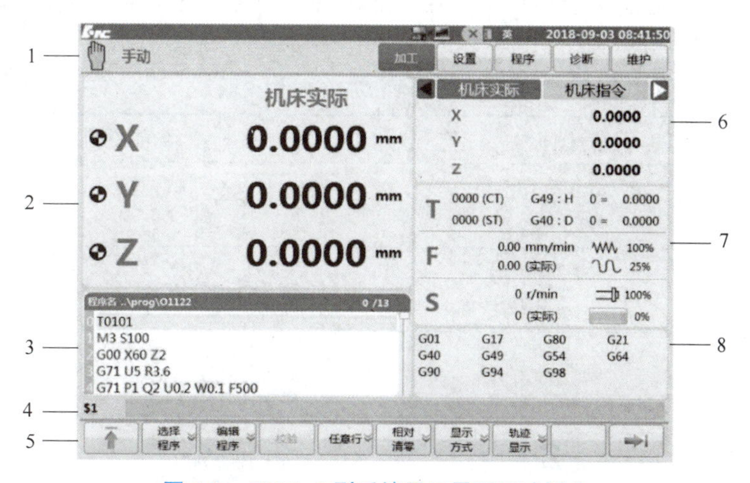

图 1.2　HNC-8 型系统显示界面区域划分

1—标题栏；2—图形显示窗口；3—G 代码显示区；4—输入框；
5—菜单命令条；6—轴状态显示；7 —辅助机能；8—G 模态及加工信息区

每组功能菜单由 10 个软键构成（一般预留有空白键），其中最左端按键为“返回上级菜单键”（↑），最右端按键为“继续菜单键”（→），箭头为蓝色时有效。功能集下的各级菜单，最多有 1 个主菜单、1 个扩展菜单。通过→循环切换，此时只有菜单变化，界面不变。数据输入等人机对话窗口一般可用相应软键打开，但有些安全要求较高的数据输入，需由“确认”键（Enter）激活对话框，方可输入数据或参数。

2）操作面板

HNC-8 型数控系统的操作面板区域划分如图 1.3 所示，操作者在操作数控机床时，

首先要正确选择相应的工作方式才能进行相应功能的操作。机床操作面板具体按键功能说明见表 1.3。

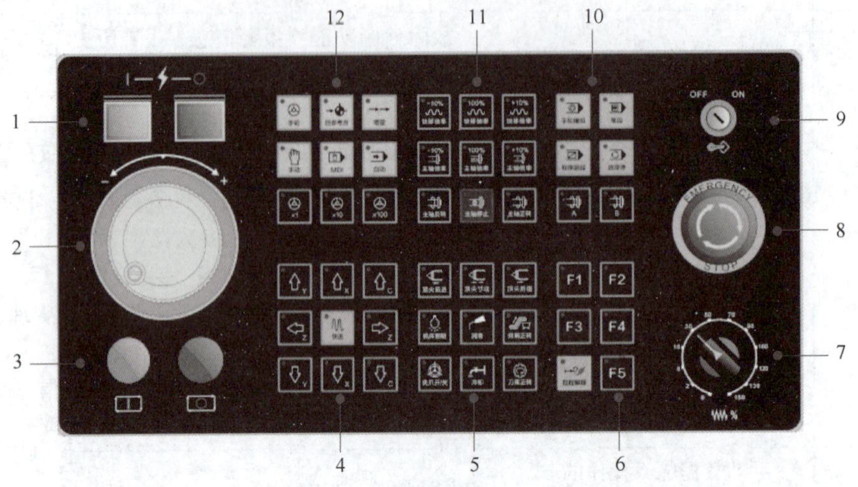

图 1.3　操作面板区域划分

1—电源通断开关；2—手摇脉冲发生器；3—循环启动/进给保持；4—进给轴移动控制按键区；5—机床控制按键区；6—机床控制扩展按键区；7—进给速度修调波段开关 ；8—急停按键；9 编辑锁开/关；10 运行控制按键区；11—速度倍率控制按键区；12—工作方式选择按键区

表 1.3　操作面板按键功能说明

按键	图标	功能说明
手轮	手轮	选择手轮工作方式
回参考点	回参考点	选择回参考点工作方式
增量	增量	选择增量工作方式
手动	手动	选择手动工作方式
MDI	MDI	选择 MDI 工作方式
自动	自动	选择自动工作方式
单段	单段	（1）逐段运行或连续运行程序的切换。 （2）单段有效时，指示灯亮
手轮模拟	手轮模拟	（1）手轮模拟功能是否开启的切换。 （2）该功能开启时，可通过手轮控制刀具按程序轨迹运行。正向摇手轮时，继续运行后面的程序；反向摇手轮时，反向回退已运行的程序

续表

按键	图标	功能说明
程序跳段	程序跳段	程序段首标有“/”符号时，该程序段是否跳过的切换
选择停	选择停	（1）程序运行到“M00”指令时，是否停止的切换。 （2）若程序运行前已按下该键（指示灯亮），当程序运行到“M00”指令时，则进给保持，再按循环启动键才可继续运行后面的程序；若没有按下该键，则连贯运行该程序
超程解除	超程解除	（1）取消机床限位。 （2）按住该键可解除报警，并可运行机床
循环启动		程序、MDI 指令运行启动
进给保持		程序、MDI 指令运行暂停
增量/手轮倍率	x1 x10 x100	手轮每转 1 格或手动控制轴进给键每按 1 次，则机床移动距离对应为 0.001 mm/0.01 mm/0.1 mm
快移倍率修调	-10% 快移倍率 100% 快移倍率 +10% 快移倍率	快移速度的修调
主轴倍率	-10% 主轴倍率 100% 主轴倍率 +10% 主轴倍率	主轴速度的修调
主轴控制	主轴反转 主轴停止 主轴正转	主轴正转、反转、停止运行控制
动力头控制	A B	（1）动力头正转、反转控制。 （2）按下该键，切换动力头旋转/停止
手动控制轴进给	Y X C Z 快进 Z Y X C	（1）手动或增量工作方式下，控制各轴的移动及方向。 （2）手轮工作方式时，选择手轮控制轴。 （3）手动工作方式下，分别按下各轴时，该轴按工进速度运行，当同时还按下“快移”键时，该轴按快移速度运行
机床控制	顶尖前进 顶尖寸动 顶尖后退 机床照明 润滑 排屑正转 夹爪开/关 冷却 刀库正转	手动控制机床的各种辅助动作（顶尖前进、寸动、后退；夹爪开/关；刀库正转；机床照明；润滑；排屑正转；冷却）

续表

按键	图标	功能说明
机床控制扩展	F1 F2 F3 F4 F5	手动控制机床的各种辅助动作（机床厂家根据需要设定）
程序保护开关		保护程序不被随意修改
急停		紧急情况下，使系统和机床立即进入停止状态，所有输出全部关闭
进给倍率旋钮		进给速度修调
手轮		控制机床运动（当手轮模拟功能有效时，其还可以控制机床按程序轨迹运行）
系统电源开		数控装置上电
系统电源关		数控装置断电

HNC-8 型系统是用于数控车床的 CNC 控制装置，其 MCP 面板上配置有“手动、自动、单段、MDI、增量/手轮、回参考点”6 种工作方式按键。在数控机床的操作过程中，这 6 种工作方式的功能说明及功能应用见表 1.4。

表 1.4 MCP 面板 6 种工作方式的功能说明及功能应用

工作方式	功能说明	功能应用
手动	通过手动按键控制机床轴连续运动，以及辅助动作控制等	零件加工前的准备工作及简单的加工工作等
自动	机床根据编辑的程序连续自动运行	零件的连续自动加工、程序校验等
单段	机床根据编辑的程序逐段自动运行	加工位置检查及程序校验
MDI	机床运行手动输入的程序	简单零件的自动加工及坐标设置等
增量/手轮	通过按键或手轮，精确操控机床的轴运动	对刀操作或简单零件的手动加工等
回参考点	控制机床各轴回到机床参考点的位置	开机后校准机床位置等

4. 加工功能集显示界面及基本操作

加工功能集汇集了加工零件所需的全部功能，兼具“设置”“程序”“维护”功能集的功能，极大地减少了界面切换。该功能集下可完成的操作包含选择加工程序、选择编辑程序、编辑新程序、校验程序、对刀操作、坐标设定、任意行、参数配置、坐标显示、图形显示、加工信息显示、用户宏查询等工作。加工集界面显示区域划分如图 1.4 所示。

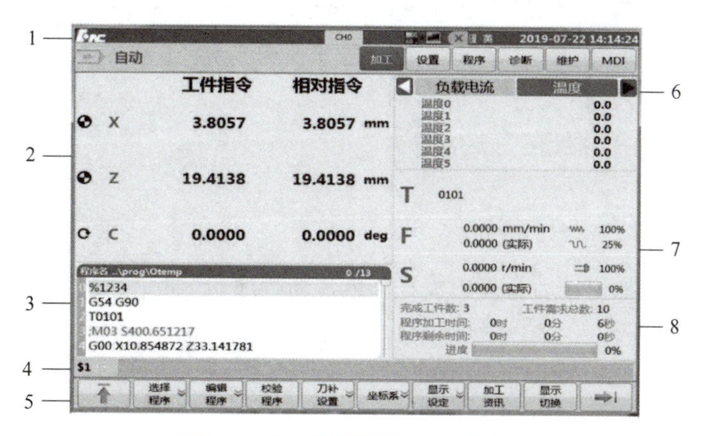

图 1.4　加工集界面显示区域划分

1—标题栏；2—坐标图形显示窗口：坐标、图形、程序显示区域；3—G 代码显示区：预览或显示加工程序的代码；4—输入框：在该栏键入需要输入的信息；5—菜单命令条：通过菜单命令条中对应的功能键来完成系统功能的操作；6—轴状态显示区：显示轴的坐标位置、脉冲值、断点位置、补偿值、负载电流等；7—辅助机能：T/F/S 信息区；8—加工资讯区：显示加工过程中的 G 模态、程序进程、工件数量

学习任务单

任务分组

学生任务分配表

<table>
<tr><td>班级</td><td></td><td>组号</td><td></td><td>指导教师</td><td></td></tr>
<tr><td>姓名</td><td></td><td>学号</td><td></td><td>工位号</td><td></td></tr>
<tr><td>组员</td><td colspan="5"><table>
<tr><td>班级</td><td>姓名</td><td>学号</td><td>电话</td></tr>
<tr><td></td><td></td><td></td><td></td></tr>
<tr><td></td><td></td><td></td><td></td></tr>
<tr><td></td><td></td><td></td><td></td></tr>
<tr><td></td><td></td><td></td><td></td></tr>
<tr><td></td><td></td><td></td><td></td></tr>
</table></td></tr>
<tr><td>任务分工</td><td colspan="5"></td></tr>
</table>

获取资讯

引导问题 1： 如何创建新程序？

引导问题 2： 如何在后台编辑模式下创建新程序？

引导问题 3： 如何在后台编辑模式下编辑当前或非当前加工程序？

小提示：程序运行过程中，当前加工程序不可编辑，但在非运行状态时，可用后台编辑功能编辑当前加工程序。“后台编辑”已有程序后，不影响当前加工程序的加载状态。

引导问题 4： 如何对多程序段进行复制、粘贴操作？

小提示：“块操作”功能常用于多程序段的复制、粘贴等操作。其通过定义多程序段的开始段及结尾段，从而定义“块”的大小及位置。该功能是一种方便程序编辑的功能，故该软键处于程序编辑状态的子菜单中，程序编辑状态有：“加工”集下，“后台编辑”功能的编辑和新建程序状态；“加工”集下，“程序编辑”功能的编辑当前加工程序状态；“程序”集下，“新建”功能的新建程序状态。

引导问题 5： 如行利用程序进行校验和对校验图形进行设置？

小提示："校验程序"主要实现快速的程序检查，此时机床不运行。校验程序在自动、单段工作方式下有效，按下"校验程序"软键后，工作方式显示由"自动"变为"校验"。

工作实施

1. 独立完成数控机床开机与关机，并描述开/关机的具体操作步骤。

2. 独立完成新建数控加工程序，并描述新建加工程序的操作步骤。

3. 在自动方式下调用数控加工程序，并描述具体操作流程。

实施反馈

实施反馈

序号	操作流程	操作内容	问题反馈
1	启动机床	开机前检查→通电→启动数控系统→低速热机→回机床参考点（先回 X 轴，再回 Z 轴）	
2	主轴正/反转	在 MDI 模式下输入主轴正转指令，然后运行，在手动方式下，手动控制主轴正/反转，通过主轴转速修调开关调整主轴转速	
3	手动/手轮移动工作台	在手动方式下移动工作台，通过手动进给倍率修调开关调整手动移动速度；在手轮方式下移动工作台，切换手轮轴和手轮倍率开关调整移动轴和移动速率	
4	程序编辑、校验	在编辑模式下，新建数控加工程序，并完成程序的编辑、保存、检验和检验图形设置	
5	机床关机	检查机床→关机	

考核评价

各组代表展示作品，介绍任务完成过程。作品展示前，应准备阐述材料。

小组自评表

<table>
<tr><td>班级</td><td></td><td>组名</td><td></td><td>日期</td><td>年　月　日</td></tr>
<tr><td>评价指标</td><td colspan="3">评价要素</td><td>分数</td><td>分数评定</td></tr>
<tr><td>信息检索</td><td colspan="3">能有效利用网络资源、工作手册查找有效信息；能用自己的语言有条理地去解释、表述所学知识；能将查找到的信息有效转换到工作中</td><td>10</td><td></td></tr>
<tr><td>感知工作</td><td colspan="3">是否熟悉各自的工作岗位，认同工作价值；在工作中是否获得满足感</td><td>10</td><td></td></tr>
<tr><td rowspan="2">参与状态</td><td colspan="3">与教师、同学之间是否相互尊重、理解、平等；与教师、同学之间是否能够保持多向、丰富、适宜的信息交流</td><td>10</td><td></td></tr>
<tr><td colspan="3">探究学习、自主学习不流于形式，处理好合作学习和独立思考的关系，做到有效学习；能提出有意义的问题或能发表个人见解；能按要求正确操作；能够倾听、协作分享</td><td>10</td><td></td></tr>
<tr><td>学习方法</td><td colspan="3">工作计划、操作技能是否符合规范要求；是否获得了进一步发展的能力</td><td>10</td><td></td></tr>
<tr><td>工作过程</td><td colspan="3">遵守管理规程，操作过程符合现场管理要求；平时上课的出勤情况和每天完成工作任务情况较好；善于多角度思考问题，能主动发现、提出有价值的问题</td><td>15</td><td></td></tr>
<tr><td>思维状态</td><td colspan="3">能发现问题、提出问题、分析问题、解决问题、创新问题</td><td>10</td><td></td></tr>
<tr><td>自评反馈</td><td colspan="3">按时按质完成工作任务；较好地掌握了专业知识点；具有较强的信息分析能力和理解能力；具有较为全面、严谨的思维能力，并能条理明晰地表述成文</td><td>25</td><td></td></tr>
<tr><td colspan="4">互评分数</td><td colspan="2"></td></tr>
<tr><td>有益的经验和做法</td><td colspan="5"></td></tr>
<tr><td>总结反思建议</td><td colspan="5"></td></tr>
</table>

小组互评表

班级		组名		日期	年 月 日
评价指标	评价要素			分数	分数评定
信息检索	该组能否有效利用网络资源、工作手册查找有效信息			5	
	该组能否用自己的语言有条理地去解释、表述所学知识			5	
	该组能否将查找到的信息有效转换到工作中			5	
感知工作	该组能否熟悉自己的工作岗位、认同工作价值			5	
	该组成员在工作中是否获得满足感			5	
参与状态	该组与教师、同学之间是否相互尊重、理解、平等			5	
	该组与教师、同学之间是否能够保持多向、丰富、适宜的信息交流			5	
	该组能否处理好合作学习和独立思考的关系，做到有效学习			5	
	该组能否提出有意义的问题或能发表个人见解；能按要求正确操作；能够倾听、协作分享			5	
	该组能否积极参与，在产品加工过程中不断学习，综合运用信息技术的能力得到提高			5	
学习方法	该组的工作计划、操作技能是否符合规范要求			5	
	该组是否获得了进一步发展的能力			5	
工作过程	该组是否遵守管理规程，操作过程符合现场管理要求			5	
	该组平时上课的出勤情况和每天完成工作任务情况			5	
	该组成员是否能加工出合格工件，并善于多角度思考问题，能主动发现、提出有价值的问题			15	
思维状态	该组是否能发现问题、提出问题、分析问题、解决问题、创新问题			5	
互评反馈	该组是否能严肃、认真地对待互评，并能独立完成测试题			10	
互评分数					
有益的经验和做法					
总结反思建议					

总评表

序号	评价项目	小组自评（30%）	小组互评（30%）	教师评价（40%）	总评
1	任务是否按时完成				
2	材料完成并上交情况				
3	作品质量				
4	语言表达能力				
5	小组成员合作情况				
6	创新点				

问题分析总结

任务完成后，学员根据任务实施情况分析存在的问题及原因，并填写任务实施情况分析表。指导教师对任务实施情况进行讲评。

任务实施情况分析表

任务实施过程	存在的问题	解决问题的方法	点评
机床基本操作			
程序编辑与校验			
安全文明			

任务扩展训练

学习任务二 数控车削刀具的安装与工件的装夹

学习任务卡

任务编号	2	任务名称	数控车削刀具的安装与工件的装夹
设备名称	数控车床	实训区域	数控车间-车削中心
数控系统	HNC-8 型数控车削系统	建议学时	2
参考文件	1+X 数控车铣加工职业技能等级标准		
学习目标	1. 了解数控车刀的种类及特点； 2. 正确选择和使用数控车削刀具； 3. 学会根据被加工材料和工序来合理选择数控刀具的类型、材料和切削参数。		
素质目标	1. 执行安全、文明生产规范，严格遵守车间制度和劳动纪律； 2. 着装规范，不携带与学习无关的物品进入车间； 3. 遵守实训现场工具、量具和刀具等相关物料的定制化管理； 4. 严禁徒手清理铁屑，气枪严禁指向人； 5. 培养学生爱岗敬业、工作严谨、精益求精的职业素养。		
任务书			
1. 根据被加工材料和工序来合理选择数控刀具的类型、材料和切削参数； 2. 独立完成外圆车刀的装刀； 3. 独立完成螺纹车刀的装刀； 4. 独立完成切槽刀的装刀； 5. 独立完成内孔加工刀具的装刀。			

知识链接 < < <

1. 数控车床常用刀具及其选用

1）数控车床常见加工类型

数控车床是目前使用最广泛的数控机床之一，主要用于加工轴类、盘类等回转体零件。通过数控加工程序的运行，它能自动完成内外圆柱面、圆锥面、圆弧面及非圆弧曲线轮廓面、端面和螺纹等工序的切削加工，并能进行车槽、钻孔、扩孔、铰孔等加工。车刀按加工对象，可分为外圆车刀、端面车刀、孔车刀、切断刀、切槽刀等多种形式。数控车床上各种加工方法及车削刀具类型如图 2.1 所示。

2）刀具常用材料

车削刀具切削部分的材料应具备如下性能：高的硬度，足够的强度和韧性，高的耐磨

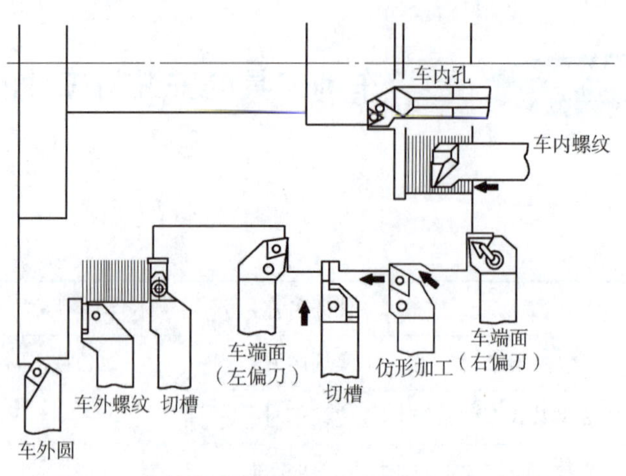

图 2.1　数控车床上各种加工方法及车削刀具类型

性，高的耐热性，良好的加工工艺性。

车削常用刀具材料：高速钢（俗称白钢刀条）、硬质合金、陶瓷、立方氮化硼（CBN）、聚晶金刚石（PCD）、表面涂层材料。数控机床上常用高速钢刀具和硬质合金刀具。材料越硬就越脆，越耐磨，在使用时需要高速、平稳，防止冲击和振动。

3）常用数控车削刀具结构

（1）整体式刀具结构

整体式刀具是指刀具切削部分和夹持部分为一体式结构的刀具。其制造工艺简单，刀具磨损后可以重新修磨。

（2）机夹式刀具结构

机夹式刀具是指刀片在刀体上的定位形式。机夹式刀具分为机夹可转位刀具和机夹不可转位刀具。数控机床一般使用标准的机夹可转位刀具。机夹可转位刀具一般由刀片、刀垫、刀体和刀片定位夹紧元件组成，如图 2.2 所示。

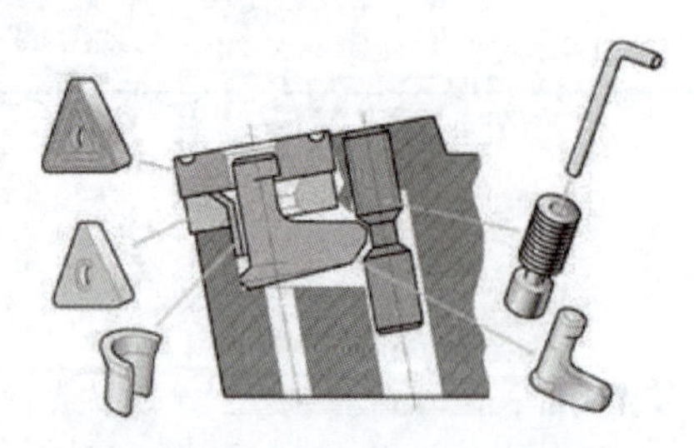

图 2.2　机夹可转位刀具结构

可转位刀片的夹紧方式：楔块上压式、杠杆式（图 2.2）、螺钉上压式。

要求：夹紧可靠、定位准确、排屑流畅、结构简单、操作方便。

4）数控车削刀具的选用

（1）车削刀具的选择原则

①尽可能选择大的刀杆横截面尺寸、较短的长度尺寸，可以提高刀具的强度和刚度，减小刀具振动。

②选择较大主偏角（大于 75°，接近 90°）。粗加工时，选用负刃倾角刀具，精加工时，选用正刃倾角刀具。

③精加工时，选用无涂层刀片及小的刀尖圆弧半径。

④尽可能选择标准化、系统化刀具。

⑤选择正确的、快速装夹的刀杆刀柄。

（2）选择车削刀具的考虑要点

数控车床一般使用标准的机夹可转位刀具。机夹可转位刀具的刀片和刀体都有标准，刀片材料采用硬质合金、涂层硬质合金等。

数控车床机夹可转位刀具类型有外圆刀、端面车刀、外螺纹刀、切断刀具、内圆刀具、内螺纹刀具、孔加工刀具（包括中心孔钻头、镗刀、丝锥等）。

首先根据加工内容确定刀具类型，然后根据工件轮廓形状和走刀方向来选择刀片形状，如图 2.3 所示。

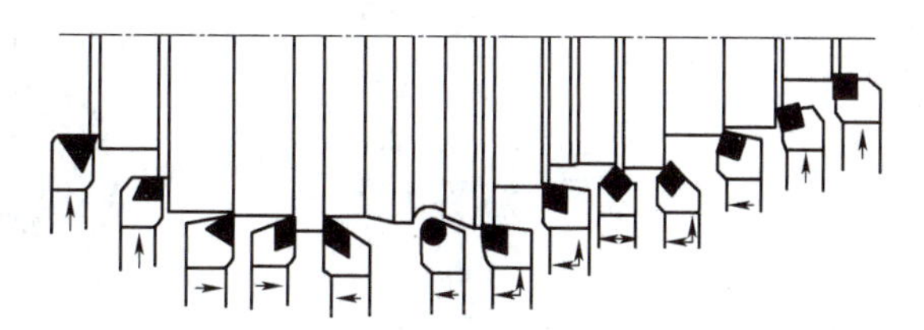

图 2.3　按走刀方向选择刀片形状

2. 刀具的安装与工件的装夹

1）刀具的安装

车削刀具安装注意事项：

①刀尖伸出长度要适中。不能过长，也不能过短。过长会降低刀杆的强度，过短可能会出现干涉。

②安装刀具要稳固，也不易太紧，长期过紧安装可能会损坏刀架上的丝扣。

③安装刀具时，刀位选择要结合加工工艺，根据工序来合理安排刀具的顺序，减少换刀耗费的时间。

④要逐一排除各刀位之间相互干涉的情况，特别注意钻头、镗刀和内螺纹刀。

⑤车刀刀尖应与工件轴线等高。当车刀刀尖高于工件轴线（图 2.4（a））时，车刀的实际后角减小，车刀后面与工件之间的摩擦增大；当车刀刀尖低于工件轴线（图 2.4（c））时，车刀的实际前角减小，切削阻力增大，如果刀尖不对中心，在车至端面中心时，会留有凸台，并极易使刀尖崩碎。

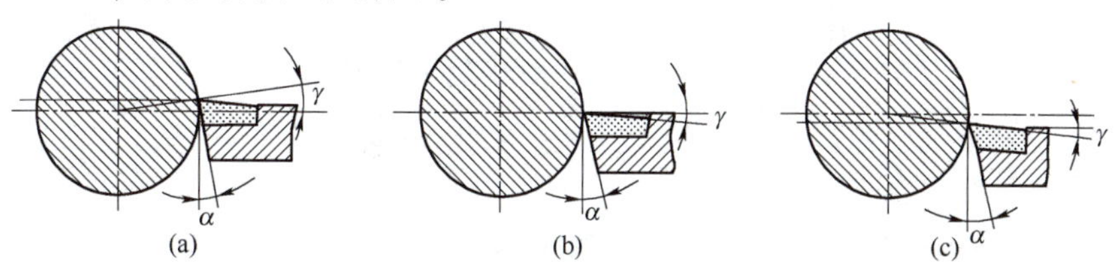

图 2.4　装刀高低与工作角度的关系

（a）刀尖高于工件轴线；（b）刀尖与工件轴线等高；（c）刀尖低于工件轴线

⑥装车刀用的垫片要平整，尽可能地减少片数，一般只用2~3片。如垫刀片的片数太多或不平整，会使车刀产生振动，影响切削。

⑦装上车刀后，要紧固刀架螺钉，一般要紧固两个螺钉。紧固时，应轮换逐个拧紧。同时要注意，一定要使用专用扳手，不允许再加套管等，以免使螺钉受力过大而损伤。

2）工件的装夹

（1）三爪自定心卡盘装夹工件

三爪自定心卡盘的结构如图2.5所示。用卡盘扳手插入任何一个方孔，顺时针转动小锥齿轮，与它相啮合的大锥齿轮将随之转动，大锥齿轮背面的矩形平面螺纹即带动三个卡爪同时移向中心，夹紧工件；扳手反转，卡爪即松开。

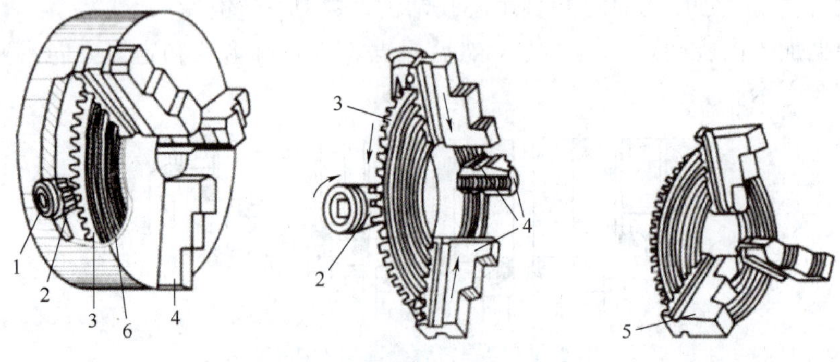

图2.5　三爪自定心卡盘的结构

1—方孔；2—小锥齿轮；3—大锥齿轮；4—卡爪；5—反爪；6—平面螺纹

由于三爪自定心卡盘的三个卡爪是同时移动自行对中的，故可自动定心，装夹方便、迅速，但夹紧力小，只能装夹形状比较规则的工件，并且定位精度不高，主要用于装夹中小型轴类、套类或盘类零件。

卡爪有正、反两副。正卡爪用于装夹外圆直径较小和内孔直径较大的工件，反卡爪用于装夹外圆直径较大的工件。

（2）四爪单动卡盘装夹工件

四爪单动卡盘有四个互不相关的卡爪，各卡爪的背面有一半内螺纹与螺杆相啮合，如图2.6（a）所示。螺杆端部有一个方孔，当用卡盘扳手转动某一螺杆时，相应的卡爪即可移动。如将卡爪调转180°安装，即成反爪，如图2.6（b）所示。实际应用中也可根据需要，使用一个或两个反爪，而其余的仍用正爪夹持工件。

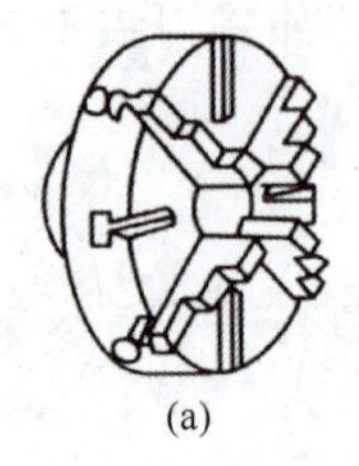

(a)

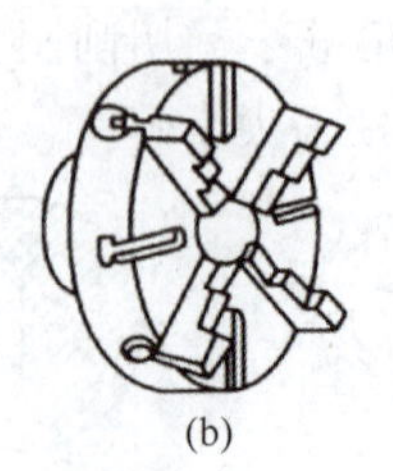

(b)

图2.6　四爪单动卡盘

（a）正爪；（b）反爪

四爪单动卡盘的四个卡爪均可独立移动，可全部用正爪或全部用反爪来装夹工件，也可用一个或两个反爪，其余仍用正爪装夹工件。四爪单动卡盘的四个卡爪夹紧力大，定位精度高，用划针盘按工件内外圆表面或预先划出的加工线找正，定位精度在0.2~0.5 mm，用百分表按工件的精加工表面找正，定位精度可达到0.01~0.02 mm。但找正调整比较费时，因此，四爪单动卡盘主要用于装夹形状不规则或尺寸较大的正常圆形工件。

(3) 一夹一顶装夹工件

一夹一顶装夹工件是一端用三爪自定心卡盘或四爪单动卡盘夹住，另一端用后顶尖顶住，如图2.7所示。当低速加工精度要求较高的工件时，可采用固定顶尖，而在一般情况下可采用活顶尖。

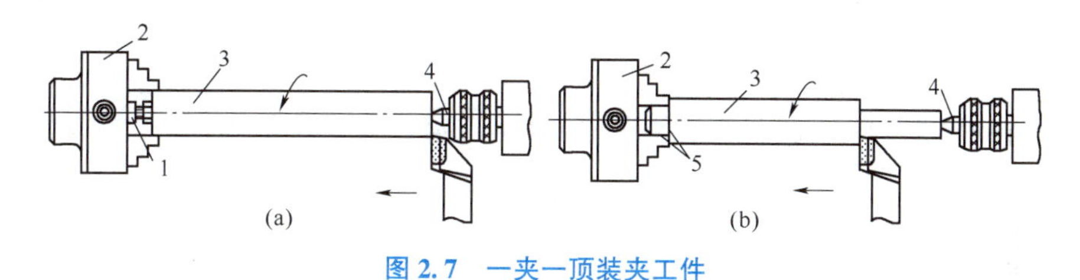

图2.7 一夹一顶装夹工件

(a) 用限位支承；(b) 工件台阶限位

1—限位支承；2—卡盘；3—工件；4—顶尖；5—工件台阶限位

一夹一顶装夹工件适用于较重或较长工件的装夹，为了防止由于切削力的作用而使工件产生轴向位移，需在卡盘内装一限位支承或利用工件的台阶作限位。这种装夹方法安全可靠，能承受较大的轴向切削力。

学习任务单

任务分组

学生任务分配表

<table>
<tr><td>班级</td><td></td><td>组号</td><td></td><td>指导教师</td><td></td></tr>
<tr><td>姓名</td><td></td><td>学号</td><td></td><td>工位号</td><td></td></tr>
<tr><td rowspan="6">组员</td><td>班级</td><td>姓名</td><td>学号</td><td colspan="2">电话</td></tr>
<tr><td></td><td></td><td></td><td colspan="2"></td></tr>
<tr><td></td><td></td><td></td><td colspan="2"></td></tr>
<tr><td></td><td></td><td></td><td colspan="2"></td></tr>
<tr><td></td><td></td><td></td><td colspan="2"></td></tr>
<tr><td></td><td></td><td></td><td colspan="2"></td></tr>
<tr><td>任务分工</td><td colspan="5"></td></tr>
</table>

获取资讯

引导问题1：简述数控车削刀具分类。

引导问题2：车削刀具安装的注意事项有哪些？

引导问题3：90°外圆车刀的装夹时，为什么需将车刀刀头向左偏3°左右？

小提示：采用90°外圆车刀安装角度，是为了确保车刀在车削台阶面时，只有刀尖参与切削而不是整个切削刃，应将车刀刀头向左偏3°左右，使外圆车刀的实际主偏角为93°左右，这样可以较好地保证外圆车刀车削端面时的精度，并有效提高外圆车刀的使用寿命。

引导问题4：当车刀的刀尖低于工件的回转中心时，应通过什么方式进行调整？

引导问题5：在安装外圆切断刀（切槽刀）时，为确保车刀在切槽或者切断时不会与工件表面产生干涉，应注意些什么？

引导问题6：在安装内孔加工刀具时，应注意些什么？

引导问题7：工件装夹的注意事项有哪些？

工作实施

1. 独立完成 90°外圆车刀的安装，并描述注意事项。

2. 独立完成螺纹车刀的安装，并描述注意事项。

3. 独立完成内孔车刀的安装，并描述注意事项。

4. 独立完成外圆切断刀（切槽刀）的安装，并描述注意事项。

5. 独立完成工件的安装，并描述注意事项。

实施反馈

实施反馈

序号	操作流程	操作内容	问题反馈
1	工件的装夹	1. 工件装夹 2. 检查工作台 3. 装紧校正	
2	外圆车刀的安装	1. 外圆车刀的安装 2. 外圆车刀对中检查	
3	螺纹车刀的安装	1. 螺纹车刀的安装 2. 螺纹车刀对中检查	
4	内孔车刀的安装	1. 内孔车刀的安装 2. 内孔车刀对中检查	
5	切槽刀（切断刀）的安装	1. 切槽刀（切断刀）的安装 2. 切槽刀（切断刀）对中检查	
6	试切加工	1. 手动试切加工 2. 试运行	

考核评价

各组代表展示作品，介绍任务完成过程。作品展示前应准备阐述材料。

小组自评表

班级		组名		日期	年　月　日
评价指标	评价要素			分数	分数评定
信息检索	能有效利用网络资源、工作手册查找有效信息；能用自己的语言有条理地去解释、表述所学知识；能将查找到的信息有效转换到工作中			10	
感知工作	是否熟悉各自的工作岗位，认同工作价值；在工作中是否获得满足感			10	
参与状态	与教师、同学之间是否相互尊重、理解、平等；与教师、同学之间是否能够保持多向、丰富、适宜的信息交流			10	
	探究学习、自主学习不流于形式，处理好合作学习和独立思考的关系，做到有效学习；能提出有意义的问题或能发表个人见解；能按要求正确操作；能够倾听、协作分享			10	
学习方法	工作计划、操作技能是否符合规范要求；是否获得了进一步发展的能力			10	
工作过程	遵守管理规程，操作过程符合现场管理要求；平时上课的出勤情况和每天完成工作任务情况较好；善于多角度思考问题，能主动发现、提出有价值的问题			15	
思维状态	能发现问题、提出问题、分析问题、解决问题、创新问题			10	
自评反馈	按时按质完成工作任务；较好地掌握了专业知识点；具有较强的信息分析能力和理解能力；具有较为全面、严谨的思维能力，并能条理明晰地表述成文			25	
自评分数					
有益的经验和做法					
总结反思建议					

小组互评表

班级		组名		日期	年　月　日
评价指标	评价要素			分数	分数评定
信息检索	该组能否有效利用网络资源、工作手册查找有效信息			5	
	该组能否用自己的语言有条理地去解释、表述所学知识			5	
	该组能否将查找到的信息有效转换到工作中			5	
感知工作	该组能否熟悉自己的工作岗位、认同工作价值			5	
	该组成员在工作中是否获得满足感			5	
参与状态	该组与教师、同学之间是否相互尊重、理解、平等			5	
	该组与教师、同学之间是否能够保持多向、丰富、适宜的信息交流			5	
	该组能否处理好合作学习和独立思考的关系，做到有效学习			5	
	该组能否提出有意义的问题或能发表个人见解；能按要求正确操作；能够倾听、协作分享			5	
	该组能否积极参与，在产品加工过程中不断学习，综合运用信息技术的能力得到提高			5	
学习方法	该组的工作计划、操作技能是否符合规范要求			5	
	该组是否获得了进一步发展的能力			5	
工作过程	该组是否遵守管理规程，操作过程符合现场管理要求			5	
	该组平时上课的出勤情况和每天完成工作任务情况			5	
	该组成员是否能加工出合格工件，并善于多角度思考问题，能主动发现、提出有价值的问题			15	
思维状态	该组是否能发现问题、提出问题、分析问题、解决问题、创新问题			5	
互评反馈	该组是否能严肃、认真地对待互评，并能独立完成测试题			10	
互评分数					
有益的经验和做法					
总结反思建议					

总评表

序号	评价项目	小组自评（30%）	小组互评（30%）	教师评价（40%）	总评
1	任务是否按时完成				
2	材料完成并上交情况				
3	作品质量				
4	语言表达能力				
5	小组成员合作情况				
6	创新点				

问题分析总结

任务完成后，学员根据任务实施情况分析存在的问题及原因，并填写任务实施情况分析表。指导教师对任务实施情况进行讲评。

任务实施情况分析表

任务实施过程	存在的问题	解决问题的方法	点评
工件装夹			
刀具的选用与安装			
安全文明			

任务扩展训练

学习任务三 数控车床对刀操作

学习任务卡

任务编号	3	任务名称	数控车床对刀操作
设备名称	数控车床	实训区域	数控车间-车削中心
数控系统	HNC-8 型数控车削系统	建议学时	4
参考文件	1+X 数控车铣加工职业技能等级标准		
学习目标	1. 理解试切对刀的原理，独立完成不同刀具的试切对刀操作； 2. 了解并记忆 HNC-8 型数控机床程序的结构与格式、M 代码、G 代码以及 F、S、T 代码； 3. 能在 MDI 方式下编辑几行程序来验证对刀的正确性。		
素质目标	1. 执行安全、文明生产规范，严格遵守车间制度和劳动纪律； 2. 着装规范，不携带与学习无关的物品进入车间； 3. 遵守实训现场工具、量具和刀具等相关物料的定制化管理； 4. 严禁徒手清理铁屑，气枪严禁指向人； 5. 培养学生爱岗敬业、工作严谨、精益求精的职业素养。		
任务书			
在卡盘上装夹直径为 40 mm 的钢棒后，要求选择正确的外圆刀、螺纹刀、切断刀，利用试切对刀方式进行对刀操作，然后在 MDI 方式下手动输入几段小程序，运行并验证对刀的准确程度。			

知识链接 <<<

1. 对刀原理

所谓对刀，其实质就是测量程序原点与机床原点之间的偏移距离，并设置程序原点在以刀尖为参照的机床坐标系里的坐标。图 3.1 所示为数控机床对刀原理图。

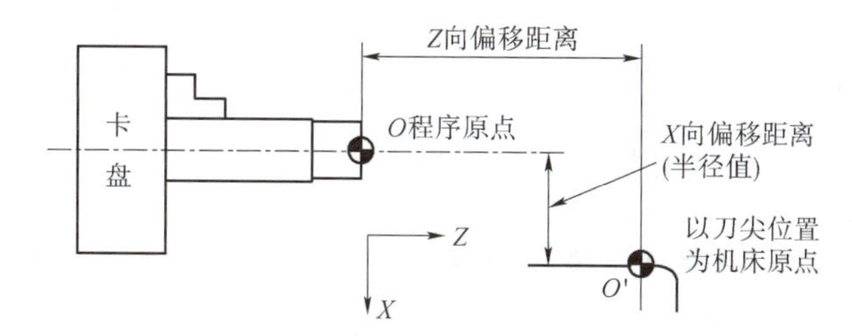

图 3.1 数控机床的对刀原理

数控车床通电后，须进行回零（参考点）操作，其目的是建立数控车床进行位置测量、控制、显示的统一基准，该点就是机床原点，它的位置由机床位置传感器决定。由于机床回零后，刀具（刀尖）的位置距离机床原点是固定不变的，因此，为了便于对刀和加工，可将机床回零后刀尖的位置看作机床原点。

一般来说，零件的数控加工编程和上机床加工是分开进行的。数控编程员根据零件的设计图纸，选定一个方便编程的坐标系及其原点，称之为程序坐标系和程序原点。程序原点一般与零件的工艺基准或设计基准重合，因此又称作工件原点。

2. 对刀步骤

试切对刀步骤如下：

①在手动操作方式下，将外圆刀沿 $-X$ 方向切削工件端面（假定为 a 点），在刀补的测量画面相对应的刀具号中输入“Z0”。

②沿着 $-Z$ 方向试切工件外圆，然后向 $+Z$ 方向退刀，用卡尺或者千分尺测量试切过的工件直径，并记为 a，并输入刀补中的测量画面相对应的刀具号中，应该输入“Xa”。

3. 数控系统的程序结构及常用功能指令

一个完整的数控加工程序由程序开始部分、若干程序段、程序结束部分组成。

每个程序段独占一行。每个程序段由若干个字组成，每个字由地址和跟随其后的数字组成。地址是一个英文字母。一个程序段中各个字的位置没有限制，但是，长期以来以下排列方式已经成为大家都认可的方式：

N-	G-	X- Y- Z- …	F-	S-	T-	M-	LF
行号	准备功能	位置代码	进给速度	主轴转速	刀具号	辅助功能	行结束

程序结构如下：

程序	说明
%1234;	程序号
N10 T0101;	程序段 1
N20 M3 S500;	程序段 2
…	
N60 G0 X100;	程序段 6
N70 Z100;	程序段 7
N80 M30;	程序结束

重要提示：本系统中，车床采用直径编程。

(1) 程序号

零件程序的起始部分一般由程序起始符号%后跟 1 ~ 4 位数字（0000 ~ 9999）组成，如%123 等。

(2) 程序段的格式和组成

程序段的格式可分为地址格式、分割地址格式、固定程序段格式和可变程序段格式等。其中，以可变程序段格式应用最为广泛，即程序段的长短是可变的。

例如：N10 G01 X40.0 Z-30.0 F200；

(3) “字”

一个“字”的组成如下所示：

Z	-	30.0
地址符	符号（正、负号）	数据字（数字）

(4) 主轴转速功能字 S

主轴转速功能字的地址符是 S，又称为 S 功能或 S 指令，用于指定主轴转速。单位为 r/min。对于具有恒线速度功能的数控车床，程序中的 S 指令用来指定车削加工的线速度数。

例如：S100、S210、S500 等。

(5) 进给功能字（切削速度）F

进给功能字的地址符是 F，又称为 F 功能或 F 指令，用于指定切削的进给速度。对于车床，F 可分为每分钟进给和主轴每转进给两种；对于其他数控机床，一般只用每分钟进给。F 指令在螺纹切削程序段中常用来指定螺纹的导程。

单位：G94 为每分钟进给，mm/min；G95 为每转进给，mm/r。

G00 为快速定位，没有 F 值，速度由倍率控制快慢。

切削进给速度要有 F 值，F 值的快慢也可在进给倍率中控制。

例如：G94 G01 X24 Z-20 F80；

(6) 刀具功能字 T

刀具功能字的地址符是 T，又称为 T 功能或 T 指令，用于指定加工时所用刀具的编号。对于数控车床，其后的数字还兼作指定刀具长度补偿和刀尖半径补偿用。T 后第一、二位是刀号，第三、四位是刀补号。

例如：T0100 T0200 T0300 T0400 无刀补，如 T0200 为 2 号刀，无刀补。

T0101 T0202 T0303 T0404 有刀补，如 T0202 为 2 号刀，执行 2 号刀补。

(7) 辅助功能字 M

辅助功能字的地址符是 M，后续数字一般为 1~3 位正整数，又称为 M 功能或 M 指令，用于指定数控机床辅助装置的开关动作，华中数控系统常用的 M 功能字含义见表 3.1。

表 3.1　华中数控系统常用的 M 功能字含义

代码	含义	格式
M00	程序停止	
M02	程序结束	
M03	主轴正转启动	
M04	主轴反转启动	
M05	主轴停止转动	
M06	换刀指令（铣）	M06 T--
M07	切削液开启（铣）	
M08	切削液开启（车）	
M09	切削液关闭	

续表

代码	含义	格式
M30	结束程序运行且返回程序开头	
M98	子程序调用	M98 PnnnnLxx （调用程序号为%nnnn 的程序 xx 次）
M99	子程序结束	子程序格式： %nnnn … M99

（8）准备功能字 G

准备功能字的地址符是 G，又称为 G 功能或 G 指令，是用于建立机床或控制系统工作方式的一种指令。其后续数字一般为 1~3 位正整数。华中数控系统常用的 G 功能字见表 3.2。

表 3.2　华中数控系统常用的 G 功能字

G 代码	功能	格式
G00	快速定位	G00 X(U) ------Z(W) ------ X，Z：直径编程时，快速定位终点在工件坐标系中的坐标 U，W：增量编程时，快速定位终点相对于起点的位移量
G01	直线插补	G01 X(U) -----Z(W) -----F----- X，Z：绝对编程时，终点在工件坐标系中的坐标 U，W：增量编程时，终点相对于起点的位移量 F：合成进给速度
	倒角加工	G01 X(U) -----Z(W) -----C----- G01 X(U) -----Z(W) -----R----- X，Z：绝对编程时，为未倒角前两相邻程序段轨迹的交点 *G* 的坐标值 U，W：增量编程时，为 *G* 点相对于起始直线轨迹的起点 *A* 的移动距离 C：倒角终点 *C* 相对于相邻两条直线的交点 *G* 的距离 R：倒角圆弧的半径值
G02	顺圆插补	G02 X(U) -----Z(W) -----{I…K… / R…}F----- X，Z：绝对编程时，圆弧终点在工件坐标系中的坐标 U，W：增量编程时，圆弧终点相对于圆弧起点的位移量 I，K：圆心相对于圆弧起点的增加量，在绝对/增量编程时都以增量方式指定；在直径/半径编程时，*I* 都是半径值 R：圆弧半径 F：合成进给速度

续表

G 代码	功能	格式
G03	逆圆插补	同上
G02 (G03)	倒角加工	G02(G03) X(U) -----Z(W) -----R-----RL=----- G02(G03) X(U) -----Z(W) -----R-----RC=----- X，Z：绝对编程时，为未倒角前圆弧终点 *G* 的坐标值 U，W：增量编程时，为 *G* 点相对于圆弧始点 *A* 的移动距离 R：圆弧半径值 RL=：倒角终点 *C*，相对于未倒角前圆弧终点 *G* 的距离 RC=：倒角圆弧的半径值
G04	暂停	G04 P----- P：暂停时间，单位为 s
G20	英寸输入	G20 X-----Z-----
G21	毫米输入	同上
G28	返回刀参考点	G28 X-----Z-----
G29	由参考点返回	G29 X-----Z-----
G32	螺纹切削	G32 X(U) -----Z(W) -----R-----E-----P-----F----- X，Z：绝对编程时，有效螺纹终点在工件坐标系中的坐标 U，W：增将编程时，有效螺纹终点相对于螺纹切削起点的位移量 F：螺纹导程，即主轴每转一圈，刀具相对于工件的进给量 R，E：螺纹切削的退尾量，*R* 表示 *Z* 向退尾量；*E* 表示 *X* 向退尾量 P：主轴基准脉冲处距离螺纹切削起点的主轴转角
G36	直径编程	
G37	半径编程	
G40 G41 G42	刀尖半径补偿取消 左刀补 右刀补	G40 G00(G01) X----Z---- G41 G00(G01) X----Z---- G42 G00(G01) X----Z---- X，Z：建立刀补或取消刀补的终点 G41/G42 的参数由 T 代码指定

续表

G代码	功能	格式
G54 G55 G56 G57 G58 G59	坐标系选择	
G71	（外）径粗车复合循环（无凹槽加工时） （外）径粗车复合循环（有凹槽加工时）	G71 U(△d) R(r) P(ns) Q(nf) X(△x) Z(△z) F(f) S(s) T(t) G71 U(△d) R(r) P(ns) Q(nf) E(e) F(f) S(s) T(t) d：切削深度（每次切削量），指定时不加符号 r：每次退刀量 ns：精加工路径第一程序段的顺序号 nf：精加工路径最后程序段的顺序号 x：*X*方向精加工余量 z：*Z*方向精加工余量 f，s，t：粗加工时，G71中编程的F、S、T有效；精加工时，处于ns到nf程序段的F、S、T有效 e：精加工余量，其为*X*方向的等高距离；外径切削时为正，内径切削时为负
G72	端面粗车复合循环	G72 W(△d) R(r) P(ns) Q(nf) X(△x) Z(△z) F(f) S(s) T(t) （参数含义同上）
G73	闭环车削复合循环	G73 U(△I) W(△K) R(r) P(ns) Q(nf) X(△x) Z(△z) F(f) S(s) T(t) I：*X*方向的粗加工总余量 K：*Z*方向的粗加工总余量 r：粗切削次数 ns：精加工路径第一程序段的顺序号 nf：精加工路径最后程序段的顺序号 x：*X*方向精加工余量 z：*Z*方向精加工余量 f，s，t：粗加工时，G71中编程的F、S、T有效；精加工时，处于ns到nf程序段的F、S、T有效

续表

G 代码	功能	格式
G76	螺纹切削复合循环	G76 C(c) R(r) E(e) A(a) X(x) Z(z) I(i) K(k) U(d) V(△dmin) Q(△d) P(p) F(L) c：精整次数（1~99），为模态值 r：螺纹 *Z* 向退尾长度（00~99），为模态值 e：螺纹 *X* 向退尾长度（00~99），为模态值 a：刀尖角度（两位数字），为模态值；在 80、60、55、30、29、0 六个角度中选一个 x，z：绝对编程时，为有效螺纹终点的坐标；增量编程时，为有效螺纹终点相对于循环起点的有向距离 i：螺纹两端的半径差 k：螺纹高度 dmin：最小切削深度 d：精加工余量（半径值） d：第一次切削深度（半径值） P：主轴基准脉冲处距离切削起点的主轴转角 L：螺纹导程
G80	圆柱面（外）径切削循环 圆锥面（外）径切削循环	G80 X-----Z----- F----- G80 X-----Z-----I-----F----- I：切削起点 *B* 与切削终点 *C* 的半径差
G81	端面车削固定循环	G81 X-----Z-----F-----
G82	直螺纹切削循环 锥螺纹切削循环	G82 X-----Z-----R-----E-----C-----P-----F----- G82 X-----Z-----I-----R-----E-----C-----P-----F----- R，E：螺纹切削的退尾量，R、E 均为向量，R 为 *Z* 向回退量，E 为 *X* 向回退量，R、E 可以省略，表示不用回退功能 C：螺纹头数，为 0 或 1 时，切削单头螺纹 P：单头螺纹切削时，为主轴基准脉冲处距离切削起点的主轴转角（默认值为 0）；多头螺纹切削时，为相邻螺纹头的切削起点之间对应的主轴转角 F：螺纹导程 I：螺纹起点 *B* 与螺纹终点 *C* 的半径差
G90	绝对编程	
G91	相对编程	
G92	工件坐标系设定	G92 X-----Z-----

续表

G 代码	功能	格式
G94 G95	每分钟进给速率 每转进给	G94 [F-----] G95 [F-----] F：进给速度
G96 G97	恒线速度切削	G96 S----- G97 S----- S：G96 后面的 S 值为切削的恒定线速度，单位为 m/min G97 后面的 S 值取消恒定线速度后，指定的主轴转速，单位为 r/min；如缺省，则为执行 G96 指令前的主轴转速度

4. 斯沃数控仿真软件对刀及校验实施

1）90°外圆车刀对刀操作

对刀是指将数控车刀刀位点在工件坐标系原点位置时的机床坐标系值输入数控系统“刀具偏置”的“形状”界面相应刀号“刀补地址”中的操作过程。

对刀步骤如下：

（1）*Z* 向对刀

先在卡盘上卡紧直径为 40 mm 的毛坯，主轴正转，在手动操作方式下，将外圆刀沿 -*X* 方向沿工件端面切平端面，沿着+*X* 方向原路返回。按下“Oft 刀补”按钮，切换至刀补设置界面，选择“刀偏”，选择“试切长度”，选择对应的刀具号，并在输入栏输入“0”，按“Enter 确认”键，这时系统自动将当前刀具对应的刀偏号的“*Z* 向偏置值”与当前刀尖距离为 0 位置的 *Z* 轴机械坐标值输入偏置补偿值中，完成 *Z* 向对刀。*Z* 向对刀操作示意图如图 3.2 所示。

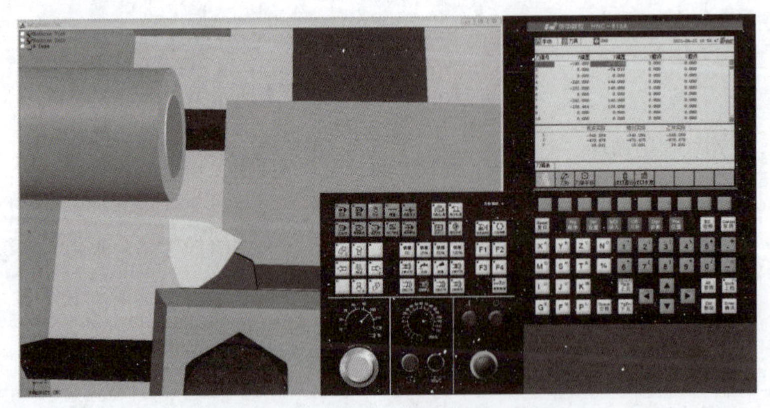

图 3.2　90°外圆车刀 *Z* 向对刀操作示意

（2）*X* 向对刀

在完成 *Z* 向对刀设置后，沿着-*Z* 方向试切工件外圆切掉薄薄的一层，然后沿着+*Z* 方向原路返回到安全位置后，主轴停转，用游标卡尺或者千分尺测量试切过的工件直径，并记为“a”。然后在刀补中的“刀偏”界面相对应的刀具号中输入“a”，按“Enter 确认”键，这时系统自动将当前刀具对应的刀偏号的“Z 向偏置值”与当前刀尖距离为 0 位置的 X 轴机械坐标值输入偏置补偿值中，完成 X 向对刀。X 向对刀操作示意图如图 3.3 所示。

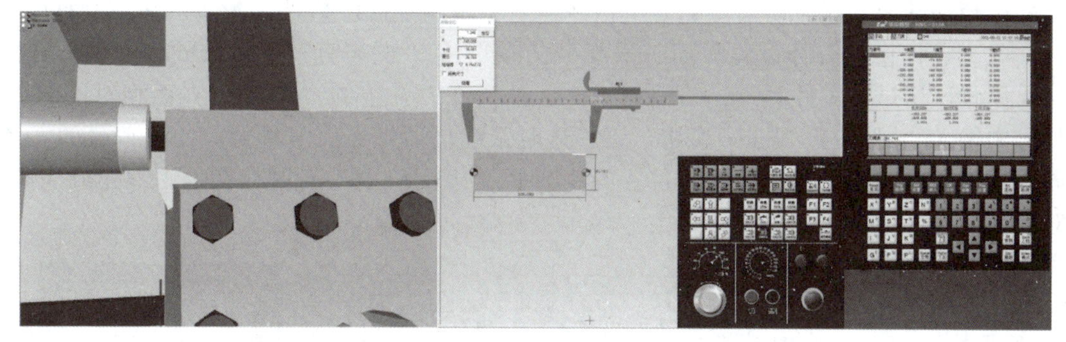

图 3.3　90°外圆车刀 X 向对刀

2）切槽刀（切断刀）对刀操作

（1）Z 向对刀

由于同一个工件在一道工序中通常只有一个工件原点，所以，除了第一把基准车刀（通常选择外圆精车刀）外，其他的车刀在对 Z 轴时不再去切除零件的端面材料。如图 3.4 所示，手动启动主轴正转，调整转速，通过手摇的方式移动工作台，控制切槽刀刀尖正好触碰到工件的端面（切槽刀靠近端面时，手摇速度要慢，注意观察刀尖正好刮出细微的铁屑），这时切槽刀的刀尖正好处于 Z 轴的工件原点位置，按下“Oft 刀补”按钮，切换至刀补设置界面，选择“刀偏”→“试切长度”，选择对应的刀具号并在输入栏输入“0”，按“Enter 确认”键，这时系统自动将当前刀具对应的刀偏号的“Z 向偏置值”与当前刀尖距离为 0 位置的 Z 轴机械坐标值输入偏置补偿值中，完成 Z 向对刀。

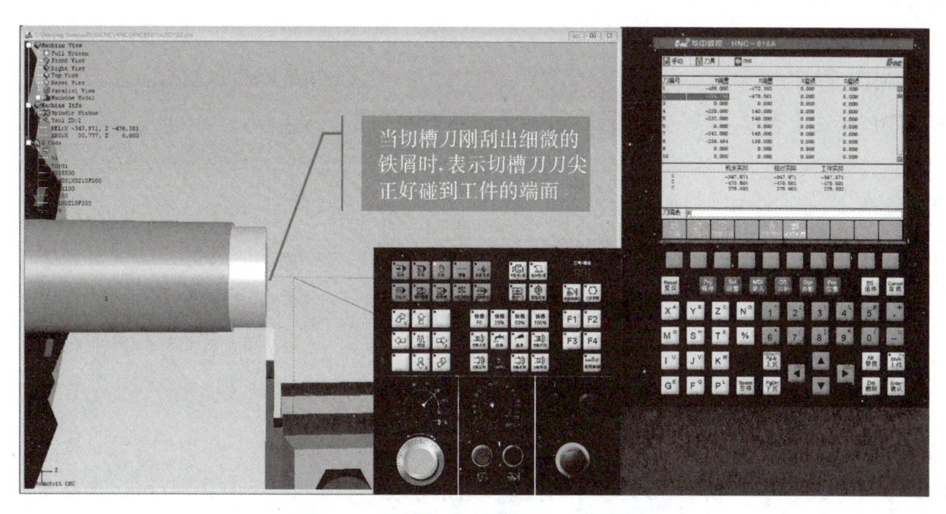

图 3.4　切槽刀（切断刀）Z 向对刀

（2）*X* 向对刀

由于切槽刀通常不能切削外圆，所以，在对 *X* 轴时，也采用触碰工件表面的方式。注意，触碰的工件表面应选择前面外圆车刀试切过的外圆面。如图 3.5 所示，手动启动主轴正转，调整转速，通过手摇的方式移动工作台，控制切槽刀刀尖正好触碰到工件的试切外圆面，这时切槽刀的刀尖正好处于 *X* 轴的工件已切外圆位置，按下“Oft 刀补”按钮，切换至刀补设置界面，选择“刀偏”→“试切直径”，用游标卡尺或者千分尺测量试切过的工件直径，并记为“a”，然后在刀补中的“刀偏”界面相对应的刀具号中输入“a”，按“Enter 确认”键，这时系统自动将当前刀具对应的刀偏号的“*Z* 向偏置值”与当前刀尖距离为 0 位置的 *X* 轴机械坐标值输入偏置补偿值中，完成 *X* 向对刀。

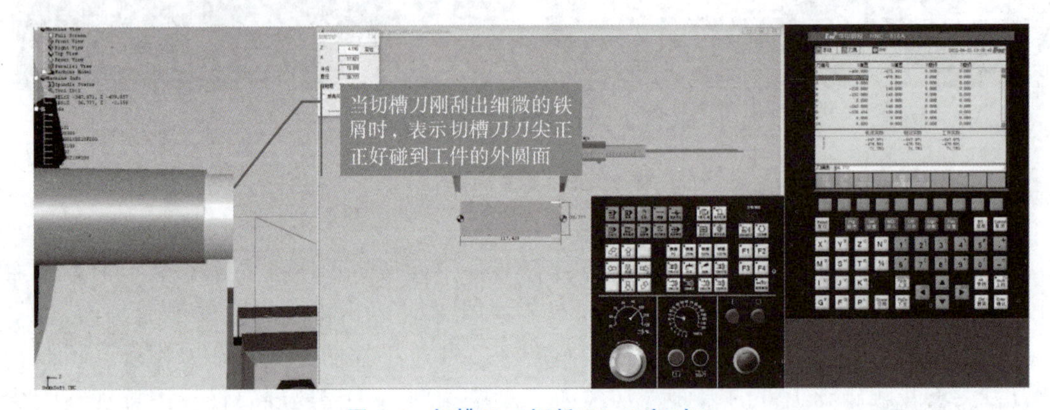

图 3.5　切槽刀（切断刀）*X* 向对刀

3）螺纹刀对刀

螺纹刀通常不能切削外圆，所以，在对 *X* 轴和 *Z* 轴对刀时，也采用触碰工件表面的方式。注意，触碰的工件表面应选择前面外圆车刀试切过的外圆面与端面。具体对刀方法参照切槽刀对刀方法。

4）对刀校验

（1）MDI 程序校验

在 MDI 方式下输入程序并运行。外圆车刀对刀校验程序：

```
%123
M03 S500
T0101
G00 X40 Z10
M05
M30
%
```

（2）测量校验

用游标卡尺或千分尺测量刀尖与工件右端面的距离，判断是否有 10 mm 来判断 *Z* 向对刀是否准确；测量刀尖与工件圆柱面的距离，来判断 *X* 向对刀是否准确。其余刀具对刀校验方法与外圆车刀检验方法相同。

学习任务单

任务分组

学生任务分配表

<table>
<tr><td>班级</td><td></td><td>组号</td><td></td><td>指导教师</td><td></td></tr>
<tr><td>姓名</td><td></td><td>学号</td><td></td><td>工位号</td><td></td></tr>
<tr><td rowspan="6">组员</td><td colspan="2">班级</td><td>姓名</td><td>学号</td><td>电话</td></tr>
<tr><td colspan="2"></td><td></td><td></td><td></td></tr>
<tr><td colspan="2"></td><td></td><td></td><td></td></tr>
<tr><td colspan="2"></td><td></td><td></td><td></td></tr>
<tr><td colspan="2"></td><td></td><td></td><td></td></tr>
<tr><td colspan="2"></td><td></td><td></td><td></td></tr>
<tr><td>任务分工</td><td colspan="5"></td></tr>
</table>

获取资讯

引导问题 1：简述外圆车刀对刀方法。

小提示：对刀时，在输入 Z 轴对刀测量数值时，刀尖要在端面位置即 Z 轴的工件原点位置不能动，并且 Z 轴不能移动，但是可以移动 X 轴。

对刀时，在输入 X 轴对刀测量数值时，刀尖要在试切外圆面位置即离 X 轴的工件原点一个试切外圆的位置不能动，并且 X 轴不能移动，但是可以移动 Z 轴。

引导问题 2：简述切断刀对刀方法。

小提示：切断刀对刀时，对 Z 轴只能采用触碰工件端面的方法，不能再去切除零件的端面，否则会造成切断刀的 Z 轴工件原点与外圆车刀的 Z 轴工件原点不一致。

切断刀对 X 轴时，在刀具刚度和强度允许的情况下，可以再去试切外圆并测量，但是由于普通的切断刀只能承受较小的轴向力，不适合切外圆，所以本节课用到的外圆切断刀对 X 轴时，也采用触碰外圆车刀试切过的外圆柱面，输入测量数值时，直接输入外圆车刀的试切直径值。

引导问题 3：可转位数控车刀更换刀片后，是否需要重新对刀？

工作实施

1. 完成数控机床的启动与初始化操作，并描述注意事项。

2. 独立完成工件的装夹，并描述注意事项。

3. 独立完成刀具的安装，并描述注意事项。

4. 独立完成外圆车刀的对刀操作，并描述注意事项。

5. 独立完成切槽刀的对刀操作，并描述注意事项。

6. 独立完成螺纹车刀的对刀操作，并描述注意事项。

7. 独立完成内孔加工车刀的对刀操作，并描述注意事项。

8. 编写 MDI 程序校验每把刀具的对刀正确性，并描述注意事项。

实施反馈

实施反馈

序号	操作流程	操作内容	问题反馈
1	对刀操作	（1）完成一次常用刀具的试切对刀操作。 （2）总结并记忆对刀的步骤及操作注意事项	
2	MDI 对刀检验	（1）切换到 MDI 模式，会熟练地输入常用的 M 语句、S 语句、T 语句等。 （2）在自动状态下运行这些指令	
3	验证对刀的准确性	（1）用游标卡尺或千分尺测量刀尖与工件右端面的距离，来判断 Z 向对刀是否准确。 （2）测量刀尖与工件圆柱面的距离，来判断 X 向对刀是否准确	
4	安全操作	熟悉数控车床安全技术操作规程	

考核评价

各组代表展示作品，介绍任务完成过程。作品展示前应准备阐述材料。

小组自评表

班级		组名		日期	年 月 日
评价指标	评价要素			分数	分数评定
信息检索	能有效利用网络资源、工作手册查找有效信息；能用自己的语言有条理地去解释、表述所学知识；能将查找到的信息有效转换到工作中			10	
感知工作	是否熟悉各自的工作岗位，认同工作价值；在工作中是否获得满足感			10	
参与状态	与教师、同学之间是否相互尊重、理解、平等；与教师、同学之间是否能够保持多向、丰富、适宜的信息交流			10	
	探究学习、自主学习不流于形式，处理好合作学习和独立思考的关系，做到有效学习；能提出有意义的问题或能发表个人见解；能按要求正确操作；能够倾听、协作分享			10	
学习方法	工作计划、操作技能是否符合规范要求；是否获得了进一步发展的能力			10	
工作过程	遵守管理规程，操作过程符合现场管理要求；平时上课的出勤情况和每天完成工作任务情况较好；善于多角度思考问题，能主动发现、提出有价值的问题			15	
思维状态	能发现问题、提出问题、分析问题、解决问题、创新问题			10	
自评反馈	按时按质完成工作任务；较好地掌握了专业知识点；具有较强的信息分析能力和理解能力；具有较为全面、严谨的思维能力，并能条理明晰地表述成文			25	
自评分数					
有益的经验和做法					
总结反思建议					

小组互评表

班级		组名		日期	年 月 日
评价指标	评价要素			分数	分数评定
信息检索	该组能否有效利用网络资源、工作手册查找有效信息			5	
	该组能否用自己的语言有条理地去解释、表述所学知识			5	
	该组能否将查找到的信息有效转换到工作中			5	
感知工作	该组能否熟悉自己的工作岗位、认同工作价值			5	
	该组成员在工作中是否获得满足感			5	
参与状态	该组与教师、同学之间是否相互尊重、理解、平等			5	
	该组与教师、同学之间是否能够保持多向、丰富、适宜的信息交流			5	
	该组能否处理好合作学习和独立思考的关系，做到有效学习			5	
	该组能否提出有意义的问题或能发表个人见解；能按要求正确操作；能够倾听、协作分享			5	
	该组能否积极参与，在产品加工过程中不断学习，综合运用信息技术的能力得到提高			5	
学习方法	该组的工作计划、操作技能是否符合规范要求			5	
	该组是否获得了进一步发展的能力			5	
工作过程	该组是否遵守管理规程，操作过程符合现场管理要求			5	
	该组平时上课的出勤情况和每天完成工作任务情况			5	
	该组成员是否能加工出合格工件，并善于多角度思考问题，能主动发现、提出有价值的问题			15	
思维状态	该组是否能发现问题、提出问题、分析问题、解决问题、创新问题			5	
互评反馈	该组是否能严肃、认真地对待互评，并能独立完成测试题			10	
互评分数					
有益的经验和做法					
总结反思建议					

总评表

序号	评价项目	小组自评（30%）	小组互评（30%）	教师评价（40%）	总评
1	任务是否按时完成				
2	材料完成并上交情况				
3	作品质量				
4	语言表达能力				
5	小组成员合作情况				
6	创新点				

问题分析总结

任务完成后，学员根据任务实施情况分析存在的问题及原因，并填写任务实施情况分析表。指导教师对任务实施情况进行讲评。

任务实施情况分析表

任务实施过程	存在的问题	解决问题的方法	点评
对刀操作			
对刀校验			
安全文明			

任务扩展训练

学习模块二 数控车削编程与加工

学习任务四 阶梯轴 CAD/CAM 数控车削编程与加工

学习任务卡

任务编号	4	任务名称	阶梯轴 CAD/CAM 数控车削编程与加工
设备名称	数控车床	实训区域	车削中心
数控系统	HNC-8 型数控车削系统	建议学时	4
参考文件	1+X 数控车铣加工职业技能等级标准		
学习目标	1. 正确编制阶梯轴的车削加工工艺； 2. 掌握 NX 数控车削加工的编程步骤； 3. 掌握定义加工几何体的方法，学习使用车削刀具，学会粗车操作、精车操作； 4. 提高应用数控车床完成零件加工的实际操作技能； 5. 掌握机床安全操作和日常维护及相关知识。		
素质目标	1. 执行安全、文明生产规范，严格遵守车间制度和劳动纪律； 2. 着装规范，不携带与学习无关的物品进入车间； 3. 遵守实训现场工具、量具和刀具等相关物料的定制化管理； 4. 严禁徒手清理铁屑，气枪严禁指向人； 5. 培养学生爱岗敬业、工作严谨、精益求精的职业素养。		

续表

任务编号	4	任务名称	阶梯轴 CAD/CAM 数控车削编程与加工
任务书			
阶梯轴零件毛坯为 ϕ50 mm×130 mm 棒料，材料为 45 钢，按单件小批生产，编制零件数控加工工艺文件，对零件进行自动编程设计，最后在机床上完成零件的试切加工。 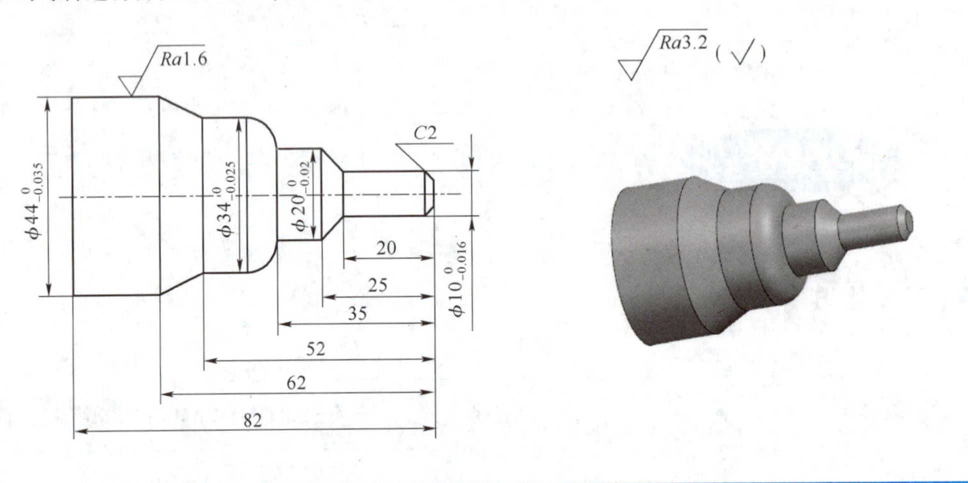			

知识链接 <<<

1. 外圆加工方法

根据毛坯的制造精度和工件最终加工要求，外圆车削一般可分为粗车、半精车、精车、精细车。

粗车的目的是切去毛坯硬皮和大部分余量。加工后，工件尺寸精度为 IT11～IT13，表面粗糙度 Ra50～12. 5 μm。

半精车的尺寸精度可达 IT8～IT10，表面粗糙度 Ra6. 3～3. 2 μm。半精车可作为中等精度表面的终加工，也可作为磨削或精加工的预加工。

精车后的尺寸精度可达 IT7～IT8，表面粗糙度 Ra1. 6～0. 8 μm。

精细车后的尺寸精度可达 IT6～IT7，表面粗糙度 Ra0. 4～0. 025 μm。精细车尤其适合有色金属加工，有色金属一般不宜采用磨削，所以常用精细车代替磨削。

2. 外圆加工刀具

数控车床刀具种类繁多，功能互不相同。根据不同的加工条件正确选择刀具是编制程序的重要环节，因此，必须对车刀的种类及特点有基本的了解。数控车削加工使用的刀具主要有外圆车刀、钻头、镗刀、切断刀、螺纹加工刀具等，其中以外圆车刀、镗刀、钻头最为常用，如图 4. 1 所示。

普通外圆车削是对零件的外圆表面进行加工，获得所需尺寸形位精度及表面质量。普通外圆车刀按照刀具主偏角分为 95°、90°、75°、60°、45°等，其中，90°、95°主偏角刀具切削时，轴向力较大，径向力较小，适于车削细长轴类零件，75°、60°、45°主偏角刀具适于车削短粗类零件的外圆，45°主偏角刀具还可以进行45°倒角车削。

负角刀片车刀经济性要好于正角刀片车刀，而正角刀片车刀刃口锋利，切削轻快，只是正角刀片尺寸一般比较小，只适于小背吃刀量、小进给量加工，而负角刀片尺寸可以制造得较大，可用于大背吃刀量、大进给量加工，刀尖强度也要好于正角刀片（相同形状、尺寸、刀尖圆弧的刀片）。不同形状刀片刃口强度不同，有效切削刃长不相同，可用刀尖数量也不同。

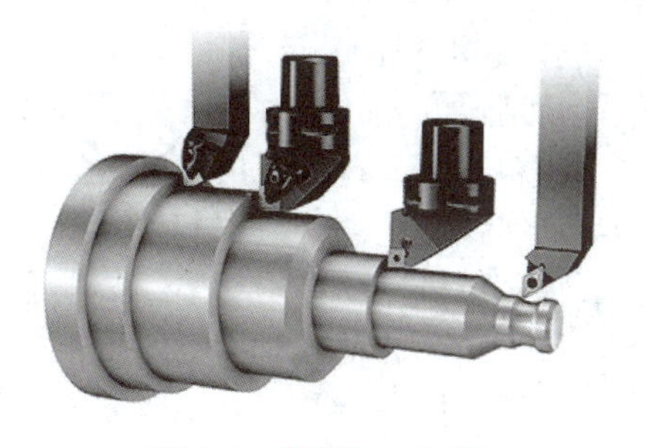

图4.1 外圆加工刀具

3. 切削用量选择

1）切削用量选取原则

切削用量（a_p、F、v_c）选择得是否合理，对于能否充分发挥机床潜力与刀具切削性能，实现优质、高产、低成本和安全操作具有很重要的作用。粗车时，主要考虑提高生产效率，首先考虑选择一个尽可能大的背吃刀量 a_p，其次选择一个较大的进给量 F，最后确定一个合适的切削速度 v_c。增大背吃刀量 a_p 可使走刀次数减少，增大进给量 F 有利于断屑。

精车时，着重考虑如何保证加工质量，并在此基础上尽量提高生产效率。因此，精车时应选用较小（但不太小）的背吃刀量 a_p 和进给量 F、高的切削速度。

2）切削用量的选择

（1）背吃刀量 a_p

根据零件的加工余量，背吃刀量由机床、夹具、刀具、零件组成的工艺系统的刚性确定。在工艺系统刚性允许的情况下，背吃刀量应尽可能大；如果不受加工精度的限制，可使背吃刀量等于零件的加工余量，这样可以减少进给次数，提高加工效率。

粗车时，在保留半精车、精车余量的前提下，尽可能将粗车余量一次切去。当毛坯余量较大，粗车不能一次切除余量时，应尽可能选取较大的背吃刀量，减少进给次数。数控机床的精加工余量可略小于普通机床。半精车和精车时，背吃刀量是根据加工精度和表面粗糙度要求确定。由于粗加工后留下的余量不大，并且一次进给不会影响加工质量要求时，可以一次进给车到尺寸。如一次进给产生振动或切屑拉伤已加工表面（例如车孔），应分成两次或多次车削，背吃刀量按余量分配，依次减小。

（2）进给量 F（mm/min 或 mm/r）

背吃刀量 a_p 值选定以后，根据零件的加工精度、刀具和零件的材料选择适当的进给量。最大进给量受到机床的制约。

①粗车时，由于作用在工艺系统上的切削力较大，在机床功率和系统刚性条件允许的前提下，可选用较大的进给量。

②半精车和精车时因背吃刀量较小，切削阻力不会很大。为保证加工精度和表面粗糙度要求，一般选用较小的进给量。

③刀具空行程特别是远距离“回零”时，可设定尽量高的进给速度。

④进给速度应与主轴转速及背吃刀量相适应。

⑤车孔时，刀具刚性较差，应采用小一些的背吃刀量和进给量。在切断或用高速钢刀具时，应采用较低的进给速度，一般在20~50 mm/min 范围内选取。

（3）切削速度 v_c

切削速度 v_c 对切削功率、刀具寿命、表面加工质量和尺寸精度有较大影响。

①粗车时，背吃刀量和进给量均较大，切削速度受刀具寿命及机床功率的限制，可根据生产实践经验和有关资料确定，一般选择较低的切削速度。但必须考虑机床的许用功率，如超出机床的许用功率，必须适当降低切削速度。

②半精车和精车时，一般可根据刀具切削性能的限制来确定切削速度，可选择较高的切削速度，但须避开产生积屑瘤的区域。

③零件材料加工性较差时，应选较低的切削速度。加工灰铸铁的切削速度应较加工中碳钢的低，加工铝合金和铜合金的切削速度较加工钢的高得多。

④刀具材料的切削性能越好，切削速度可选得越高。因此，硬质合金刀具的切削速度可选得比高速钢高几倍，而涂层硬质合金、陶瓷、金刚石和立方氮化硼刀具的切削速度又可选得比硬质合金刀具高许多。

切削速度确定以后，要计算主轴转速。

车削光轴时的主轴转速：根据零件上被加工部位的直径，按零件和刀具的材料及加工性质等条件所允许的切削速度来确定，计算公式为

$$v_c = \pi Dn/1\ 000$$

式中，v_c 为切削速度，m/min；D 为零件切削部位回转直径，mm；n 为主轴转速，r/min。

4. NX CAM 编程的一般步骤

NX 软件 CAM 铣削编程的一般步骤如图 4.2 所示。

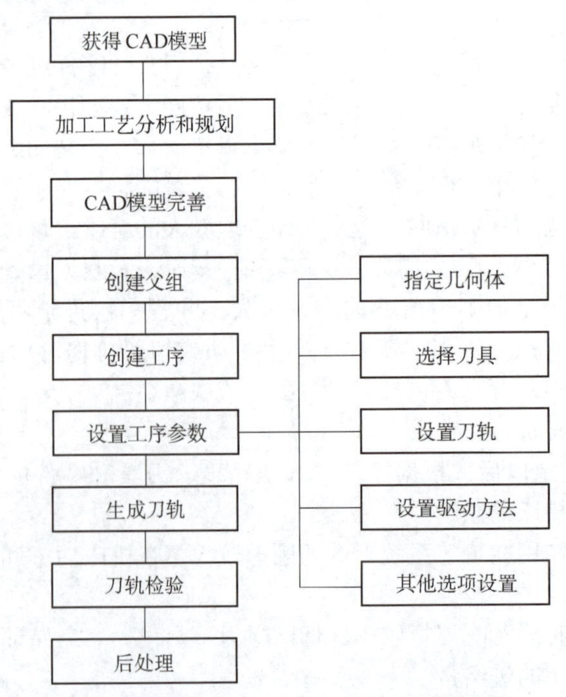

图 4.2　NX 软件 CAM 铣削编程的一般步骤

（1）获得 CAD 模型

CAD 模型是 NC 编程的前提和基础。NX 软件本身就是一款功能强大的 CAD/CAM 一

体化软件，如果 CAD 模型是使用 NX 软件创建的，只需直接在 NX 中打开该模型；否则，需要先将该模型转换成 PRT 格式文件，然后在 NX 中打开该软件。

（2）加工工艺分析和规划

加工工艺分析和规划主要包括：确定加工对象、规划加工区域、确定加工工艺和加工方式、规划加工工艺路线。

（3）CAD 模型完善

在对模型进行加工工艺分析和规划后，应对 CAD 模型做适合 CAM 程序编制处理，如隐藏部分对加工不产生影响的曲面、修补部分曲面、增加安全曲面等。

（4）创建父组

创建父组就是创建一些公用的选项，如程序、几何体、刀具和加工方法。创建父组后，在创建工序时，可直接选择这些公用选项。

（5）创建工序

单击“创建工序”按钮，在打开的“创建工序”对话框中指定工序的类型，如“平面铣”“铣削孔”“螺纹铣”“型腔铣”“深度加工拐角”等。

（6）设置工序参数

工序参数的设定是 NX 软件 CAM 编程中最主要的工作内容，通常可按工序对话框中的参数按从上到下的顺序设置。

（7）生成刀轨

完成所有的参数设置后，在工序对话框的底部单击“生成”按钮，由系统计算生成刀轨。

（8）刀轨检验

生成刀轨后，单击“重播”按钮进行重播，以确认刀轨的正确性，或者单击“确认”按钮，进行刀轨可视化检验。

（9）后处理

后处理实际上是一个文本编辑处理过程，其作用是将计算出的刀轨（刀位运动轨迹）以规定的标准格式转化为 NC 代码并输出保存。

5. NX CAM turning 车削工序介绍

NX 的车削加工模块可以创建粗加工、精加工、示教模式、中心线钻孔和螺纹加工等操作，如图 4.3 所示。

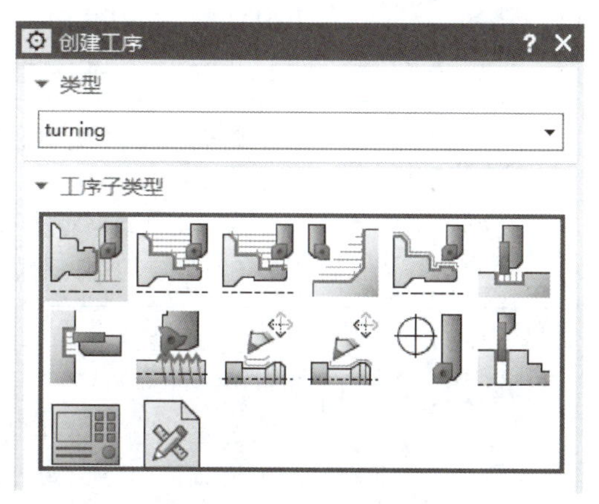

图 4.3 turning 加工工序

turning 工序子类型切削示意图及功能说明见表 4.1。

表 4.1 turning 工序子类型切削示意图及功能说明

序号	工序子类型	切削示意图	功能说明
1	面加工		1. 该车削工序垂直于并朝着中心线进行粗切削。 2. 过程工件确定切削区域。 3. 建议用于粗加工部件底部
2	粗车		1. 该车削工序平行于部件和粗加工轮廓外径或内径上的主轴中心线进行粗加工。 2. 过程工件确定切削区域。 3. 建议用于粗加工外径或内径，同时避开槽
3	粗车，平滑		1. 该车削工序使用平滑圆形给入和给出移动进行粗切削，以减少刀具磨损。 2. 直接移除粗切任意一端的尖头（清理）。优化圆形给入和给出移动，以在最后一次粗切削中尽可能切除边角处的材料。 3. 过程工件确定切削区域。 4. 建议用于在车加工中保持均匀的切向力、除料速率和切屑负载，以加快加工速度和延长刀具寿命
4	退刀粗车		1. 该车削工序执行的粗切削与 ROUGH_TURN 相同，但切削移动方向始终远离主轴面。 2. 过程工件确定切削区域。 3. 建议用于粗加工 ROUGH_TURN 工序处理不到的外径或内径区域
5	精车		1. 该车削工序朝着主轴方向切削，以精加工部件的外径或内径。 2. 过程工件确定切削区域。可在需要精加工或避开槽的单独曲面中指定单独的切削区域。 3. 建议用于精加工部件的外径或内径区域
6	槽刀		1. 该车削工序使用各种插削策略切削部件外径或内径上的槽。 2. 过程工件确定切削区域。 3. 建议用于粗加工和精加工槽
7	在面上开槽		1. 该车削工序使用各种插削策略切削部件面上的槽。 2. 过程工件确定切削区域。 3. 建议用于粗加工和精加工槽

续表

序号	工序子类型	切削示意图	功能说明
8	螺纹车削		1. 沿部件的外径或内径切削直螺纹或锥螺纹。 2. 指定部件几何体以确定螺纹，或通过指定顶线、根线和螺距来手动定义部件几何体。不使用过程工件。 3. 建议用于切削内螺纹和外螺纹
9	粗车 Prime		1. 该 Prime Turning（TM）工序适用于专门采用 Sandvik CoroTurn Prime A 型和 B 型刀具的粗车。 2. Prime Turning（TM）是 Sandvik 开发的一种切削技术，在兼顾极高速度和进给率的同时，延长了刀具寿命。 3. 它还集成了快速去除边角残余材料的功能。 4. 建议用于全方向的粗车
10	精车 Prime		1. 该 Prime Turning（TM）工序适用于专门采用 Sandvik CoroTurn Prime A 型刀具的精车。 2. Prime Turning（TM）是 Sandvik 开发的一种切削技术，在兼顾极高进给率的同时，延长了刀具寿命。 3. 它还优化了适用于 Sandvik CoroTurn Prime A 型刀具的精加工策略。 4. 建议用于全方向的车削精加工和轮廓加工
11	示教模式		1. 由用户紧密控制的手工定义运动。 2. 选择几何体，以将每个连续切削和非切削刀具移动定义为子工序。 3. 建议用于高级精加工
12	部件分离		1. 将部件与卡盘中的棒料分隔开。 2. 在车削粗加工中使用“部件分离”切削策略。 3. 车削程序中的最后一道工序

6. 阶梯轴自动编程与仿真加工实施

1）CAD 模型创建

①新建模型文件，绘制草图曲线。因车削零件是回转体，故在绘制草图曲线时，只需绘制出旋转截面线。阶梯轴旋转截面线与旋转中心轴线如图 4.4 所示。

②旋转创建实体模型，如图 4.5 所示。

2）CAM 自动编程设置

（1）选择 CAM 组

进入加工模块，选择加工环境，选择“turning”CAM 组，如图 4.6 所示。

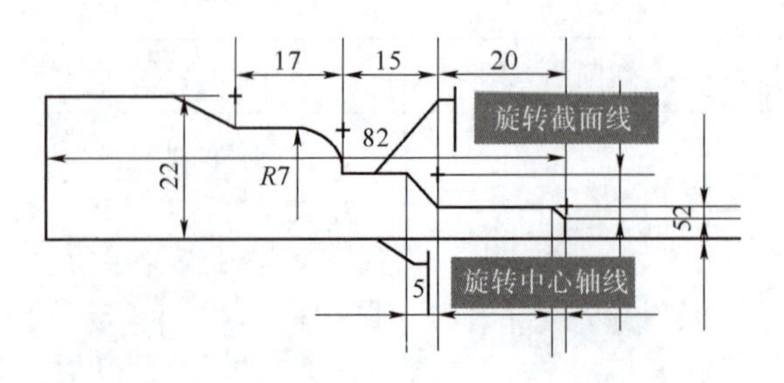

图 4.4　阶梯轴旋转截面线与旋转中心轴线

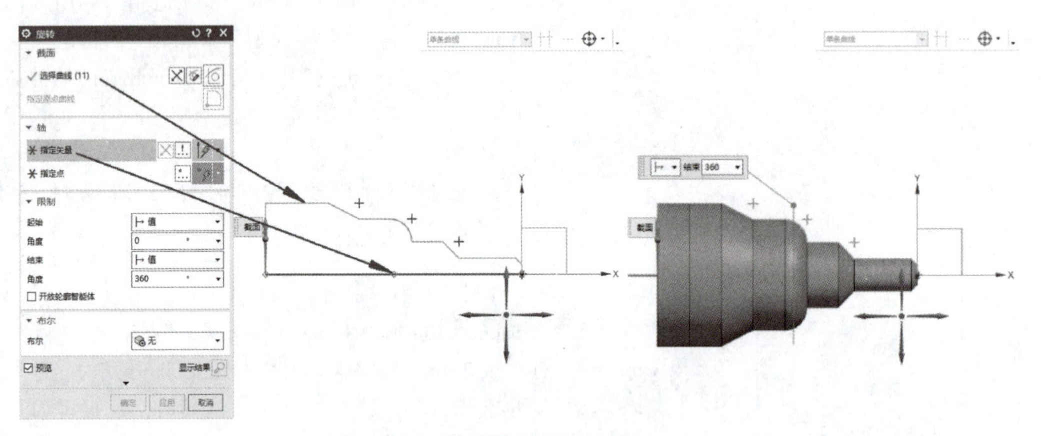

图 4.5　旋转创建实体模型

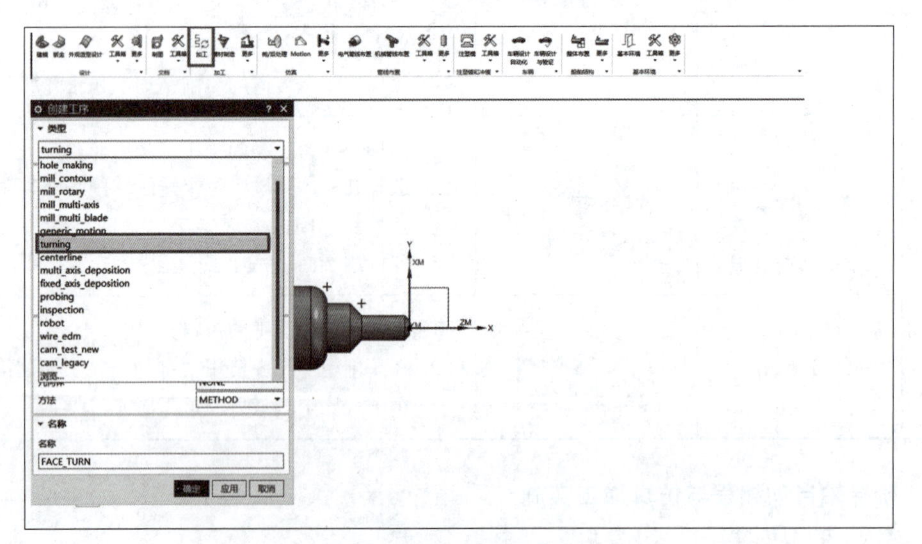

图 4.6　加工环境设置

（2）创建车削坐标系

在 NX 系统中定义车削中的机床坐标系（MCS），它可为刀轨的生成和后处理控制机床输出坐标。当前，主轴中心线和程序零点由 MCS 方位决定。MCS 也指示刀轨中刀位置的输出坐标。在编程会话的过程中，定义 MCS 时，可以完成对主轴中心线、编程零点和主轴上车床工作平面的确定。

在资源栏中显示“工序导航器”，将光标置于“工序导航器”空白部分，右击，弹出级联菜单。级联菜单中有“程序顺序视图”“机床视图”“几何视图”“加工方法视图”等。在级联菜单中可以切换视图，单击“几何视图”切换到几何视图。依次单击“MCS_MAIN_SPINDLE”前的“+”符号，将“WORKPIECE_MAIN”及“TURNING_WORKPIECE_MAIN”展开。双击“MCS_MAIN_SPINDLE”结点，系统弹出如图 4.7 所示的对话框，单击“打开 CSYS 对话框”按钮，选择右端面的圆心以指定 MCS。

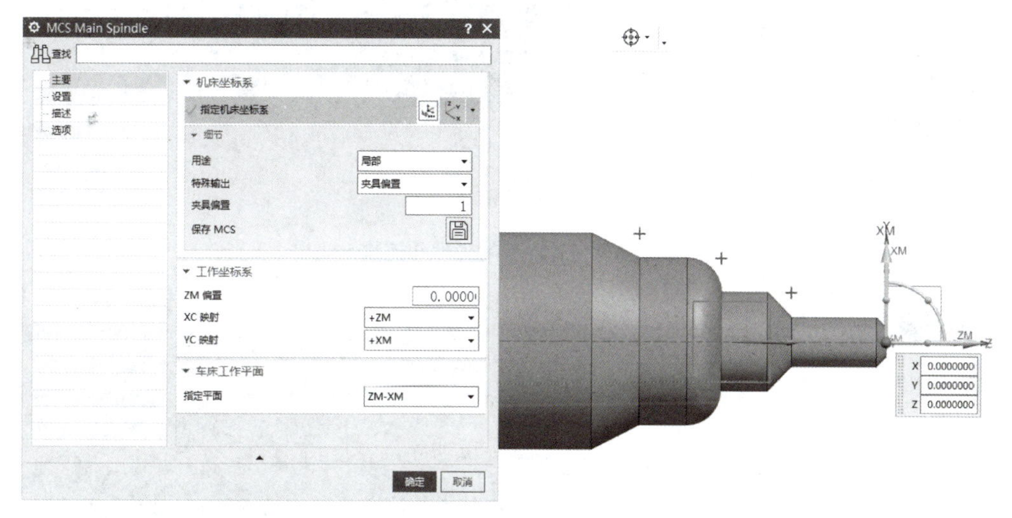

图 4.7　创建车削坐标系

（3）创建车削几何体

此选项可以选择实体作为部件或毛坯几何体。软件会自动获取 2D 形状，用于车加工操作以及定义定制成员数据，并将 2D 形状投影到车床工作平面，用于 CAM 编程。

①创建工件几何体。

工件几何体包括工件与毛坯，几何体指定部件选择“工件”，指定毛坯选择“包容圆柱体”，根据已知毛坯大小，输入毛坯尺寸为直径“50.0”、高度“130.0”，修改位置距离参数，将工件右端面距离毛坯设置为“2.0”。车削几何体创建步骤及参数设置如图 4.8 所示。

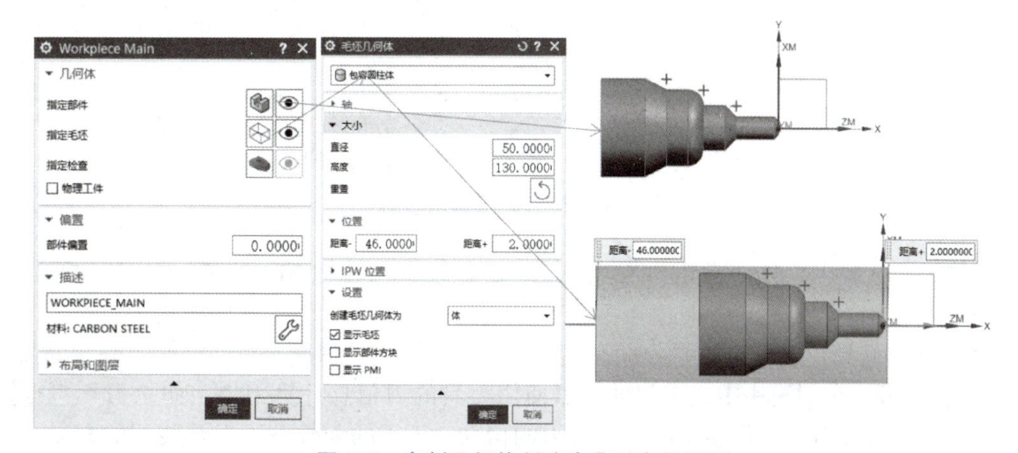

图 4.8　车削几何体创建步骤及参数设置

②创建车削工件几何体，如图 4.9 所示。指定毛坯边界，如图 4.10 所示。

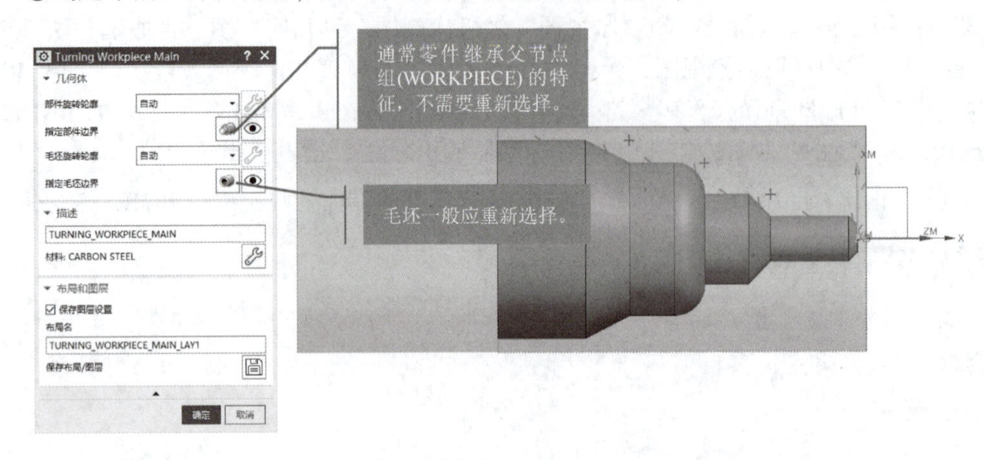

图 4.9　创建车削工件几何体

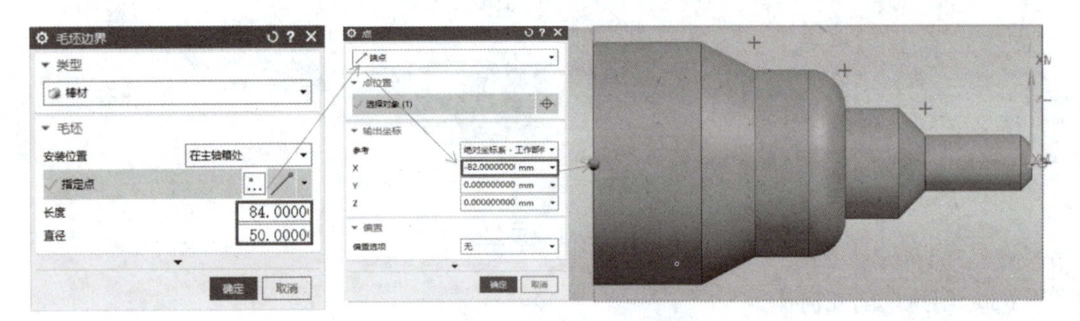

图 4.10　指定色坯边界

③避让几何体。

“避让几何体”允许编程者指定、激活或取消用于在刀轨之前或之后进行非切削运动的几何体，以避免与部件或夹具相碰撞，如图 4.11 所示。

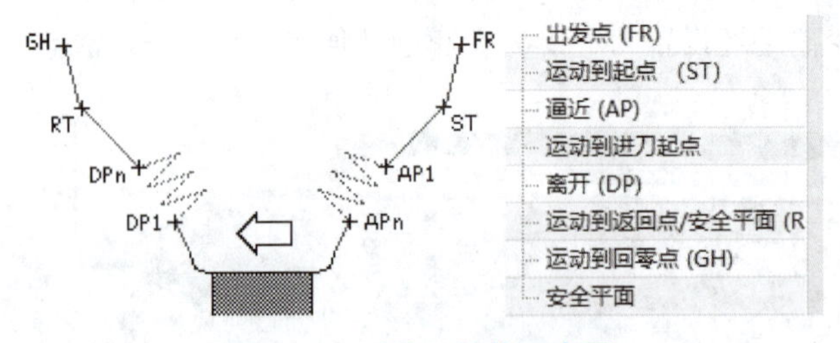

图 4.11　避让几何体示意图

按加工工艺要求，分别指定出发点（FR）、运动到起点（ST）、逼近（AP）等避让点，如图 4.12 所示 。

（4）创建刀具

在 NX/CAM 车削模块中，车削处理器使用刀具的刀信息计算刀轨。如果刀具包含多个刀刃，处理器仅考虑操作使用的活动刀刃的信息。刀刃的参数基于刀具装配的方向，以及刀具装配安装在机床的转塔位置。

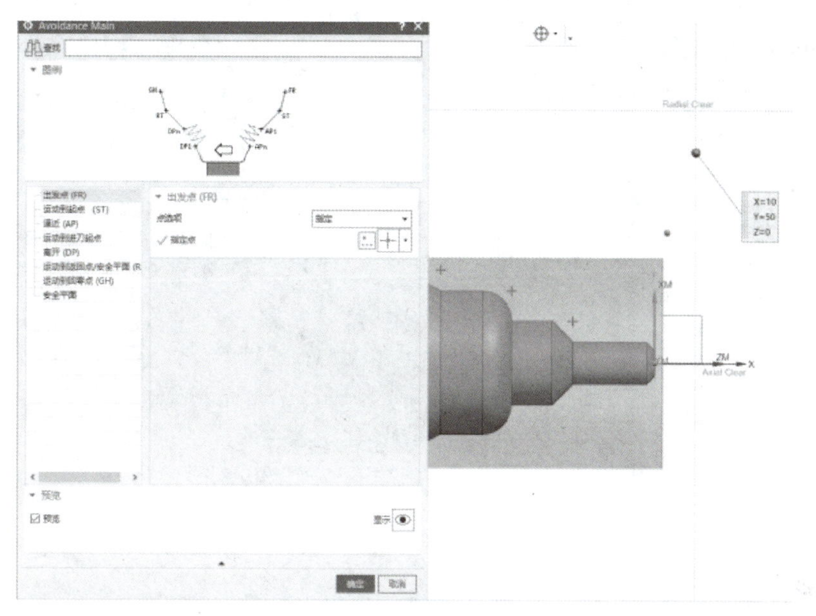

图 4.12　指定避让点

①创建外圆切削刀具。

单击“创建刀具”按钮，粗、精加工刀具选择“OD_80_L” C 形刀具，刀具号为“1”。外圆切削刀具创建与设置如图 4.13 所示。

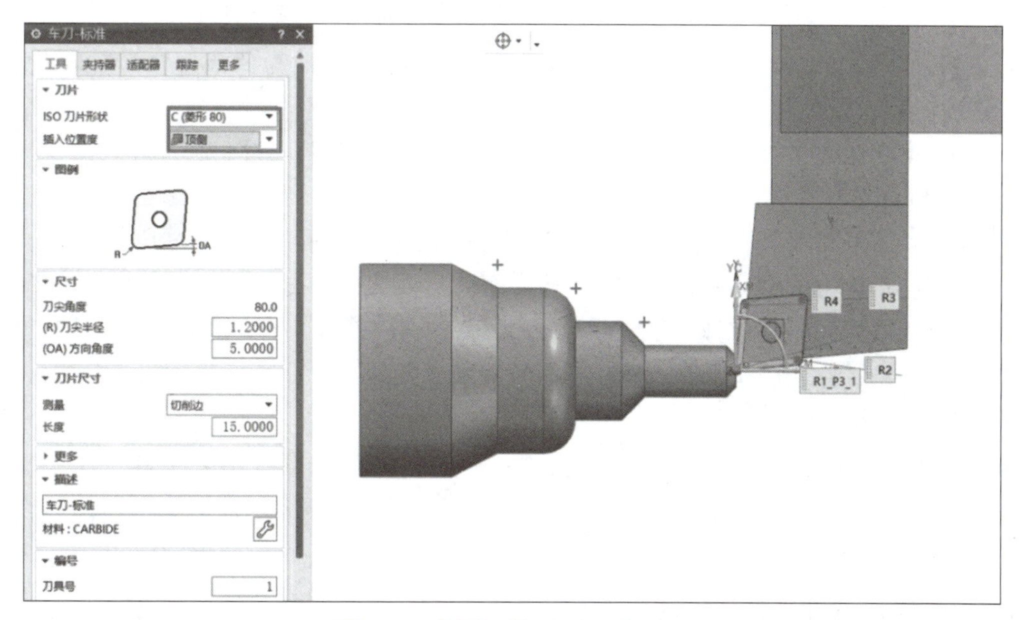

图 4.13　外圆切削刀具创建与设置

②创建切断刀具。

切断刀选择槽刀“OD_GROOVE_L ”，在槽刀设置中，刀片位置选择“ 顶侧”，刀片宽度为“4 mm”，刀具号为“2”。槽刀参数设置如图 4.14 所示。

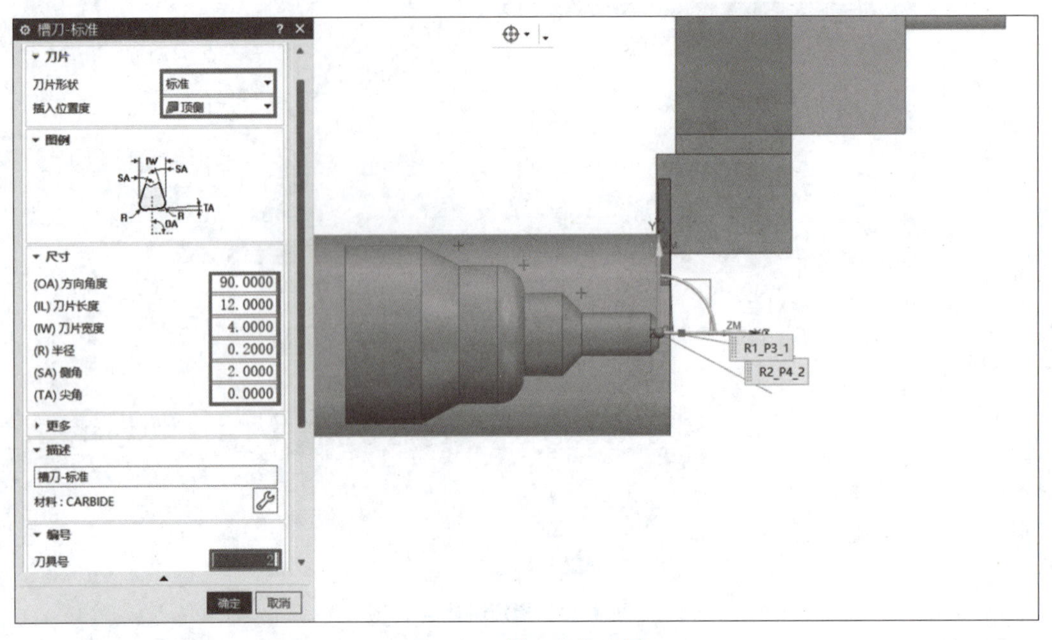

图 4.14　槽刀参数设置

（5）创建粗车工序

右击避让几何体“AVOIDANCE_MAIN”，选择“插入”→“工序”，在工序子类型中选择“粗车”，该车削工序沿着部件的中心线进行粗加工，针对零件的外径或内径轮廓进行平行加工。刀轨设置：策略选择“单向线性切削”，方向为“前进”，切削深度为“可变平均值”，最大值为“2.0 mm”，如图 4.15 所示。

“进给率和速度”选项卡设置：主轴速度为“1 000 r/min”，方向为“顺时针”；进给率为“100 mm/min”。

“余量、公差和安全距离”选项卡设置：粗加工余量为恒定“0.5”。

检查非切削移动的进刀与退刀设置，手动更改退刀选项的毛坯退刀类型为“线性-自动”，角度为“90.0”，长度为“2.0”。单击“生成”按钮，生成粗车刀轨，并对粗车工序刀轨进行 3D 动态仿真加工，如图 4.16 所示。

（6）创建精车工序

右击避让几何体“AVOIDANCE_MAIN”，选择“插入”→“工序”，在工序子类型中选择“精车”，该车削工序朝着主轴方向切削，以精加工部件的外径或内径。选择刀具“OD_80_L”，设置主轴速度为“1 500 r/min”，方向为“顺时针”；进给率为“80 mm/min”。单击“生成”按钮，生成精车刀轨，并对粗车工序刀轨进行 3D 动态仿真加工，如图 4.17 所示。

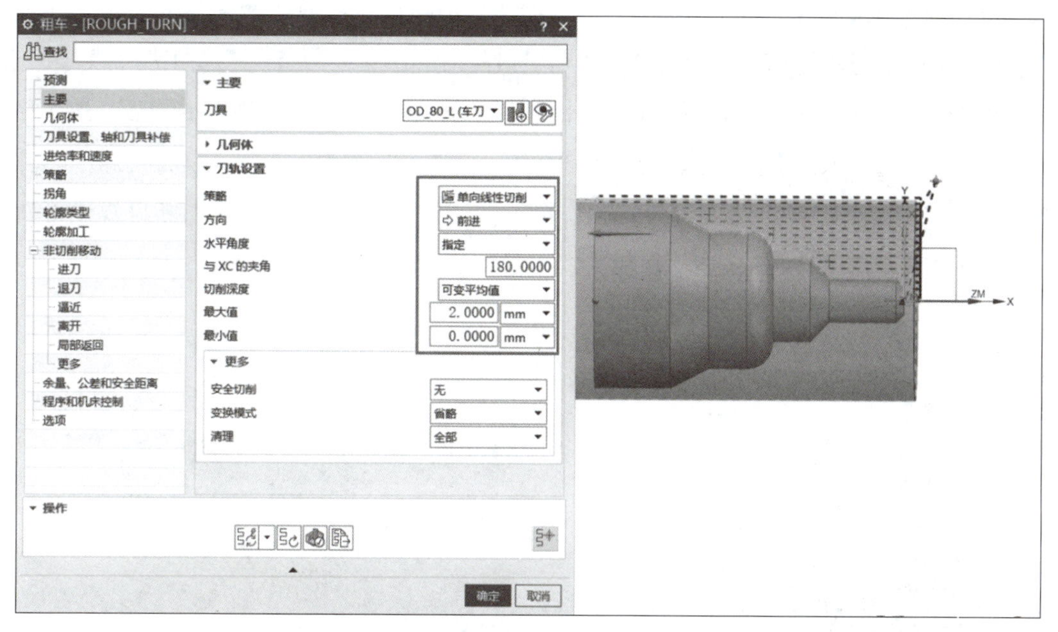

图 4.15　粗车工序主要选项卡设置

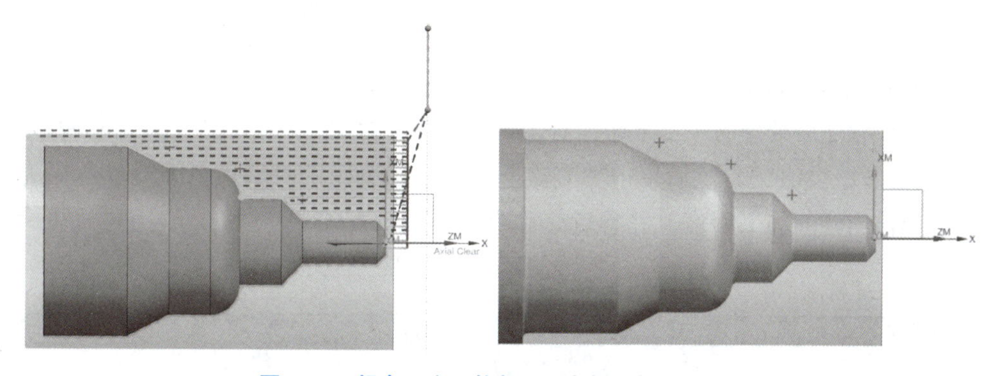

图 4.16　粗车工序刀轨与 3D 动态仿真加工结果

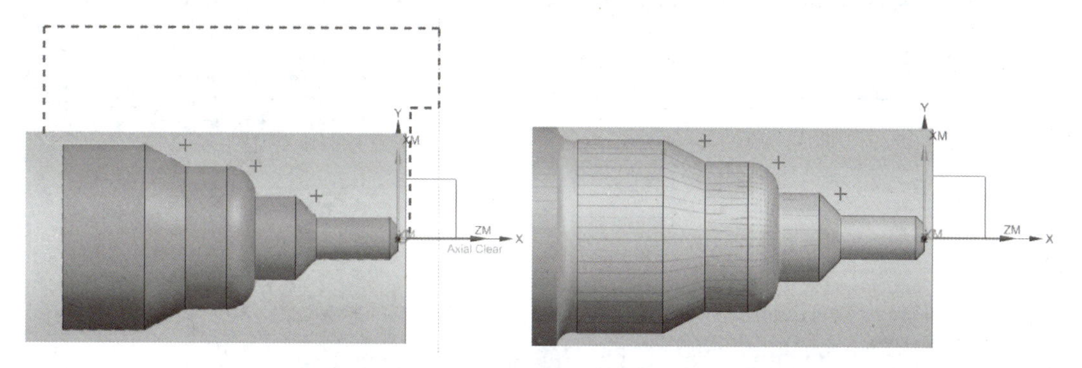

图 4.17　精车工序刀轨与 3D 动态仿真加工结果

（7）创建切断工序

右击避让几何体“AVOIDANCE_MAIN”，选择“插入”→“工序”，在工序子类型中选择“部件分离”，该工序将部件与卡盘中的棒料分隔开，是车削程序中的最后一道工序。进入“工序”选项卡，设置：主轴转速为“600 r/min”，进给率为“30 mm/min”，“非切削移动中-进刀-安全距离”设置为“5.0”。单击“生成”按钮，生成切断可视化刀轨，并对部件分离工序进行 3D 动态仿真加工，如图 4.18 所示。

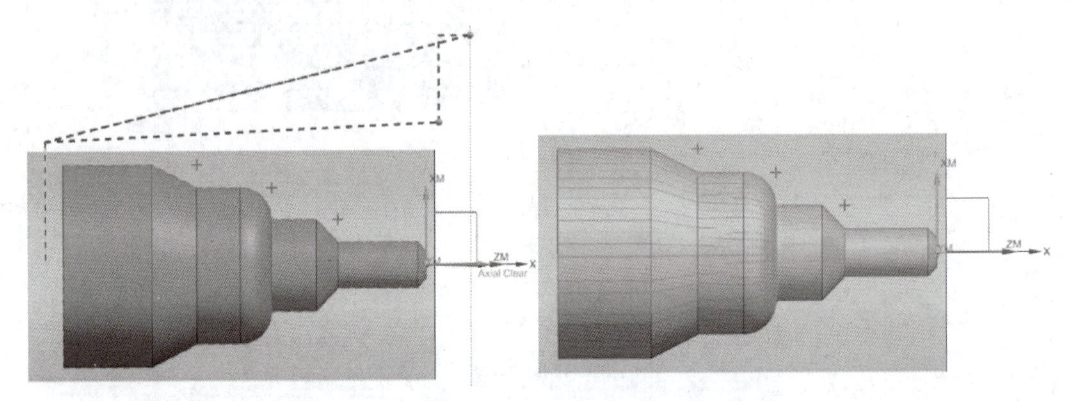

图 4.18　切断工序刀轨与 3D 动态仿真结果

（8）程序后处理及仿真加工

选择需要程序后处理的加工工序，右击，选择“后处理”，在后处理对话框中选择机床的后处理文件“HNC”，然后单击“确定”按钮。在弹出的对话框中继续单击“确定”按钮，生成该工序的加工程序，并将后处理程序导入仿真加工软件进行验证，如图 4.19 所示。

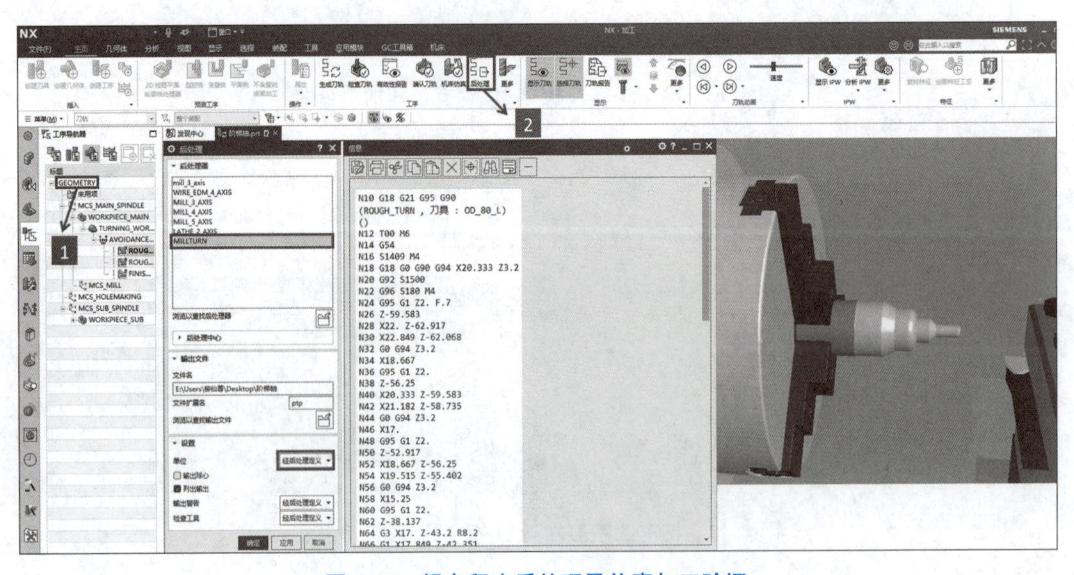

图 4.19　粗车程序后处理及仿真加工验证

学习任务单

任务分组

学生任务分配表

<table>
<tr><td>班级</td><td></td><td>组号</td><td></td><td>指导教师</td><td></td></tr>
<tr><td>姓名</td><td></td><td>学号</td><td></td><td>工位号</td><td></td></tr>
<tr><td rowspan="6">组员</td><td>班级</td><td>姓名</td><td colspan="2">学号</td><td>电话</td></tr>
<tr><td></td><td></td><td colspan="2"></td><td></td></tr>
<tr><td></td><td></td><td colspan="2"></td><td></td></tr>
<tr><td></td><td></td><td colspan="2"></td><td></td></tr>
<tr><td></td><td></td><td colspan="2"></td><td></td></tr>
<tr><td></td><td></td><td colspan="2"></td><td></td></tr>
<tr><td>任务分工</td><td colspan="5"></td></tr>
</table>

获取资讯

引导问题 1：分析零件图样，并在加工数据表中写出任务零件的主要加工尺寸、几何公差要求及表面质量要求，为零件的编程做准备。

加工数据表

<table>
<tr><td>序号</td><td>项目</td><td>内容</td><td>偏差范围</td></tr>
<tr><td>1</td><td rowspan="4">主要加工尺寸</td><td></td><td></td></tr>
<tr><td>2</td><td></td><td></td></tr>
<tr><td>3</td><td></td><td></td></tr>
<tr><td>4</td><td></td><td></td></tr>
<tr><td>5</td><td>几何公差要求</td><td></td><td></td></tr>
<tr><td>6</td><td>表面质量要求</td><td></td><td></td></tr>
</table>

引导问题 2：阶梯轴零件常用加工刀具有哪些？

引导问题 3：查阅资料，说明工件坐标系的建立原则。

工作实施

1. 分析图样。

2. 选择刀具及确定工件装夹方式。

3. 建立工件坐标系。

4. 制订加工路线。

5. 确定切削用量。

6. 填写数控加工工序卡。

数控加工工序卡

单位		产品名称或代号		零件名称		零件图号
工序号	程序编号	夹具		使用设备		车间
工步号	工步内容	刀具号	刀具规格	主轴转速	进给速度	背吃刀量
编制		审核		时间		

7. 自动编程与仿真加工。

8. 零件试切加工。

实施检测

明确检测要素，组内检测分工，完成检测要素表。

检测要素表

序号	检测要素	精度要求	工/量具

按零件自检表对加工好的零件进行检测，将结果填入。

零件自检表

零件名称				允许读数误差				
序号	项目	尺寸要求	使用的量具	测量结果				项目判定（合格否）
				NO. 1	NO. 2	NO. 3	平均值	
结论（对上述测量尺寸进行评价）				合格品（　　） 次品（　　） 废品（　　）				
处理意见								

考核评价

各组代表展示作品，介绍任务完成过程。作品展示前应准备阐述材料。

小组自评表

<table>
<tr><td>班级</td><td></td><td>组名</td><td></td><td>日期</td><td>年　月　日</td></tr>
<tr><td>评价指标</td><td colspan="3">评价要素</td><td>分数</td><td>分数评定</td></tr>
<tr><td>信息检索</td><td colspan="3">能有效利用网络资源、工作手册查找有效信息；能用自己的语言有条理地去解释、表述所学知识；能将查找到的信息有效转换到工作中</td><td>10</td><td></td></tr>
<tr><td>感知工作</td><td colspan="3">是否熟悉各自的工作岗位，认同工作价值；在工作中是否获得满足感</td><td>10</td><td></td></tr>
<tr><td rowspan="2">参与状态</td><td colspan="3">与教师、同学之间是否相互尊重、理解、平等；与教师、同学之间是否能够保持多向、丰富、适宜的信息交流</td><td>10</td><td></td></tr>
<tr><td colspan="3">探究学习、自主学习不流于形式，处理好合作学习和独立思考的关系，做到有效学习；能提出有意义的问题或能发表个人见解；能按要求正确操作；能够倾听、协作分享</td><td>10</td><td></td></tr>
<tr><td>学习方法</td><td colspan="3">工作计划、操作技能是否符合规范要求；是否获得了进一步发展的能力</td><td>10</td><td></td></tr>
<tr><td>工作过程</td><td colspan="3">遵守管理规程，操作过程符合现场管理要求；平时上课的出勤情况和每天完成工作任务情况较好；善于多角度思考问题，能主动发现、提出有价值的问题</td><td>15</td><td></td></tr>
<tr><td>思维状态</td><td colspan="3">能发现问题、提出问题、分析问题、解决问题、创新问题</td><td>10</td><td></td></tr>
<tr><td>自评反馈</td><td colspan="3">按时按质完成工作任务；较好地掌握了专业知识点；具有较强的信息分析能力和理解能力；具有较为全面、严谨的思维能力，并能条理明晰地表述成文</td><td>25</td><td></td></tr>
<tr><td colspan="4">自评分数</td><td colspan="2"></td></tr>
<tr><td>有益的经验和做法</td><td colspan="5"></td></tr>
<tr><td>总结反思建议</td><td colspan="5"></td></tr>
</table>

小组互评表

班级		组名		日期	年　月　日
评价指标	评价要素			分数	分数评定
信息检索	该组能否有效利用网络资源、工作手册查找有效信息			5	
	该组能否用自己的语言有条理地去解释、表述所学知识			5	
	该组能否将查找到的信息有效转换到工作中			5	
感知工作	该组能否熟悉自己的工作岗位、认同工作价值			5	
	该组成员在工作中是否获得满足感			5	
参与状态	该组与教师、同学之间是否相互尊重、理解、平等			5	
	该组与教师、同学之间是否能够保持多向、丰富、适宜的信息交流			5	
	该组能否处理好合作学习和独立思考的关系，做到有效学习			5	
	该组能否提出有意义的问题或能发表个人见解；能按要求正确操作；能够倾听、协作分享			5	
	该组能否积极参与，在产品加工过程中不断学习，综合运用信息技术的能力得到提高			5	
学习方法	该组的工作计划、操作技能是否符合规范要求			5	
	该组是否获得了进一步发展的能力			5	
工作过程	该组是否遵守管理规程，操作过程符合现场管理要求			5	
	该组平时上课的出勤情况和每天完成工作任务情况			5	
	该组成员是否能加工出合格工件，并善于多角度思考问题，能主动发现、提出有价值的问题			15	
思维状态	该组是否能发现问题、提出问题、分析问题、解决问题、创新问题			5	
互评反馈	该组是否能严肃、认真地对待互评，并能独立完成测试题			10	
互评分数					
有益的经验和做法					
总结反思建议					

总评表

序号	评价项目	小组自评（30%）	小组互评（30%）	教师评价（40%）	总评
1	任务是否按时完成				
2	材料完成并上交情况				
3	作品质量				
4	语言表达能力				
5	小组成员合作情况				
6	创新点				

问题分析总结

任务完成后，学员根据任务实施情况分析存在的问题及原因，并填写任务实施情况分析表。指导教师对任务实施情况进行讲评。

任务实施情况分析表

任务实施过程	存在的问题	解决问题的方法	点评
制订零件加工工艺			
编制加工程序			
仿真加工			
机床加工			
零件检测			
安全文明			

任务扩展训练

学习任务五 螺纹轴 CAD/CAM 数控车削编程与加工

学习任务卡

<table>
<tr><td>任务编号</td><td>5</td><td>任务名称</td><td>螺纹轴 CAD/CAM 数控车削编程与加工</td></tr>
<tr><td>设备名称</td><td>数控车床</td><td>实训区域</td><td>车削中心</td></tr>
<tr><td>数控系统</td><td>HNC-8 型数控车削系统</td><td>建议学时</td><td>4</td></tr>
<tr><td>参考文件</td><td colspan="3">1+X 数控车铣加工职业技能等级标准</td></tr>
<tr><td>学习目标</td><td colspan="3">1. 正确分析和设计螺纹轴零件的车削加工工艺；
2. 掌握螺纹加工方法；
3. 掌握车螺纹时主轴转速的计算方法；
4. 理解外螺纹车刀安装注意事项；
5. 掌握螺纹轴零件加工的实际操作技能；
6. 掌握机床安全操作和日常维护及相关知识。</td></tr>
<tr><td>素质目标</td><td colspan="3">1. 执行安全、文明生产规范，严格遵守车间制度和劳动纪律；
2. 着装规范，不携带与学习无关的物品进入车间；
3. 遵守实训现场工具、量具和刀具等相关物料的定制化管理；
4. 严禁徒手清理铁屑，气枪严禁指向人；
5. 培养学生爱岗敬业、工作严谨、精益求精的职业素养。</td></tr>
<tr><td colspan="4">任务书</td></tr>
<tr><td colspan="4">已知螺纹轴零件毛坯为 ϕ30 mm×90 mm 棒料，材料为 45 钢，按单件小批生产，编制零件数控加工工艺文件，对零件进行自动编程设计，最后在机床上完成零件的试切加工。
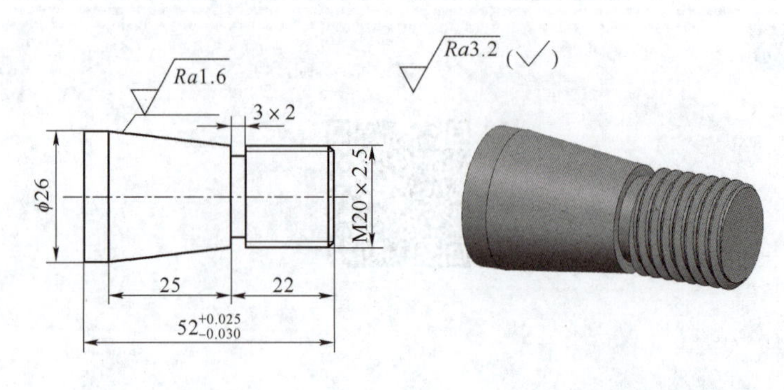
</td></tr>
</table>

知识链接 <<<

1. 螺纹加工的工艺知识

(1) 加工螺纹方法

加工螺纹是数控车床的基本功能之一，加工类型包括：内（外）圆柱螺纹和圆锥螺纹、单线螺纹和多线螺纹、恒螺距螺纹和变螺距螺纹。数控车床加工螺纹的指令主要有三种：螺纹加工指令、单循环螺纹加工指令、复合循环螺纹加工指令。因为螺纹加工时，刀具的进给速度与主轴的转速要保持严格的关系，所以，数控车床要实现螺纹加工，必须在主轴上安装测量系统。不同的数控系统，螺纹加工指令也不尽相同，在实际使用时，应按机床的要求进行编程。

在数控车床上加工螺纹，有两种进给方法：直进法和斜进法。以普通螺纹为例，直进法是从螺纹牙沟槽的中间部位进给，每次切削时，螺纹车刀两侧的切削刃都受切削力，一般螺距小于 3 mm 时，可用直进法加工。斜进法加工时，从螺纹牙沟槽的一侧进刀，除第一刀外，每次切削只有一侧的切削刃受切削力，有助于减轻负载，当螺距大于 3 mm 时，可用斜进法进行加工。

螺纹加工时，应遵循“后一刀的背吃刀量不应超过前一刀的背吃刀量”的原则。这就是说，背吃刀量逐次减小，目的是使每次切削面积接近。多线螺纹加工时，先加工好一条螺纹，然后轴向进给移动一个螺距，加工第二条螺纹，直到全部加工完为止。

(2) 确定车螺纹前直径尺寸

普通螺纹各基本尺寸：

螺纹大径 $d=D$（螺纹大径的基本尺寸与公称直径相同）

中径 $d_2=D_2=d-0.649\,5P$（P 为螺纹的螺距）

螺纹小径 $d_1=D_1=d-1.082\,5P$

螺纹加工之前，需要对一些相关尺寸进行计算，以确定车削螺纹程序段中有关参数的取值。

(3) 确定螺纹行程

在数控车床上加工螺纹时，沿着螺距方向（Z 方向）的进给速度与主轴转速必须保证严格的比例关系，但是螺纹加工时，刀具起始时的速度为零，不能和主轴转速保证一定的比例关系。在这种情况下，当刚开始切入时，必须留一段切入距离。如图 5.1 所示，δ_1 为引入距离，一般取 2～3 mm。同样的道理，当螺纹加工结束时，必须留一段切出距离，如图 5.1 中 δ_2 所示，称为超越距离，一般取 1～2 mm。具体宽度由退刀槽的尺寸决定。

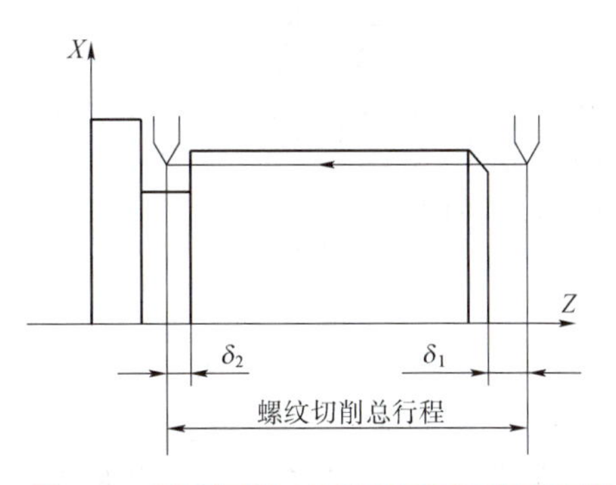

图 5.1　螺纹切削时的引入距离和超越距离

引入距离 δ_1 和超越距离 δ_2 的数值与所加工螺纹的导程、数控机床主轴转速及伺服系统的特性有关。具体取值由实际的数控系统及数控机床来决定。

在数控车床上加工螺纹时，由于机床伺服系统本身具有滞后特性，会在螺纹起始段和停止段发生螺距不规则现象，所以，实际加工螺纹的长度 W 应包括引入距离和超越距离。即

$$W=L+\delta_1+\delta_2$$

式中，L 为螺纹长度；δ_1 为引入距离，一般取 2~3 mm；δ_2 为超越距离，一般取 1~2 mm。

（4）背吃刀量的确定

普通螺纹背吃刀量见表 5.1。

表 5.1　普通螺纹背吃刀量

公制螺纹								
螺距/mm		1.0	1.5	2	2.5	3	3.5	4
牙深（半径值）/mm		0.649	0.974	1.299	1.624	1.949	2.273	2.598
切削次数及被吃刀量（直径值）/mm	1 次	0.7	0.8	0.9	1.0	1.2	1.5	1.5
	2 次	0.4	0.6	0.6	0.7	0.7	0.7	0.8
	3 次	0.2	0.4	0.6	0.6	0.6	0.6	0.6
	4 次		0.16	0.4	0.4	0.4	0.6	0.6
	5 次			0.1	0.4	0.4	0.4	0.4
	6 次				0.15	0.4	0.4	0.4
	7 次					0.2	0.2	0.4
	8 次						0.15	0.3
	9 次							0.2
英制螺纹								
牙/in		24	18	16	14	12	10	8
牙深（半径值）/mm		0.678	0.904	1.016	1.162	1.355	1.626	2.033
切削次数及背吃刀量（直径值）/mm	1 次	0.8	0.8	0.8	0.8	10.9	1.0	1.2
	2 次	0.4	0.6	0.6	0.6	0.6	0.7	0.7
	3 次	0.16	0.3	0.5	0.5	0.6	0.6	0.6
	4 次		0.11	0.14	0.3	0.4	0.4	0.5
	5 次				0.13	0.21	0.4	0.5
	6 次						0.16	0.4

（5）主轴转速的确定

车削螺纹时，车床的主轴转速将受到螺纹的螺距（或导程）大小、驱动电机的升降频特性及螺纹插补运算速度等多种因素影响，故对于不同的数控系统，有不同的主轴转速选择范围。如大多数经济型车床数控系统推荐车螺纹的主轴转速计算公式为：

$$n\leqslant\frac{1\,200}{P}-K$$

式中，n 为主轴转速，r/min；P 为工件螺纹的导程，mm，英制螺纹为相应换算后的毫米值；K 为保险系数，一般取 80。

2. 螺纹加工方式

车削螺纹加工是在车床上，控制进给运动与主轴旋转同步，加工特殊形状螺旋槽的过程。螺纹形状主要由切削刀具的形状和安装位置决定。螺纹加工方式如图 5.2 所示。

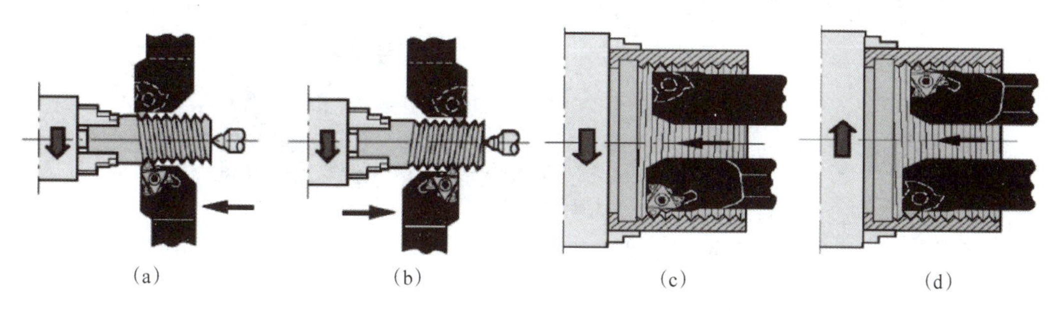

图 5.2 螺纹车刀

（a）外圆右旋螺纹；（b）外圆左旋螺纹；（c）内圆右旋螺纹；（d）内圆左旋螺纹

3. 螺纹轴自动编程与仿真加工实施

1）CAD 模型创建

新建模型文件，绘制草图曲线，创建回转体，在设计特征中选择“螺纹”，创建螺纹特征，如图 5.3 所示。

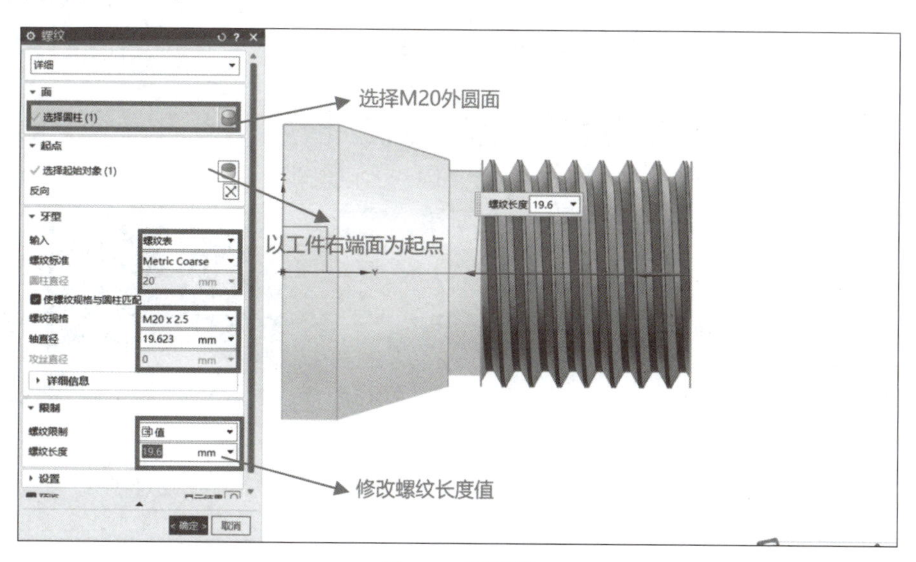

图 5.3 螺纹轴

2）CAM 自动编程设置

（1）加工环境设置

打开零件模型，选择进入加工模块。系统弹出如图 5.4 所示的对话框，在“类型”列表框中选择“turning”模板，单击“确定”按钮，完成加工环境的初始化。

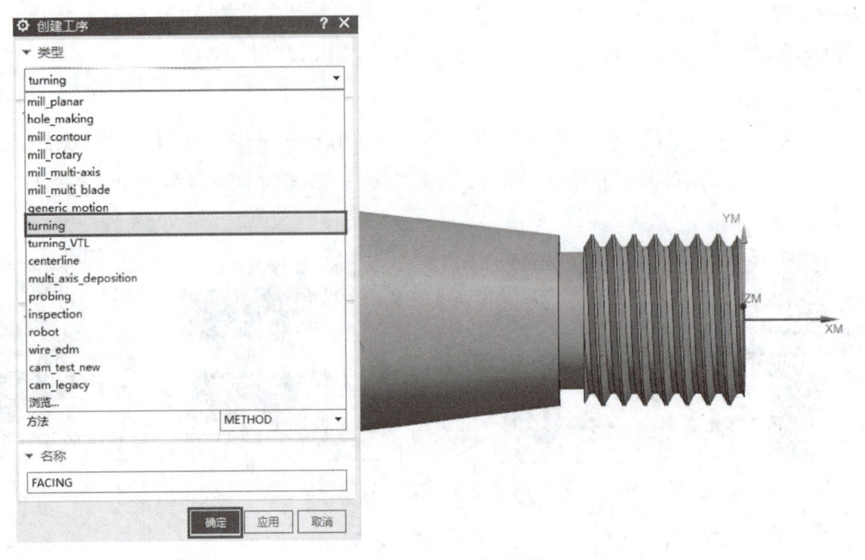

图 5.4　加工环境设置

（2）创建车削坐标系

在资源栏中，将“工序导航器”切换到几何视图。双击“MCS_MAIN_SPINDLE”结点，系统弹出“MCS Main Spindle”对话框，选择右端面的圆心以指定 MCS，如图 5.5 所示。

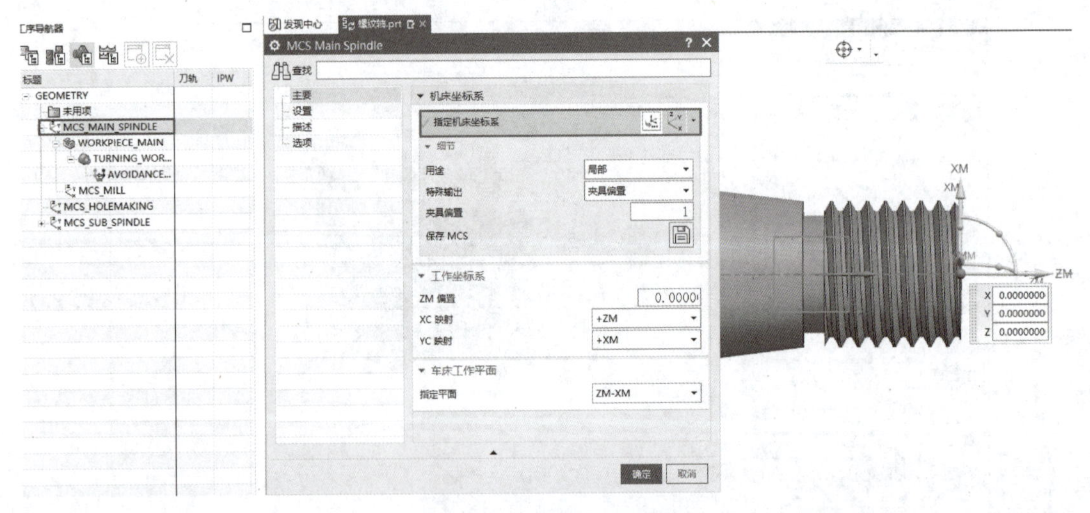

图 5.5　创建车削坐标系

（3）创建车削几何体

①创建毛坯几何体。

在“工序导航器-几何”视图中双击“WORKPIECE_MAIN”结点，弹出“工件”对话框，完成几何体的指定。单击“指定部件”，弹出“部件几何体”对话框，选择零件轴，单击“确定”按钮，完成部件几何体设置；单击“指定毛坯”，弹出“毛坯几何体”对话框，如图 5.6 所示，选择“包容圆柱体”，设置毛坯直径为“30.0”，高度为“90.0”，位置距离分别为“-36.0”和“+2.0”，单击“确定”按钮，完成毛坯几何体设置。

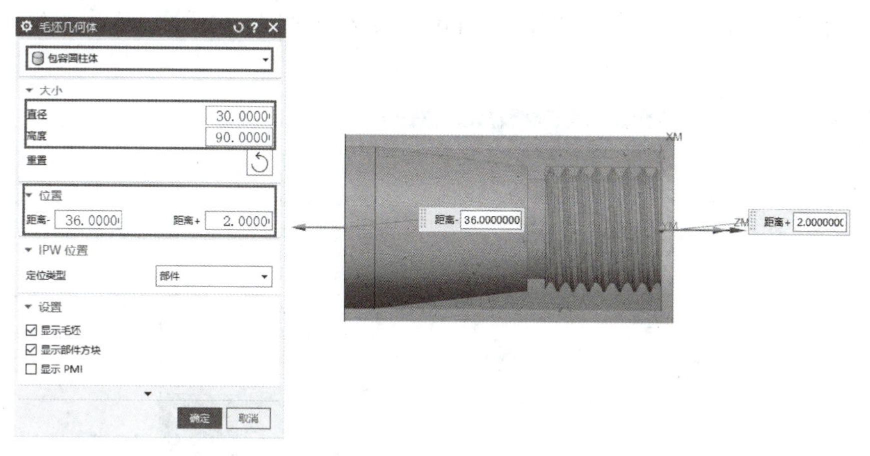

图 5.6　创建毛坯几何体

②创建车削工件几何体。

在“工序导航器-几何”视图中双击“TURNING_WORKPIECE_MAIN”结点，弹出“Turning Workpiece Main”对话框。分别完成加工部件边界与毛坯边界的指定，如图 5.7 和图 5.8 所示。

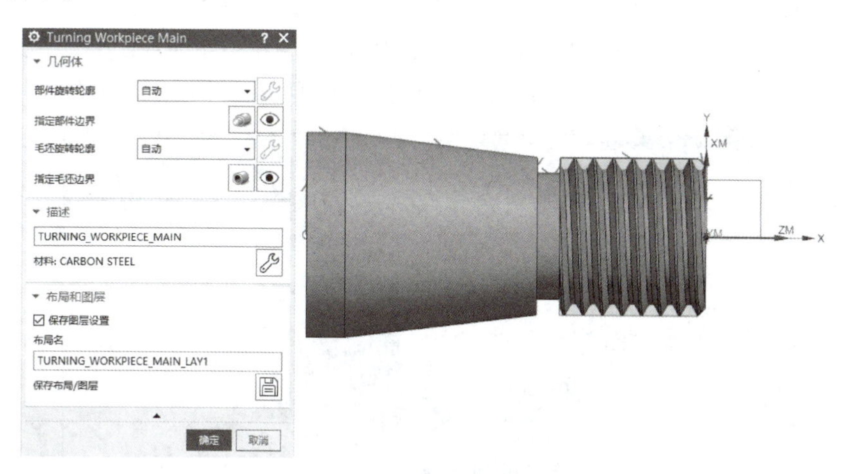

图 5.7　指定部件边界

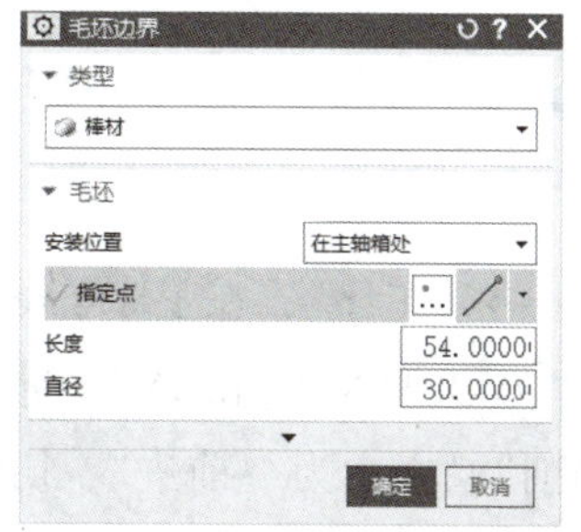

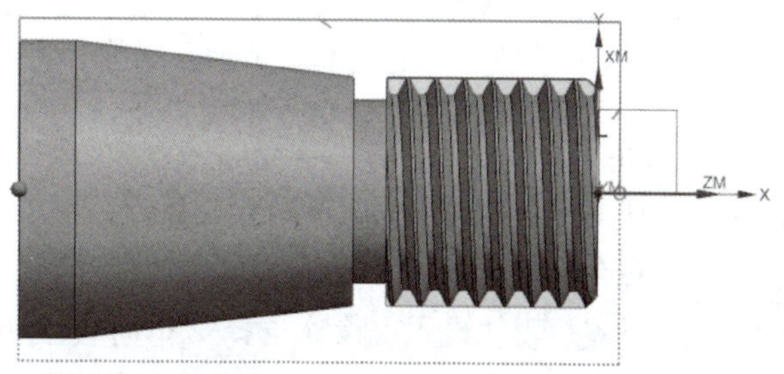

图 5.8　指定毛坯边界

③避让几何体。

按加工工艺要求，分别指定出发点（FR）、运动到起点（ST）、逼近（AP）等避让点，如图 5.9 所示。

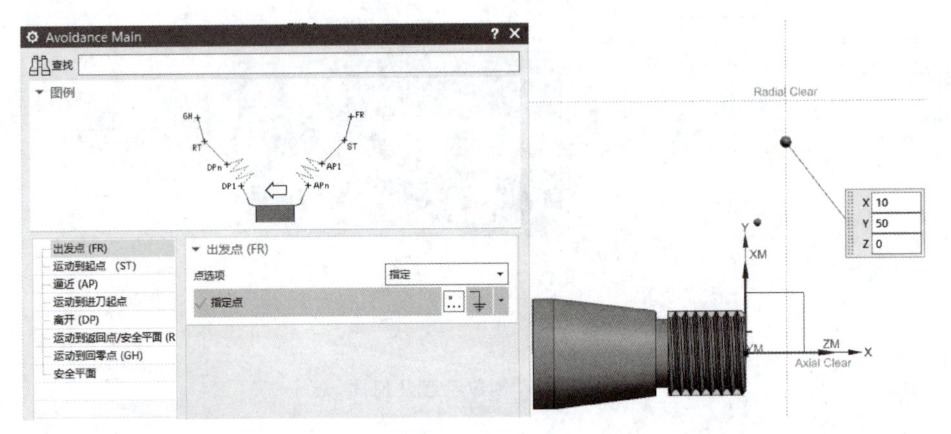

图 5.9　指定避让点

（4）创建刀具

此零件的加工需要 4 道工序，分别是：对其轮廓进行粗加工→对其轮廓进行精加工→车退刀槽→车螺纹。创建轮廓粗加工的刀具为“OD_80_L”，如图 5.10 所示；轮廓精加工的刀具为“OD_55_L”，如图 5.11 所示；车槽刀具为“OD_GROOVE_L”，刀片宽度为“3.0”，如图 5.12 所示；螺纹加工刀具为“OD_THREAD_L”，如图 5.13 所示。

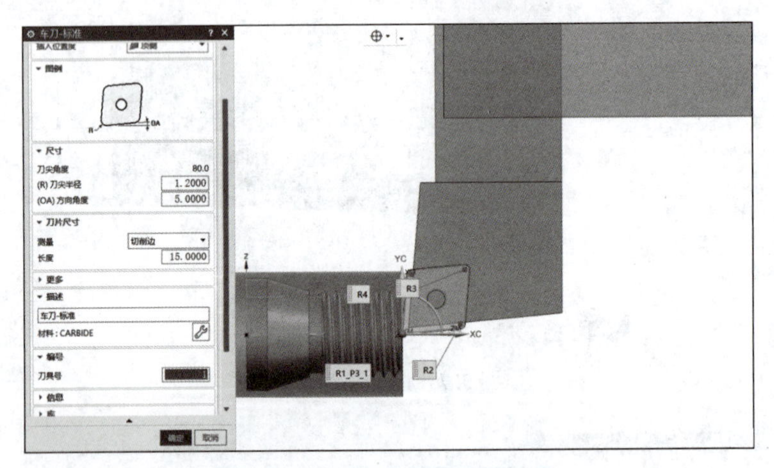

图 5.10　创建轮廓粗加工的刀具

（5）创建粗车工序

右击避让几何体“AVOIDANCE_MAIN”，选择“插入”→“工序”，在工序子类型中选择“粗车”，粗车刀具选择“OD_80_L”，几何体选择“AVOIDANCE_MAIN”，进入“粗车”选项卡进行设置。刀轨设置：策略选择“单向线性切削”，方向为“前进”，切削深度为“可变平均值”，最大值为“1.0 mm”；进给率和速度：主轴速度为“1 200 r/min”，进给率为“120 mm/min”；余量、公差和安全距离：粗加工余量为恒定“0.5”。检查非切削移动

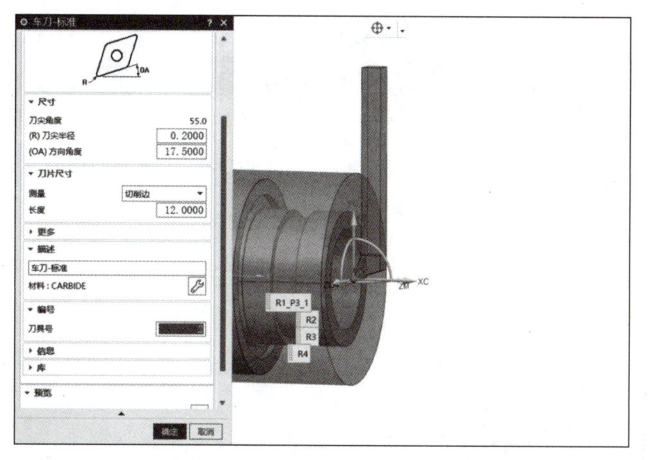

图 5.11　创建轮廓精加工刀具

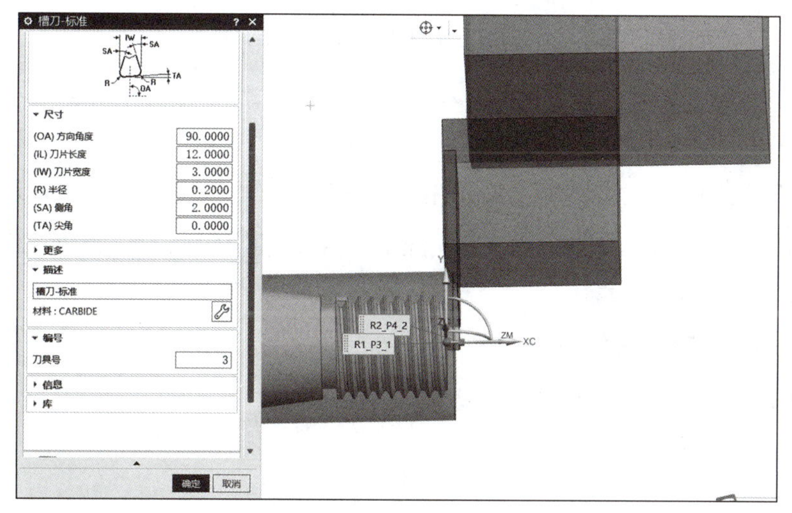

图 5.12　创建车槽刀具

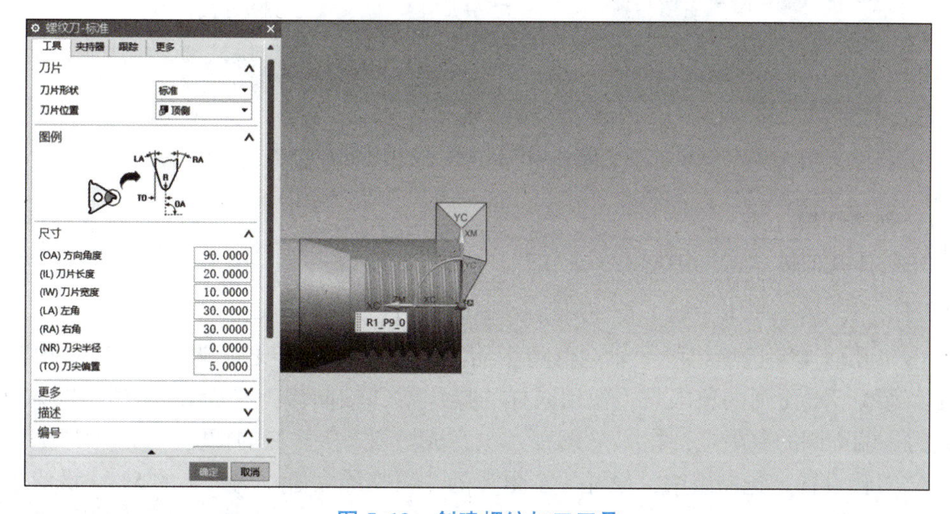

图 5.13　创建螺纹加工刀具

的进刀与退刀设置，手动更改退刀选项的毛坯退刀类型为“线性-自动”，角度为“90.0”，长度为“2.0”。单击“生成”按钮，生成粗车刀轨，并对粗车工序进行3D动态仿真加工，如图5.14所示。

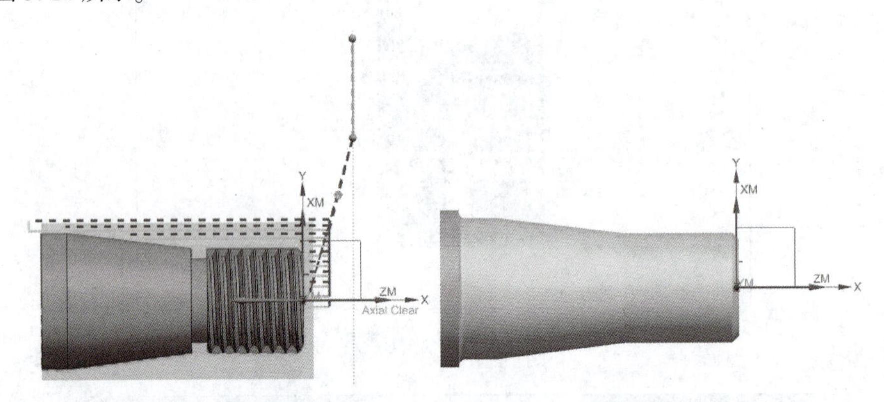

图5.14　粗车工序刀轨与3D动态仿真结果

（6）创建精车工序

右击避让几何体“AVOIDANCE_MAIN”，选择“插入”→“工序”，在工序子类型中选择“精车”。选择刀具“OD_55_L”，设置主轴速度为“1 500 r/min”，方向为“顺时针”；进给率为“100 mm/min”。单击“生成”按钮，生成精车刀轨，并对粗车工序进行3D动态仿真加工，如图5.15所示。

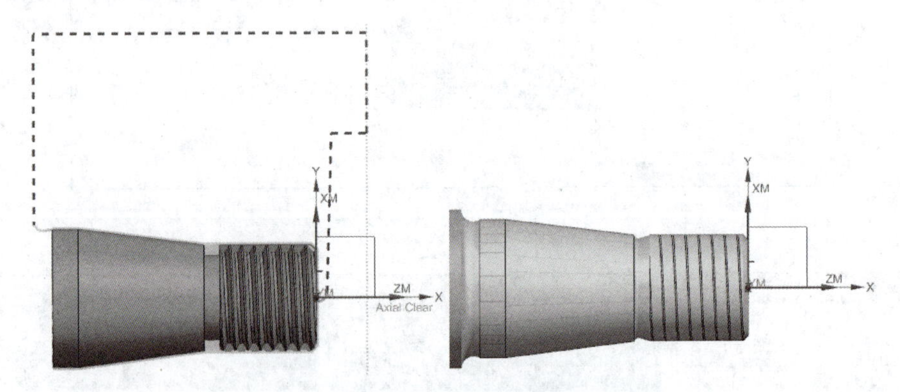

图5.15　精车工序刀轨与3D动态仿真结果

（7）创建切槽工序

右击避让几何体“AVOIDANCE_MAIN”，选择“插入”→“工序”，在工序子类型中选择“槽刀”，该工序用于加工各种插削策略切削部件外径或内径上的槽。

单击“几何体”选项组中“轴向修剪平面1”的“限制选项”，选择“点”，指定“修剪点1”为槽一端面圆的象限点；使用同样的操作在“轴向修剪平面2”指定“修剪点2”为槽的另一端面圆的象限点，如图5.16所示，完成切削加工区域的指定。

在“刀轨设置”选项组中，设置“步距”的“可变最大值”为刀具的5%。设置主轴转速为“600 r/min”，进给率为“30 mm/min”。根据加工工艺，设置“非切削移动”。单击

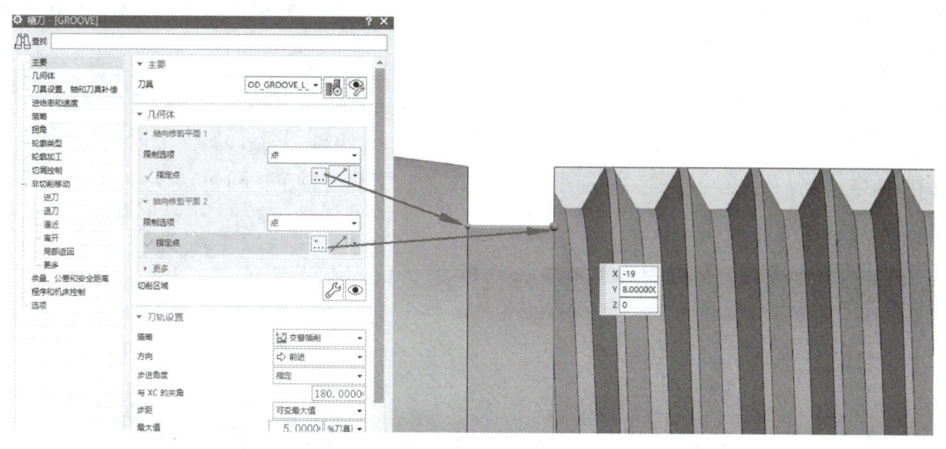
图 5.16　切槽加工区域指定

"生成"按钮，生成粗车刀轨，并对部件分离工序进行 3D 动态仿真加工，如图 5.17 所示。

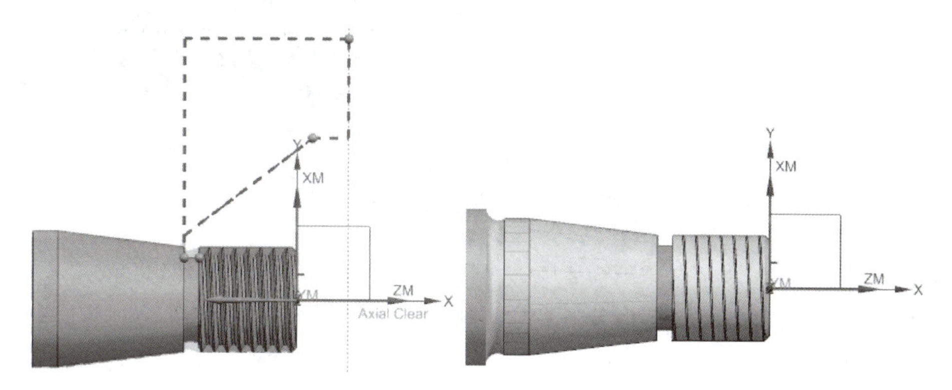

图 5.17　精车工序刀轨与 3D 动态仿真结果

(8) 创建车螺纹加工工序

①创建车加工截面：在创建车削操作时，常采用截面进行加工，选择"菜单"→"工具"→"车加工横截面"命令，弹出如图 5.18 所示的"车加工横截面"对话框，在该对话框中可以选择截面类型，设置截面几何体、旋转轴、投影平面、截面位置等。

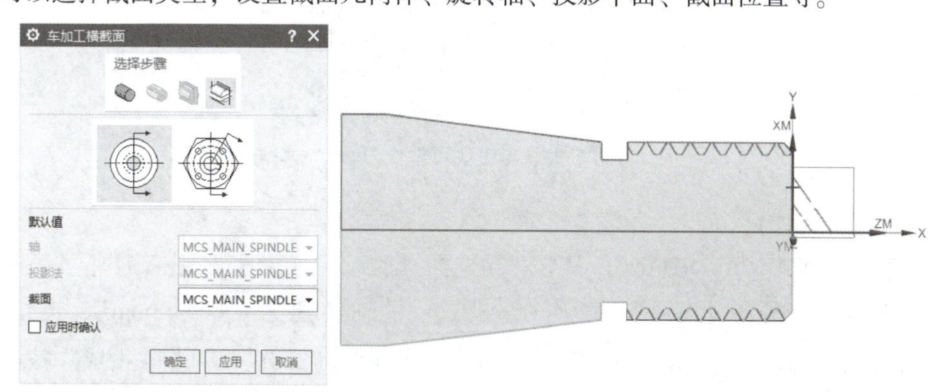

图 5.18　车加工横截面

②创建工序：选择“turning”类型，“螺纹车削”工序子类型，选择“OD_THREAD_L”螺纹刀，进入工序选项卡进行设置。

③螺纹车削工序选项卡设置：“几何体”输入模式改为“手动”，“顶线”选择螺纹大径“终止线”端面的一条线，深度选项为“根线”，根线选择螺纹小径，如图 5.19 所示。延长螺纹切削刀路，将“偏置”选项组的开始偏置改为“2.0”，结束偏置改为“1.0”。“螺距”选项组的距离改为“2.5”。

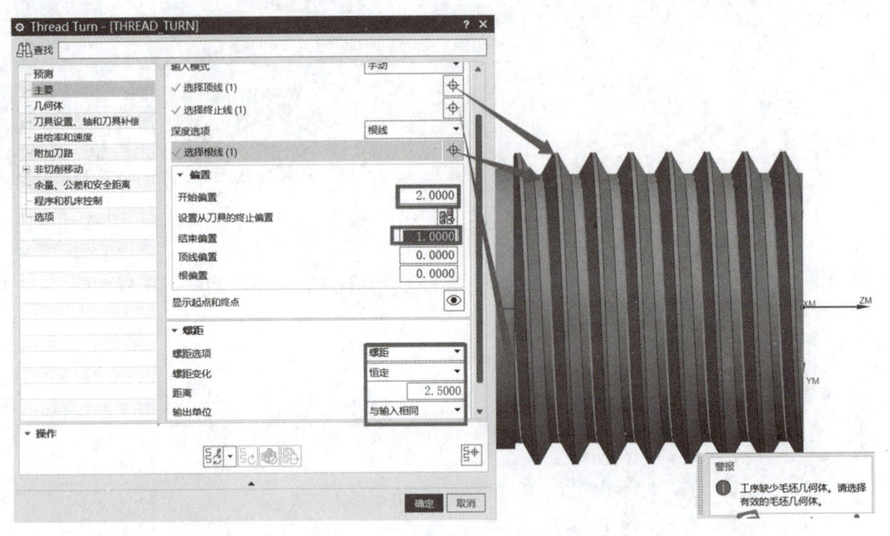

图 5.19　指定螺纹切削几何体

④进给率和速度设置：设置主轴速度为 400 r/min，切削速度为 50 mm/min。

⑤生成刀轨：根据加工工艺设置“非切削移动”。单击“生成”按钮，生成车螺纹可视化刀轨，如图 5.20 所示。

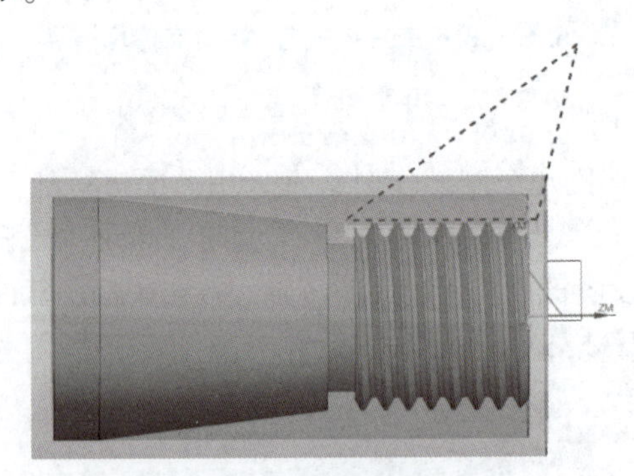

图 5.20　车螺纹可视化刀轨

(9) 创建切断工序

右击避让几何体“AVOIDANCE_MAIN”，选择“插入”→“工序”，在工序子类型中选择“部件分离”。进入“工序”选项卡，设置：主轴转速为“600 r/min”，进给率为“30 mm/min”，“非切削移动中-进刀-安全距离”设置为“5.0”。单击“生成”按钮，生成切断可视化刀轨，并对部件分离工序进行 3D 动态仿真加工，如图 5.21 所示。

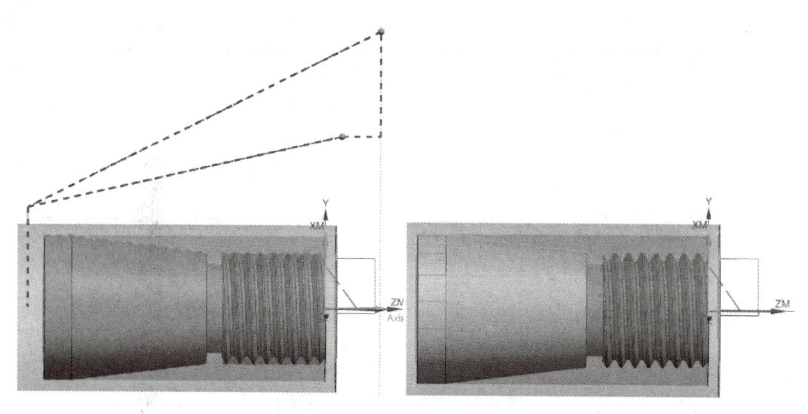

图 5.21　切断可视化刀轨

（10）程序后处理

选择需要进行程序后处理的加工工序，右击，选择“后处理”，在弹出的对话框中选择机床的后处理文件“HNC”，然后单击“确定”按钮。在弹出的对话框中继续单击“确定”按钮，生成该工序的加工程序。

学习任务单

任务分组

学生任务分配表

<table>
<tr><td>班级</td><td></td><td>组号</td><td></td><td>指导教师</td><td></td></tr>
<tr><td>姓名</td><td></td><td>学号</td><td></td><td>工位号</td><td></td></tr>
<tr><td rowspan="7">组员</td><td>班级</td><td>姓名</td><td>学号</td><td colspan="2">电话</td></tr>
<tr><td></td><td></td><td></td><td colspan="2"></td></tr>
<tr><td></td><td></td><td></td><td colspan="2"></td></tr>
<tr><td></td><td></td><td></td><td colspan="2"></td></tr>
<tr><td></td><td></td><td></td><td colspan="2"></td></tr>
<tr><td></td><td></td><td></td><td colspan="2"></td></tr>
<tr><td></td><td></td><td></td><td colspan="2"></td></tr>
<tr><td>任务分工</td><td colspan="5"></td></tr>
</table>

获取资讯

引导问题 1：分析零件图样，并在加工数据表中写出任务零件的主要加工尺寸、几何公差要求及表面质量要求，为零件的编程做准备。

加工数据表

序号	项目	内容	偏差范围
1	主要加工尺寸		
2			
3			
4			
5	几何公差要求		
6	表面质量要求		

引导问题 2：简述常见螺纹的分类。

引导问题 3：简述螺纹车削工序 NX CAM 设置注意事项。

工作实施

1. 分析图样。

2. 选择刀具及确定工件装夹方式。

3. 建立工件坐标系。

4. 制订加工路线。

5. 确定切削用量。

6. 填写数控加工工序卡。

数控加工工序卡

单位		产品名称或代号		零件名称		零件图号
工序号	程序编号	夹具		使用设备		车间
工步号	工步内容	刀具号	刀具规格	主轴转速	进给速度	背吃刀量
编制		审核		时间		

7. 自动编程与仿真加工。

8. 零件试切加工。

实施检测

明确检测要素，组内检测分工，完成检测要素表。

检测要素表

序号	检测要素	精度要求	工/量具

按零件自检表对加工好的零件进行检测，将结果填入。

零件自检表

<table>
<tr><td colspan="2">零件名称</td><td colspan="2"></td><td colspan="2">允许读数误差</td><td colspan="3"></td></tr>
<tr><td rowspan="2">序号</td><td rowspan="2">项目</td><td rowspan="2">尺寸要求</td><td rowspan="2">使用的量具</td><td colspan="4">测量结果</td><td rowspan="2">项目判定（合格否）</td></tr>
<tr><td>NO. 1</td><td>NO. 2</td><td>NO. 3</td><td>平均值</td></tr>
<tr><td></td><td></td><td></td><td></td><td></td><td></td><td></td><td></td><td></td></tr>
<tr><td></td><td></td><td></td><td></td><td></td><td></td><td></td><td></td><td></td></tr>
<tr><td></td><td></td><td></td><td></td><td></td><td></td><td></td><td></td><td></td></tr>
<tr><td></td><td></td><td></td><td></td><td></td><td></td><td></td><td></td><td></td></tr>
<tr><td></td><td></td><td></td><td></td><td></td><td></td><td></td><td></td><td></td></tr>
<tr><td></td><td></td><td></td><td></td><td></td><td></td><td></td><td></td><td></td></tr>
<tr><td></td><td></td><td></td><td></td><td></td><td></td><td></td><td></td><td></td></tr>
<tr><td></td><td></td><td></td><td></td><td></td><td></td><td></td><td></td><td></td></tr>
<tr><td colspan="4">结论（对上述测量尺寸进行评价）</td><td colspan="5">合格品（ ） 次品（ ） 废品（ ）</td></tr>
<tr><td colspan="4">处理意见</td><td colspan="5"></td></tr>
</table>

考核评价

各组代表展示作品，介绍任务完成过程。作品展示前应准备阐述材料。

小组自评表

班级		组名		日期	年　月　日
评价指标	评价要素			分数	分数评定
信息检索	能有效利用网络资源、工作手册查找有效信息；能用自己的语言有条理地去解释、表述所学知识；能将查找到的信息有效转换到工作中			10	
感知工作	是否熟悉各自的工作岗位，认同工作价值；在工作中是否获得满足感			10	
参与状态	与教师、同学之间是否相互尊重、理解、平等；与教师、同学之间是否能够保持多向、丰富、适宜的信息交流			10	
	探究学习、自主学习不流于形式，处理好合作学习和独立思考的关系，做到有效学习；能提出有意义的问题或能发表个人见解；能按要求正确操作；能够倾听、协作分享			10	
学习方法	工作计划、操作技能是否符合规范要求；是否获得了进一步发展的能力			10	
工作过程	遵守管理规程，操作过程符合现场管理要求；平时上课的出勤情况和每天完成工作任务情况较好；善于多角度思考问题，能主动发现、提出有价值的问题			15	
思维状态	能发现问题、提出问题、分析问题、解决问题、创新问题			10	
自评反馈	按时按质完成工作任务；较好地掌握了专业知识点；具有较强的信息分析能力和理解能力；具有较为全面、严谨的思维能力，并能条理明晰地表述成文			25	
自评分数					
有益的经验和做法					
总结反思建议					

小组互评表

班级		组名		日期	年　月　日
评价指标	评价要素			分数	分数评定
信息检索	该组能否有效利用网络资源、工作手册查找有效信息			5	
	该组能否用自己的语言有条理地去解释、表述所学知识			5	
	该组能否将查找到的信息有效转换到工作中			5	
感知工作	该组能否熟悉自己的工作岗位、认同工作价值			5	
	该组成员在工作中是否获得满足感			5	
参与状态	该组与教师、同学之间是否相互尊重、理解、平等			5	
	该组与教师、同学之间是否能够保持多向、丰富、适宜的信息交流			5	
	该组能否处理好合作学习和独立思考的关系，做到有效学习			5	
	该组能否提出有意义的问题或能发表个人见解；能按要求正确操作；能够倾听、协作分享			5	
	该组能否积极参与，在产品加工过程中不断学习，综合运用信息技术的能力得到提高			5	
学习方法	该组的工作计划、操作技能是否符合规范要求			5	
	该组是否获得了进一步发展的能力			5	
工作过程	该组是否遵守管理规程，操作过程符合现场管理要求			5	
	该组平时上课的出勤情况和每天完成工作任务情况			5	
	该组成员是否能加工出合格工件，并善于多角度思考问题，能主动发现、提出有价值的问题			15	
思维状态	该组是否能发现问题、提出问题、分析问题、解决问题、创新问题			5	
互评反馈	该组是否能严肃、认真地对待互评，并能独立完成测试题			10	
互评分数					
有益的经验和做法					
总结反思建议					

总评表

序号	评价项目	小组自评（30%）	小组互评（30%）	教师评价（40%）	总评
1	任务是否按时完成				
2	材料完成并上交情况				
3	作品质量				
4	语言表达能力				
5	小组成员合作情况				
6	创新点				

问题分析总结

任务完成后，学员根据任务实施情况分析存在的问题及原因，并填写任务实施情况分析。指导教师对任务实施情况进行讲评。

任务实施情况分析表

任务实施过程	存在的问题	解决问题的方法	点评
制订零件加工工艺			
编制加工程序			
仿真加工			
机床加工			
零件检测			
安全文明			

任务扩展训练

学习任务六　内孔零件 CAD/CAM 数控车削编程与加工

学习任务卡

任务编号	6	任务名称	内孔零件 CAD/CAM 数控车削编程与加工
设备名称	数控车床	实训区域	车削中心
数控系统	HNC-8 型数控车削系统	建议学时	4
参考文件	1+X 数控车铣加工职业技能等级标准		
学习目标	1. 正确分析和设计内孔零件的车削加工工艺； 2. 掌握内孔加工方法； 3. 掌握内孔车刀的安装注意事项； 4. 掌握内孔车刀的对刀方法； 5. 掌握内孔零件加工的实际操作技能； 6. 掌握机床安全操作和日常维护及相关知识。		
素质目标	1. 执行安全、文明生产规范，严格遵守车间制度和劳动纪律； 2. 着装规范，不携带与学习无关的物品进入车间； 3. 遵守实训现场工具、量具和刀具等相关物料的定制化管理； 4. 严禁徒手清理铁屑，气枪严禁指向人； 5. 培养学生爱岗敬业、工作严谨、精益求精的职业素养。		

任务书

已知内孔零件外形尺寸为 ϕ53 mm×50 mm，零件外圆已加工，材料为 45 钢，按单件小批生产，编制零件内孔数控加工工艺文件，对零件内孔加工进行自动编程设计，最后在机床上完成零件的试切加工。

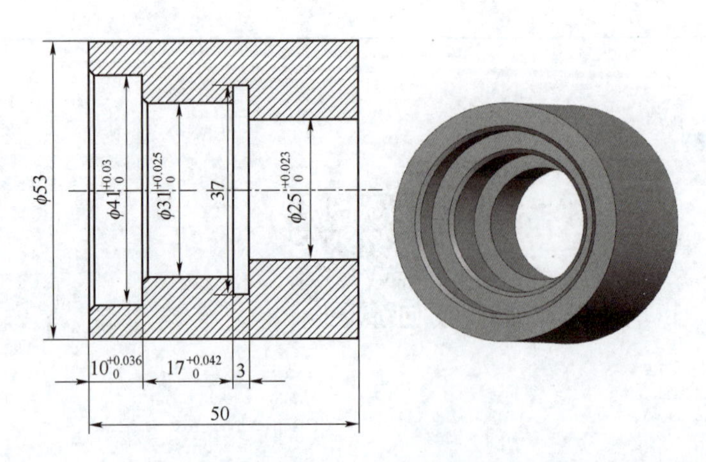

知识链接 <<<

1. 数控车削内孔加工工艺

很多零件如齿轮、轴套、带轮等，不仅有外圆柱面，而且有内圆柱面，在车床上加工内结构的方法有钻孔、扩孔、铰孔、车孔等，工艺适应性不尽相同，应根据零件内结构尺寸以及技术要求的不同，选择相应的工艺方法。

（1）麻花钻头钻孔

钻孔常用的刀具是麻花钻头（用高速钢制造）（图 6.1），孔的主要工艺特点如下：钻头的两个主刀刃不易磨得完全对称，切削时受力不均衡；钻头刚性较差，钻孔时钻头容易发生偏斜。

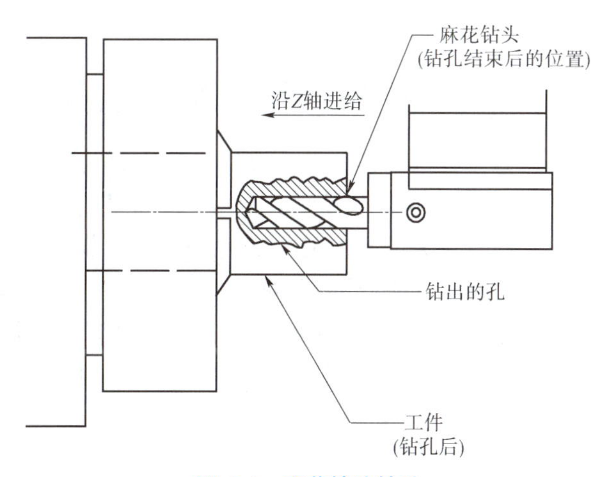

图 6.1　麻花钻头钻孔

用麻花钻头钻孔前，通常用刚性好的钻头，如用中心孔钻钻一个小孔，用于引正麻花钻开始钻孔时的定位和钻削方向。

麻花钻头钻孔时，切屑体积大，钻孔时排屑困难，产生的切削热大而冷却效果差，使得刀刃容易磨损，因而限制了钻孔的进给量和切削速度，降低了钻孔的生产率。

可见，钻孔加工精度低（IT2~IT13）、表面粗糙度值大（*Ra*12. 5 μm），一般只能进行粗加工。钻孔后，可以通过扩孔、铰孔或镗孔等方法来提高孔的加工精度和减小表面粗糙度。

（2）硬质合金可转位刀片钻头钻孔

CNC 车床通常也使用硬质合金可转位刀片钻头，如图 6. 2 所示。可转位刀片的钻孔速度通常比高速钢麻花钻的钻孔速度高很多。刀片钻头适用于钻孔直径为 16~80 mm 的孔。刀片钻头需要较高的功率和高压冷却系统。如果孔的公差要求小于±0. 05 mm，则需要增加镗孔或铰孔等第二道孔加工工序，使孔加工到要求的尺寸。用硬质合金可转位刀片钻头钻孔时，不需要钻中心孔。

（3）扩孔

扩孔是用扩孔钻对已钻或铸、锻出的孔进行加工，扩孔时的背吃刀量为 0. 85~4. 5 mm

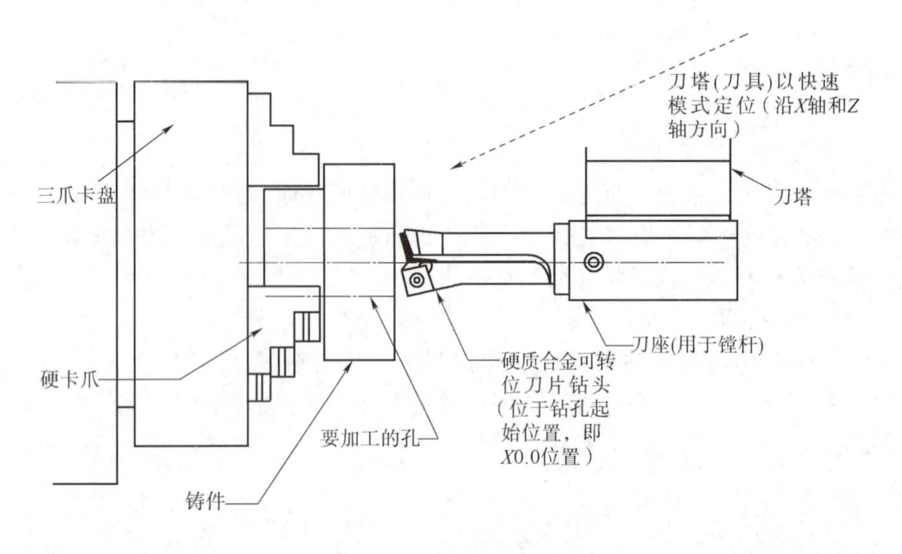

图 6.2　硬质合金可转位刀片钻头钻孔

内，切屑体积小，排屑较为方便，因而扩孔钻的容屑槽较浅而钻心较粗，刀具刚性好；一般有 3~4 个主刀刃，每个刀刃的切削负荷较小；棱刃多，使得导向性好，切削过程平稳。扩孔能修正孔轴线的歪斜，扩孔钻无端部横刃，切削时轴向力小，因而可以采用较大的进给量和切削速度。扩孔的加工质量和生产率比钻孔的高，加工精度可达 IT10，表面粗糙度为 *Ra*6.3~3.2 μm。采用镶有硬质合金刀片的扩孔钻，切削速度可以提高 2~3 倍，大大地提高了生产率。扩孔常常用作铰孔等精加工的准备工序，也可作为要求不高的孔的最终加工。

（4）铰孔

铰孔是孔的精加工方法之一，铰孔的刀具是铰刀。铰孔的加工余量小（粗铰为 0.15~0.35 mm，精铰为 0.05~0.15 mm），铰刀的容屑槽浅，刚性好，刀刃数目多（6~12 个），导向可靠性好，刀刃的切削负荷均匀。铰刀制造精度高，其圆柱校准部分具有校准孔径和修光孔壁的作用。铰孔时，排屑和冷却润滑条件好，切削速度低（精铰 2~5 m/min），切削力、切削热都小，并可避免产生积屑瘤。因此，铰孔的精度可达 IT6~IT8；表面粗糙度为 *Ra*1.6~0.4 μm。铰孔的进给量一般为 0.2~1.2 mm/r，约为钻孔进给的 3~4 倍，可保证有较高的生产率。铰孔直径一般不大于 80 mm。铰孔不能纠正孔的位置误差，孔与其他表面之间的位置精度必须由铰孔前的加工工序来保证。

（5）镗孔

镗孔一般用于将已有孔扩大到指定的直径，可用于加工精度、直线度及表面精度均要求较高的孔。镗孔的主要优点是工艺灵活、适应性较广。一把结构简单的单刃镗刀，既可进行孔的粗加工，又可进行半精加工和精加工。加工精度范围为 IT10 以下至 IT7~IT6；表面粗糙度 *Ra* 为 12.5 μm 至 0.8~0.2 μm。镗孔还可以校正原有孔轴线歪斜或位置偏差问题。镗孔可以加工中、小尺寸的孔，更适于加工大直径的孔。

镗孔时，单刃镗刀的刀头截面尺寸要小于被加工的孔径，而刀杆的长度要大于孔深，因而刀具刚性差。切削时，在径向力的作用下，容易产生变形和振动，影响镗孔的质量。

特别是加工孔径小、长度大的孔时，更不如铰孔容易保证质量。因此，镗孔时多采用较小的切削用量，以减小切削力的影响。

2. 内孔车刀选用与安装注意事项

内孔车刀安装得正确与否，直接影响到车削情况及孔的精度，所以，在安装时一定要注意：

①刀尖与工件中心等高或稍高。如果装得低于中心，由于切削抗力作用，容易将刀柄压低而扎刀，并造成孔径扩大。

②刀柄伸出刀架不宜过长。一般比被加工孔长 5~6 mm。

③刀柄基本平行于工件轴线，否则，在车削到一定深度时，刀柄后半部分容易碰到工件孔口。

④盲孔车刀装夹时，内偏刀的主刀刃应与孔底平面成 3°~5°，并要求横向有足够的退刀余地。

3. 内孔零件自动编程与仿真加工实施

1）CAD 模型创建

新建模型文件，绘制草图曲线，创建回转体，如图 6.3 所示。

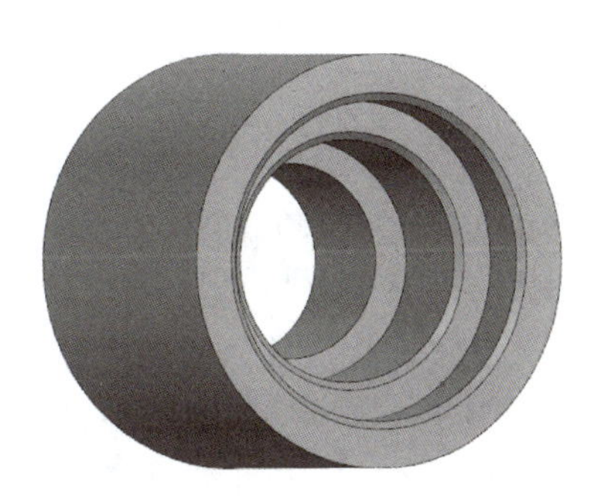

图 6.3 内孔零件

2）CAM 自动编程设置

（1）创建车削加工工序

打开零件模型，选择进入加工模块。在“加工环境”列表框中选择“turning”模板，单击“确定”按钮，完成加工环境的初始化，如图 6.4 所示。

图 6.4 加工环境设置

（2）创建车削坐标系

在资源栏中，将“工序导航器”切换到几何视图。双击“MCS_MAIN_SPINDLE”结点，系统弹出如图 6.5 所示的对话框，选择内孔端面圆心为指定 MCS。

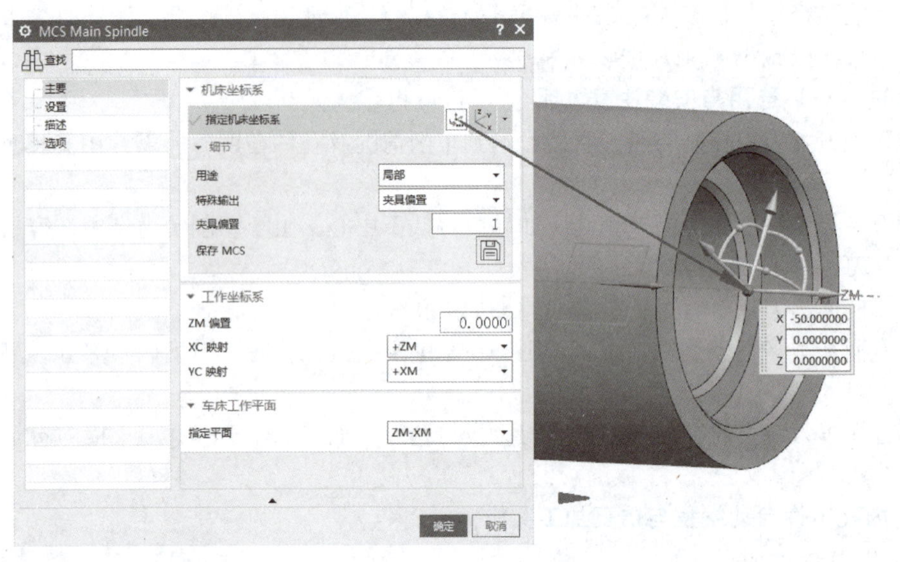

图 6.5 创建车削坐标系

（3）创建工件几何体

在“工序导航器-几何”视图中双击“WORKPIECE_MAIN”结点，弹出如图 6.6 所示的对话框，完成几何体的指定。单击“指定部件”，弹出“部件几何体”对话框，选择零件轴，单击“确定”按钮，完成部件几何体设置。毛坯几何体选择“包容圆柱体”，直径为“53.0”，高度为“50.0”，完成毛坯几何体设置。

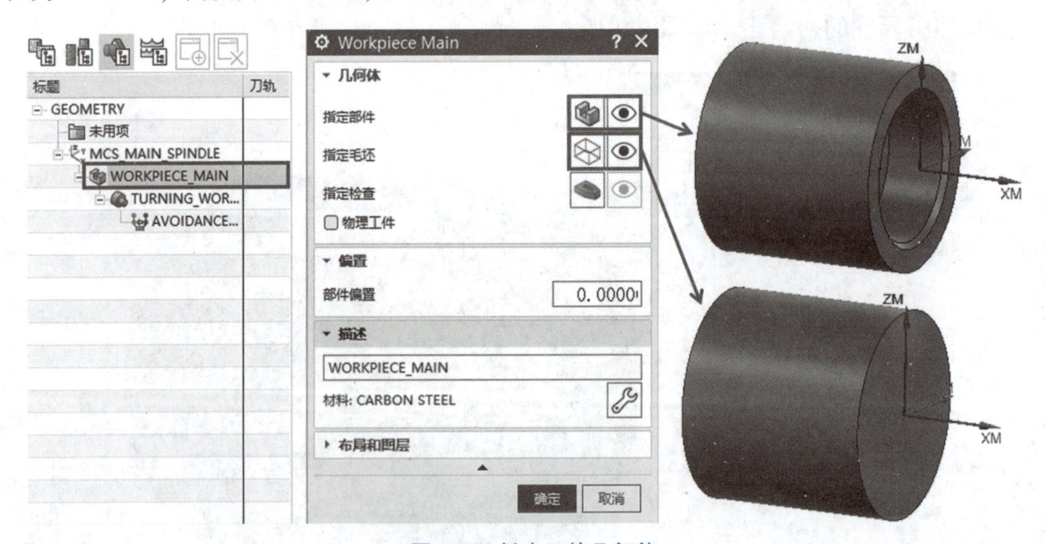

图 6.6 创建工件几何体

（4）创建车削工件几何体

在“工序导航器-几何”视图中双击“TURNING_WORKPIECE_MAIN”结点，弹出如图 6.7 所示的对话框。在“部件旋转轮廓”类型中选择“自动”，“毛坯旋转轮廓”选择“自动”，“指定毛坯边界”类型选择“棒材”，安装位置指定点为工件左端面中心，因工件外圆为已加工面，故将毛坯长度设置为“50.0”，直径为“53.0”，如图 6.7 所示。

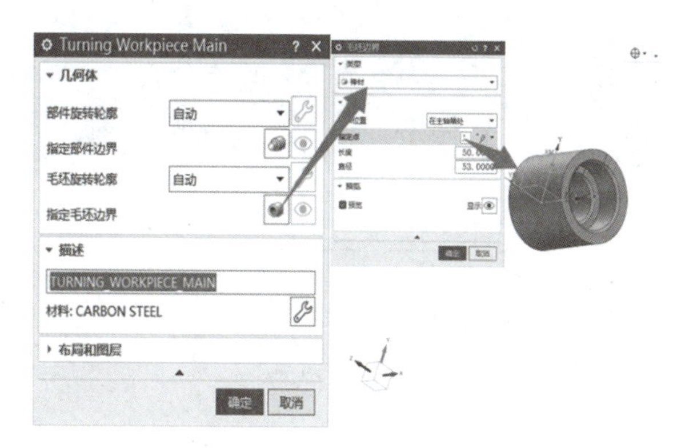

图 6.7 指定毛坯边界

（5）设置车削加工截面

在绘图区域选择零件模型，剖切平面为“MCS_MAIN_SPINDLE”，单击“确定”按钮，生成如图 6.8 所示的车削加工截面。选择“菜单”→“工具”→“车加工横截面”命令，弹出“车加工横截面”对话框，完成车削加工截面设置。

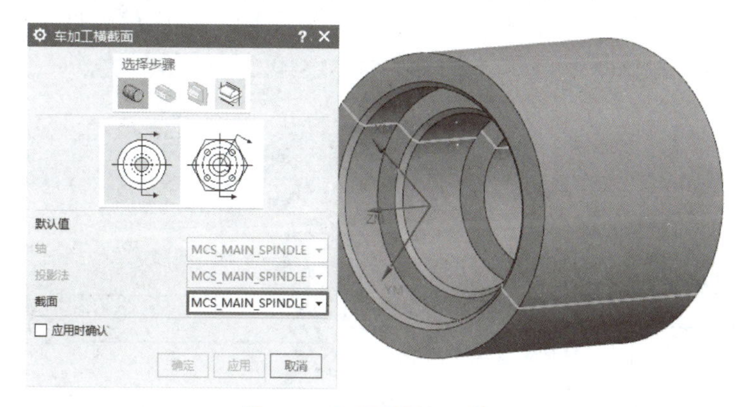

图 6.8 设置车削加工截面

（6）创建刀具

此零件的加工需要 5 道工序，分别是：点钻→钻孔→粗车内孔→精车内孔→车内孔槽。创建轮廓粗加工刀具为“SPOT_DRILL 定心钻”；钻孔加工刀具为“STD_DRILL 钻刀”；粗车内孔刀具为“ID_80_L”；精车内孔刀具为“ID_55_L”；车内孔槽刀具为“ID_GROOVE_L”，刀片宽度为“3.0”。刀具选择与参数设置如图 6.9 所示。

（7）创建点钻工序

右击避让几何体“AVOIDANCE_MAIN”，选择“插入”→“工序”，在工序子类型中选择“hole_making”，工序子类型选择“定心钻”，刀具选择“SPOT_DRILL”，几何体选择“WORKPIECE_MAIN”。进入“定心钻”选项卡进行设置。指定特征几何体选择工件右端面圆心，修改深度为“5.0”。创建点钻工序，如图 6.10 所示。

进给率和速度：主轴速度为“800 r/min”，方向为“顺时针”；进给率为“80 mm/min”，单击“生成”按钮，生成点钻刀轨，并对粗车工序进行 3D 动态仿真加工，如图 6.11 所示。

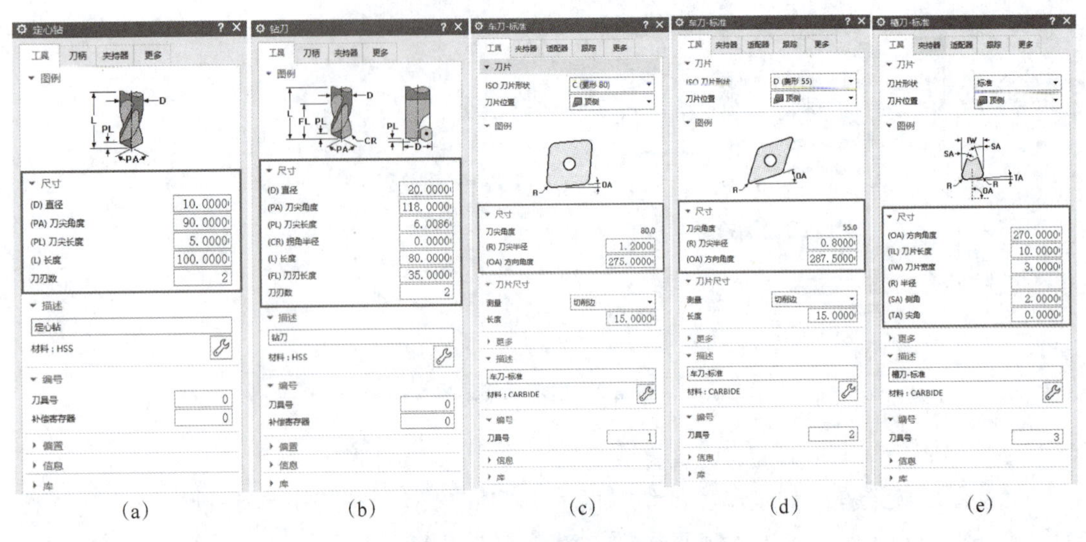

图 6.9 刀具选择与参数设置

（a）点钻；（b）钻刀；（c）粗车内孔刀；（d）精车内孔刀；（e）内孔车槽刀

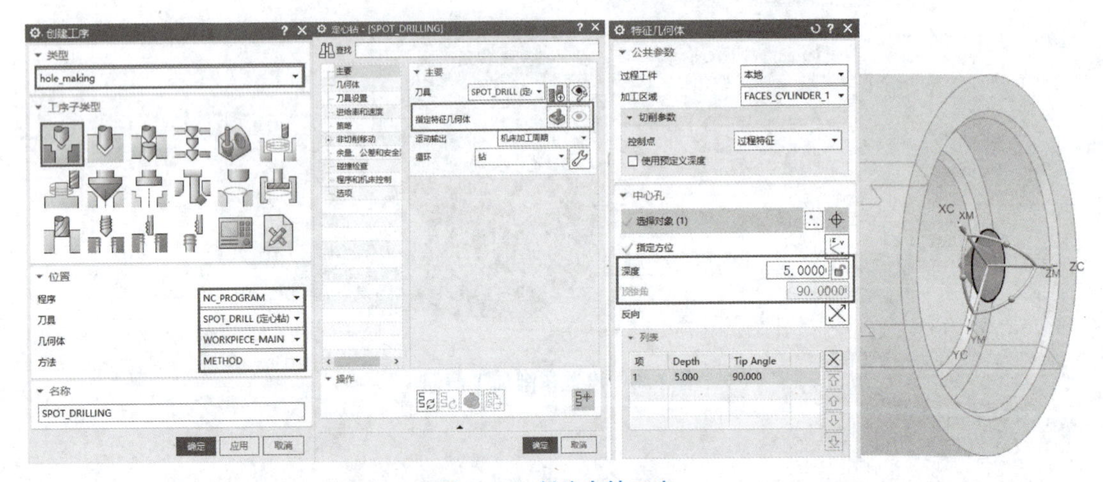

图 6.10 创建点钻工序

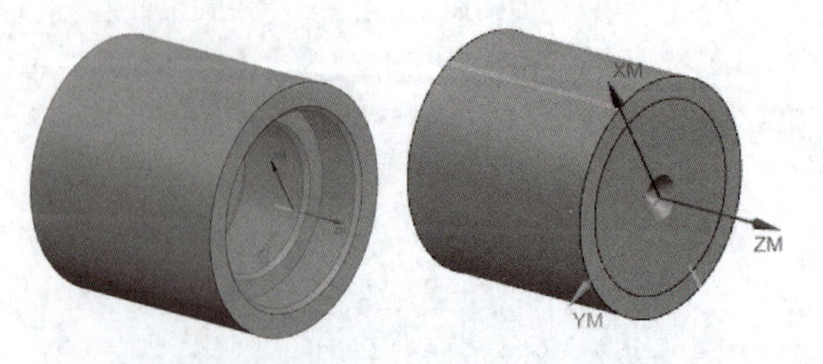

图 6.11 点钻工序刀轨与 3D 动态仿真结果

（8）创建钻孔工序

右击避让几何体“AVOIDANCE_MAIN”，选择“插入”→“工序”，在工序子类型中选择“hole_making”，工序子类型选择“钻孔”，刀具选择“STD_DRILL”，几何体选择“WORKPIECE_MAIN”。进入“钻孔”选项卡进行设置。指定特征几何体选择工件右端面圆心，修改深度为“58.0”，循环改为“钻，深孔，断屑”。精车工序刀轨与3D动态仿真结果如图6.12所示。

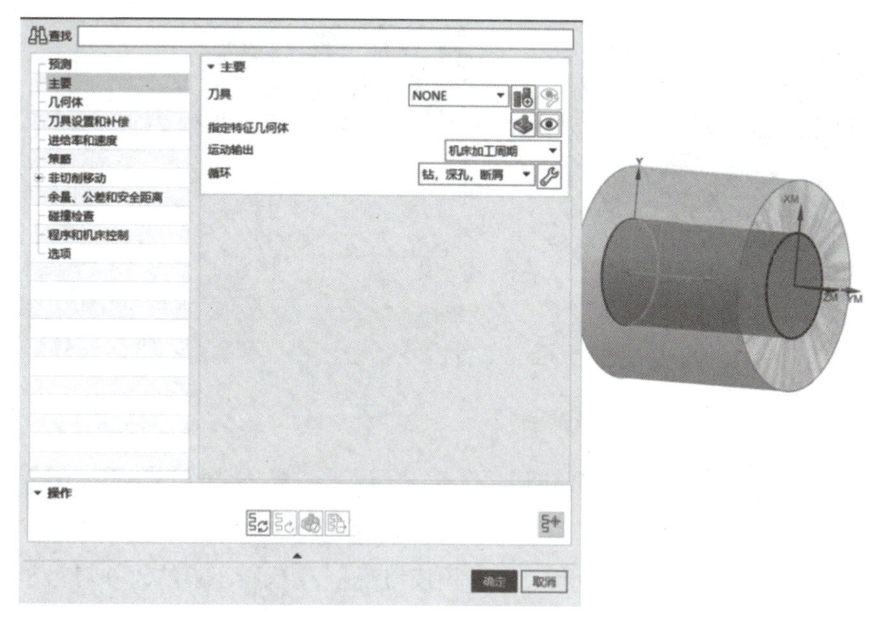

图6.12 精车工序刀轨与3D动态仿真结果

进给率和速度：主轴速度为“800 r/min”，方向为“顺时针”；进给率为“60 mm/min”，单击“生成”按钮，生成点钻刀轨，并对钻孔工序进行3D动态仿真加工，如图6.13所示。

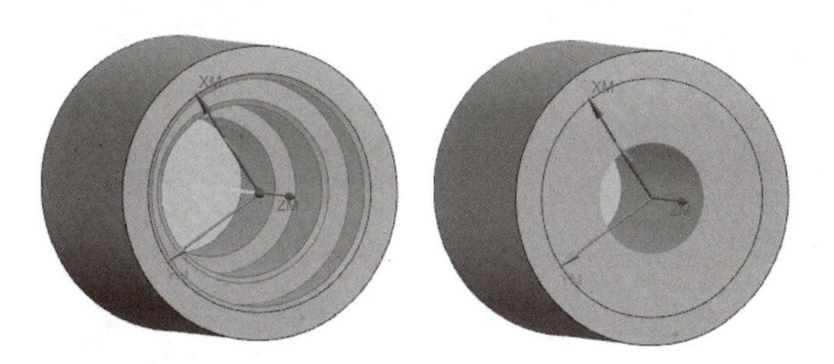

图6.13 钻孔工序刀轨与3D动态仿真结果

(9) 创建粗车内孔工序

右击避让几何体“AVOIDANCE_MAIN”，选择“插入”→“工序”，在工序子类型中选择“粗车”，粗车刀具选择“OD_80_L”，几何体选择“AVOIDANCE_MAIN”。进入“粗车”选项卡进行设置。刀轨设置：策略选择“单向线性切削”，方向为“前进”，切削深度为“可变平均值”，最大值为“0.8 mm”；进给率和速度：主轴速度为“1 200 r/min”，进给率为“120 mm/min”；余量、公差和安全距离：粗加工余量为恒定“0.15”。检查非切削移动的进刀与退刀设置。单击“生成”按钮，生成粗车刀轨，并对粗车工序进行3D动态仿真加工，如图 6.14 所示。

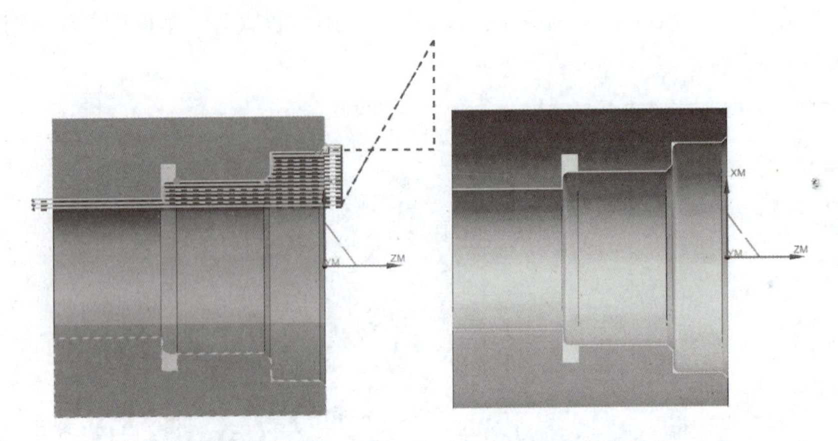

图 6.14　粗车内孔工序刀轨与 3D 动态仿真结果

（10）创建精车内孔工序

右击避让几何体“AVOIDANCE_MAIN”，选择“插入”→“工序”，在工序子类型中选择“精车”。选择刀具“OD_55_L”，设置主轴速度为“1 500 r/min”，方向为“顺时针”；进给率为“100 mm/min”。单击“生成”按钮，生成精车刀轨，并对粗车工序进行 3D 动态仿真加工，如图 6.15 所示。

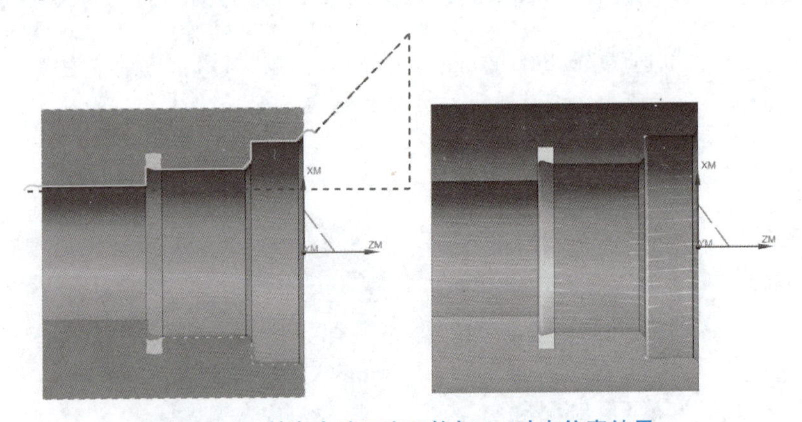

图 6.15　精车内孔工序刀轨与 3D 动态仿真结果

（11）创建内孔切槽工序

右击避让几何体“AVOIDANCE_MAIN”，选择“插入”→“工序”，在工序子类型中选择“槽刀”，该工序用于加工各种插削策略切削部件外径或内径上的槽。

单击“几何体”选项组中的“轴向修剪平面 1”的“限制选项”，选择“点”，指定“修剪点 1”为槽一底端的象限点；使用同样的操作在“轴向修剪平面 2”指定“修剪点 2”为槽另一底端的象限点，完成切削区域的指定。设置“刀轨设置”选项组中“步距”的“可变最大值”为刀具的 5%。设置主轴转速为“600 r/min”，进给率为“30 mm/min”。根据加工工艺设置“非切削移动”。单击“生成”按钮，生成粗车刀轨，并对部件分离工序进行 3D 动态仿真加工，如图 6.16 所示。

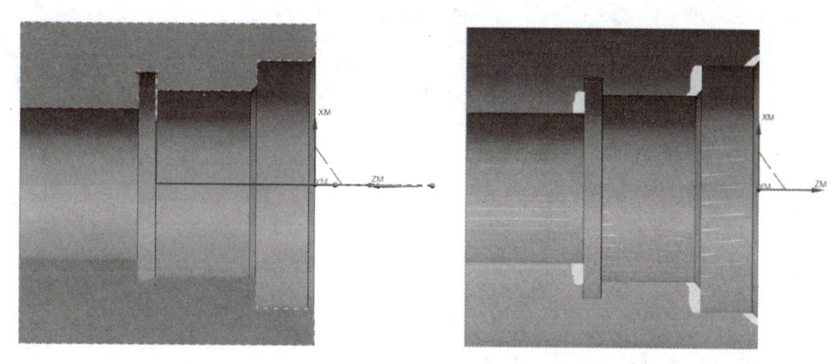

图 6.16　内孔切槽工序刀轨与 3D 动态仿真结果

(12) 程序后处理

选择需要进行程序后处理的加工工序，右击，选择“后处理”，在“后处理”对话框中选择机床的后处理文件“HNC”，然后单击“确定”按钮。在弹出的对话框中继续单击“确定”按钮，生成该工序的加工程序。

学习任务单

任务分组

学生任务分配表

<table>
<tr><td>班级</td><td></td><td>组号</td><td></td><td>指导教师</td><td></td></tr>
<tr><td>姓名</td><td></td><td>学号</td><td></td><td>工位号</td><td></td></tr>
<tr><td rowspan="6">组员</td><td colspan="5">
<table>
<tr><td>班级</td><td>姓名</td><td>学号</td><td>电话</td></tr>
<tr><td></td><td></td><td></td><td></td></tr>
<tr><td></td><td></td><td></td><td></td></tr>
<tr><td></td><td></td><td></td><td></td></tr>
<tr><td></td><td></td><td></td><td></td></tr>
<tr><td></td><td></td><td></td><td></td></tr>
</table>
</td></tr>
<tr><td>任务分工</td><td colspan="5"></td></tr>
</table>

获取资讯

引导问题 1：分析零件图样，并在加工数据表中写出任务零件的主要加工尺寸、几何公差要求及表面质量要求，为零件的编程做准备。

加工数据表

序号	项目	内容	偏差范围
1	主要加工尺寸		
2			
3			
4			
5	几何公差要求		
6	表面质量要求		

引导问题 2：简述内孔加工的一般规则。

引导问题 3：简述内孔车削的影响因素及加工优化措施。

工作实施

1. 进行图样分析。

2. 选择刀具及确定工件装夹方式。

3. 建立工件坐标系。

4. 制订加工路线。

5. 确定切削用量。

6. 填写数控加工工序卡。

数控加工工序卡

单位		产品名称或代号		零件名称		零件图号
工序号	程序编号	夹具		使用设备		车间
工步号	工步内容	刀具号	刀具规格	主轴转速	进给速度	背吃刀量
编制		审核		时间		

7. 自动编程与仿真加工。

8. 零件试切加工。

实施检测

明确检测要素，组内检测分工，完成检测要素表。

检测要素表

序号	检测要素	精度要求	工/量具

按零件自检表对加工好的零件进行检测，将结果填入。

零件自检表

<table>
<tr><td colspan="2">零件名称</td><td colspan="2"></td><td colspan="2">允许读数误差</td><td colspan="3"></td></tr>
<tr><td rowspan="2">序号</td><td rowspan="2">项目</td><td rowspan="2">尺寸
要求</td><td rowspan="2">使用的
量具</td><td colspan="4">测量结果</td><td rowspan="2">项目判定
（合格否）</td></tr>
<tr><td>NO. 1</td><td>NO. 2</td><td>NO. 3</td><td>平均值</td></tr>
<tr><td></td><td></td><td></td><td></td><td></td><td></td><td></td><td></td><td></td></tr>
<tr><td></td><td></td><td></td><td></td><td></td><td></td><td></td><td></td><td></td></tr>
<tr><td></td><td></td><td></td><td></td><td></td><td></td><td></td><td></td><td></td></tr>
<tr><td></td><td></td><td></td><td></td><td></td><td></td><td></td><td></td><td></td></tr>
<tr><td></td><td></td><td></td><td></td><td></td><td></td><td></td><td></td><td></td></tr>
<tr><td></td><td></td><td></td><td></td><td></td><td></td><td></td><td></td><td></td></tr>
<tr><td></td><td></td><td></td><td></td><td></td><td></td><td></td><td></td><td></td></tr>
<tr><td></td><td></td><td></td><td></td><td></td><td></td><td></td><td></td><td></td></tr>
<tr><td colspan="4">结论（对上述测量尺寸进行评价）</td><td colspan="5">合格品（　　）　次品（　　）　废品（　　）</td></tr>
<tr><td colspan="4">处理意见</td><td colspan="5"></td></tr>
</table>

考核评价

各组代表展示作品，介绍任务完成过程。作品展示前应准备阐述材料。

小组自评表

班级		组名		日期	年　月　日
评价指标	评价要素			分数	分数评定
信息检索	能有效利用网络资源、工作手册查找有效信息；能用自己的语言有条理地去解释、表述所学知识；能将查找到的信息有效转换到工作中			10	
感知工作	是否熟悉各自的工作岗位，认同工作价值；在工作中是否获得满足感			10	
参与状态	与教师、同学之间是否相互尊重、理解、平等；与教师、同学之间是否能够保持多向、丰富、适宜的信息交流			10	
	探究学习、自主学习不流于形式，处理好合作学习和独立思考的关系，做到有效学习；能提出有意义的问题或能发表个人见解；能按要求正确操作；能够倾听、协作分享			10	
学习方法	工作计划、操作技能是否符合规范要求；是否获得了进一步发展的能力			10	
工作过程	遵守管理规程，操作过程符合现场管理要求；平时上课的出勤情况和每天完成工作任务情况较好；善于多角度思考问题，能主动发现、提出有价值的问题			15	
思维状态	能发现问题、提出问题、分析问题、解决问题、创新问题			10	
自评反馈	按时按质完成工作任务；较好地掌握了专业知识点；具有较强的信息分析能力和理解能力；具有较为全面、严谨的思维能力，并能条理明晰地表述成文			25	
自评分数					
有益的经验和做法					
总结反思建议					

小组互评表

班级		组名		日期	年　月　日
评价指标	评价要素			分数	分数评定
信息检索	该组能否有效利用网络资源、工作手册查找有效信息			5	
	该组能否用自己的语言有条理地去解释、表述所学知识			5	
	该组能否将查找到的信息有效转换到工作中			5	
感知工作	该组能否熟悉自己的工作岗位、认同工作价值			5	
	该组成员在工作中是否获得满足感			5	
参与状态	该组与教师、同学之间是否相互尊重、理解、平等			5	
	该组与教师、同学之间是否能够保持多向、丰富、适宜的信息交流			5	
	该组能否处理好合作学习和独立思考的关系，做到有效学习			5	
	该组能否提出有意义的问题或能发表个人见解；能按要求正确操作；能够倾听、协作分享			5	
	该组能否积极参与，在产品加工过程中不断学习，综合运用信息技术的能力得到提高			5	
学习方法	该组的工作计划、操作技能是否符合规范要求			5	
	该组是否获得了进一步发展的能力			5	
工作过程	该组是否遵守管理规程，操作过程符合现场管理要求			5	
	该组平时上课的出勤情况和每天完成工作任务情况			5	
	该组成员是否能加工出合格工件，并善于多角度思考问题，能主动发现、提出有价值的问题			15	
思维状态	该组是否能发现问题、提出问题、分析问题、解决问题、创新问题			5	
互评反馈	该组是否能严肃、认真地对待互评，并能独立完成测试题			10	
互评分数					
有益的经验和做法					
总结反思建议					

总评表

序号	评价项目	小组自评（30%）	小组互评（30%）	教师评价（40%）	总评
1	任务是否按时完成				
2	材料完成并上交情况				
3	作品质量				
4	语言表达能力				
5	小组成员合作情况				
6	创新点				

问题分析总结

任务完成后，学员根据任务实施情况分析存在的问题及原因，并填写任务实施情况分析表。指导教师对任务实施情况进行讲评。

任务实施情况分析表

任务实施过程	存在的问题	解决问题的方法	点评
制订零件加工工艺			
编制加工程序			
仿真加工			
机床加工			
零件检测			
安全文明			

任务扩展训练

复杂零件 CAD/CAM 数控车削编程与加工

学习任务卡

任务编号	7	任务名称	复杂零件 CAD/CAM 数控车削编程与加工
设备名称	数控车床	实训区域	车削中心
数控系统	HNC-8 型数控车削系统	建议学时	4
参考文件	1+X 数控车铣加工职业技能等级标准		
学习目标	1. 正确分析和设计复杂零件的车削加工工艺； 2. 掌握外圆槽、端面槽的加工方法； 3. 掌握掉头装夹零件的编程方法； 4. 理解切槽刀、端面槽刀的安装注意事项； 5. 掌握复杂零件车削加工的实际操作技能。		
素质目标	1. 执行安全、文明生产规范，严格遵守车间制度和劳动纪律； 2. 着装规范，不携带与学习无关的物品进入车间； 3. 培养学生自我发展能力； 4. 培养学生爱岗敬业、工作严谨、精益求精的职业素养。		
任务书			

已知零件毛坯为 ϕ60 mm×30 mm 棒料，材料为 2A12，按单件小批生产。编制零件数控加工工艺文件，对零件进行自动编程设计，最后在机床上完成零件的试切加工。

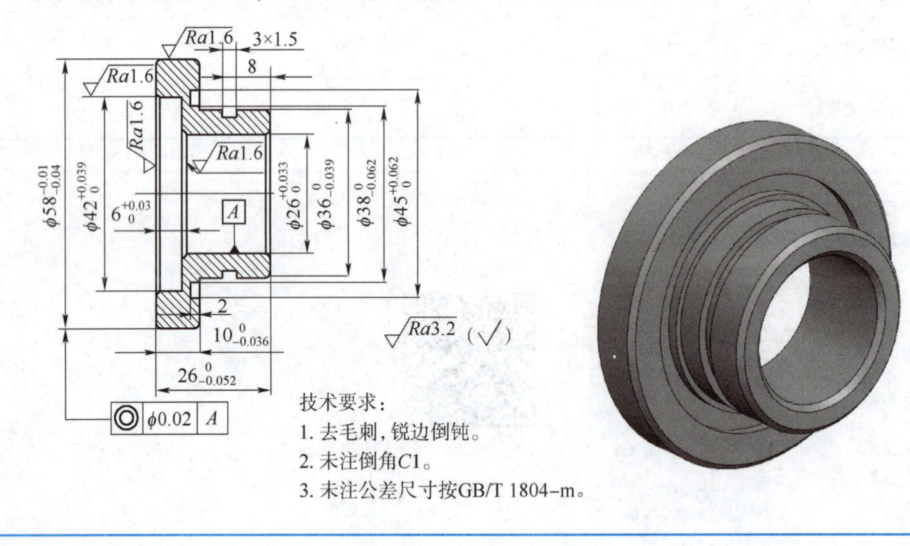

知识链接 <<<

在工件表面上车沟槽的方法叫切槽，槽的形状有外圆槽、内沟槽和端面槽，常见槽的类型及加工方法如图 7.1 所示。

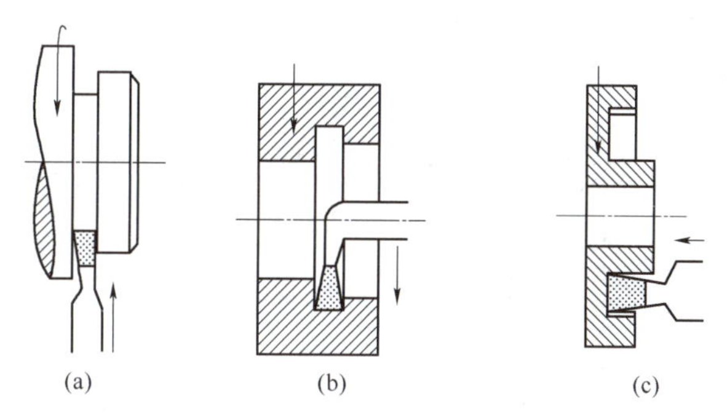

图 7.1　常见槽的类型及加工方法

1. 外圆槽与切断加工

加工外圆槽时，用外切槽刀，并且沿着工件中心方向切削；加工内沟槽时，用内切槽刀，并且沿着工件大径方向切削；加工端面槽时，可用外切槽刀、内切槽刀或自磨刀具。

①车削精度要求不高的和宽度较窄的矩形沟槽时，可以用刀宽（主切削刃宽度）等于槽宽的切槽刀，直接采用 G01 直进法横向走刀一次将槽切出，如图 7.2 所示。有时为了提高槽底的精度，让切槽刀在槽底短暂停留，以修整槽底精度。

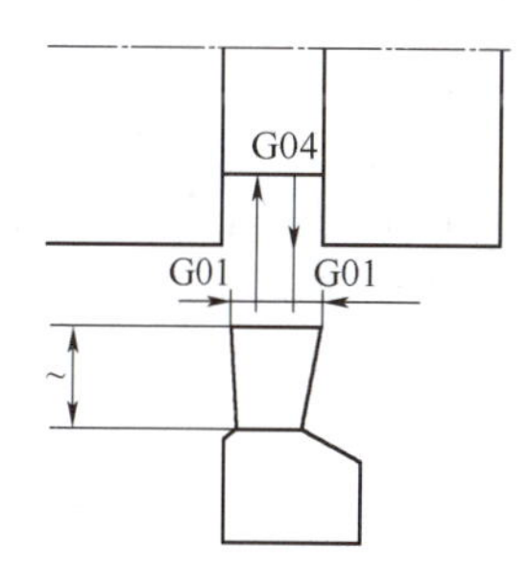

图 7.2　窄槽加工方法

②车削精度要求较高的和宽度较宽的沟槽时，主切削刃宽度小于槽宽，分几次直进法。横向走刀，并在槽的两侧、槽底留一定的精车余量。切出槽宽后，根据槽深、槽宽，最后一刀纵向走刀精车至槽底尺寸，如图 7.3 所示。当切削到槽底时，一般应暂停一段时间，以光顺槽底。

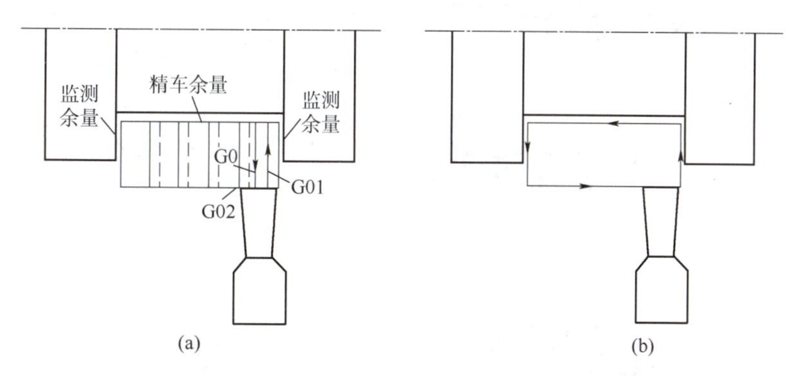

图 7.3　宽槽加工方法

（a）粗车进刀方式；（b）精车进刀方式

加工宽槽和多槽时，可用移位法，调用子程序、宏程序或 G75 切槽复合循环指令编程。

车削较小的圆弧形槽时，一般用成形车刀车削，加工方法与车窄槽的相似。

③车削梯形槽和倒角槽时，一般用成形车刀、梯形刀直进法或左右切削法完成；或者先加工出与槽底等宽的直槽，再沿着相应梯形角度或倒角角度，移动车刀车削出梯形槽和倒角槽。进刀方式如图 7.4 所示。

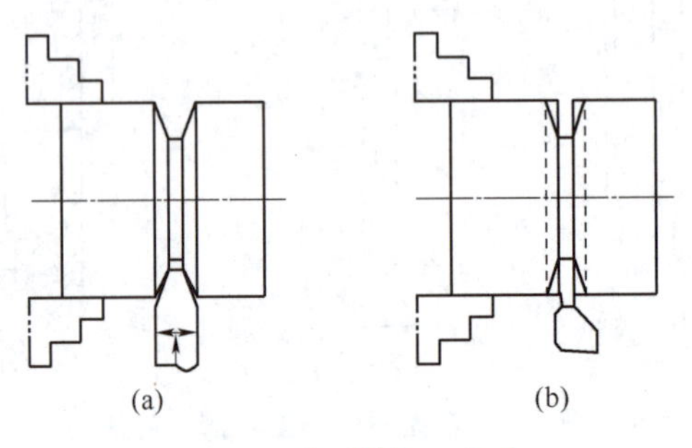

图 7.4　梯形槽加工方法

（a）成形车刀一次切出；（b）直槽刀分 3 次切出

④切断要用切断刀，切断刀的形状与切槽刀的相似。常用的切断方法有直进法和左右借刀法两种。直进法常用于切断铸铁等脆性材料；左右借刀法常用于切断钢等塑性材料。

⑤切槽刀具的选用。

切槽刀有整体式、焊接式、可转位式 3 种。数控车床上为了提高切削效率，常选用可转位式切槽刀。常见的切槽刀结构形式及加工特点见表 7.1。

表 7.1　常见的切槽刀结构形式及加工特点

切槽刀类型	结构形式	加工特点
整体式		由高速钢条刃磨而成，切削速度较低，易折断，常用于加工有色金属、塑料等材料，也可用于加工结构钢、铸铁
焊接式		将硬质合金刀片焊接在刀杆上制成，价格低，但磨损后需要重磨，效率低
可转位式		将可转位刀片装夹在刀杆上构成，磨损后更换方便，效率高

2. 内沟槽的加工

(1) 内沟槽的类型及加工方法

内沟槽有窄槽、宽槽和 V 形槽等几种，常见内沟槽的类型、结构、作用及加工方法见表 7.2。

表 7.2 常见内沟槽的类型、结构、作用及加工方法

类型	窄内槽	宽内槽	V 形内槽
结构			
作用	退刀、轴向定位、油气通道	储油，减小与配合轴的接触面积	嵌入毛毡，起密封作用
加工方法	可用主切削刃宽度等于槽宽的内槽车刀采用直进法一次车出	可采用直进法分几次车出。粗车时，槽壁和槽底应留精车余量，然后根据槽宽、槽深要求进行精车	一般先用内孔车槽刀车出直槽，然后用内成形刀车削成形

(2) 内沟槽刀具的种类及选用

内沟槽车刀与切断刀的几何形状相似，只是装夹方向相反，并且在内孔中车槽。加工小孔中的内沟槽车刀做成整体式内沟槽车刀，如图 7.5 和图 7.6 所示。

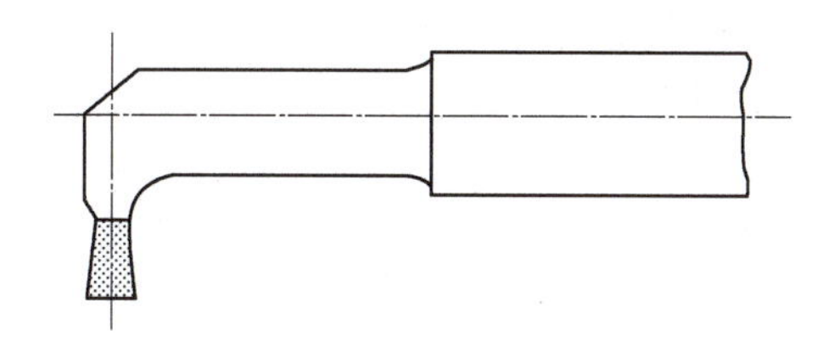

图 7.5 整体式内沟槽车刀

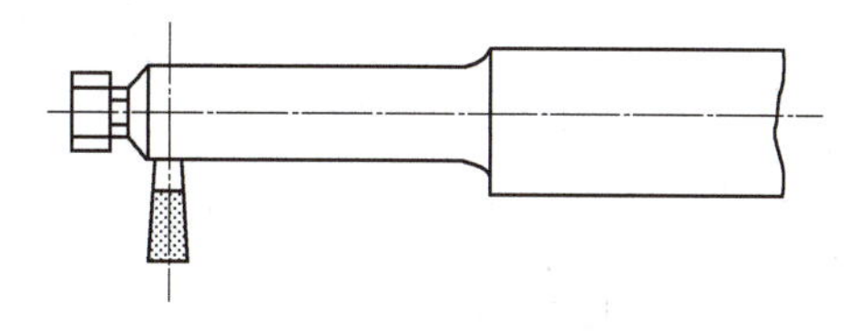

图 7.6 机夹式内沟槽车刀

3. 端面槽的加工

(1) 端面槽的种类和作用

常见的端面槽的种类和作用见表 7.3。

表 7.3　常见的端面槽的种类和作用

种类	端面直槽	T 形槽	燕尾槽	圆弧形槽
图示				
作用	用于密封或减小零件质量	一般用于放入 T 形螺钉	一般用于放入螺钉，起固定作用	一般用于油槽

（2）端面直槽的车削方法

若端面直槽加工精度要求不高、宽度较窄且深度较浅，通常用等于槽宽的车刀采用直进法一次进给车出，如图 7.7（a）所示；如果槽的精度要求较高，则采用先粗车槽两侧并留精车余量，然后分别精车槽两侧的方法，如图 7.7（b）和图 7.7（c）所示。

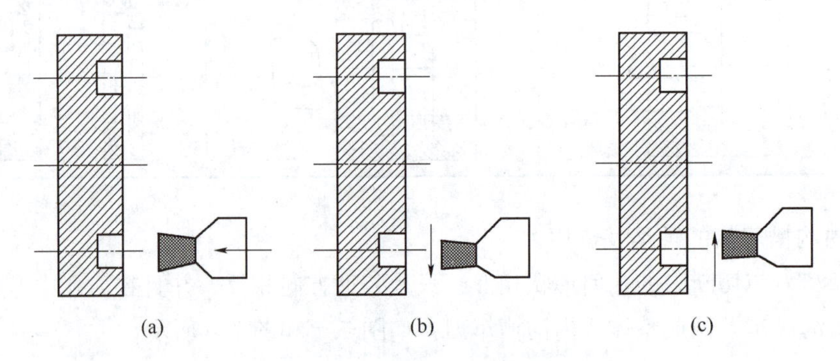

图 7.7　端面直槽的车削方法

（a）车槽直进法；（b）精车外侧槽；（c）精车内侧槽

（3）车端面 T 形槽的方法

车 T 形槽比较复杂，通常先用端面直槽刀车出直槽，再用外侧弯头车槽刀车外侧沟槽，最后用内侧弯头车槽刀车内侧沟槽。为了避免弯头刀与直槽侧面圆弧相碰，应将弯头刀刀体侧面磨成圆弧形。此外，弯头刀的刀刃的宽度应小于或等于槽宽 a，L 应小于 b，否则，弯头刀无法进入槽内，如图 7.8 所示。

（4）车端面燕尾槽的方法

车燕尾槽的方法与车 T 形槽的方法相似，车削过程如图 7.9 所示。

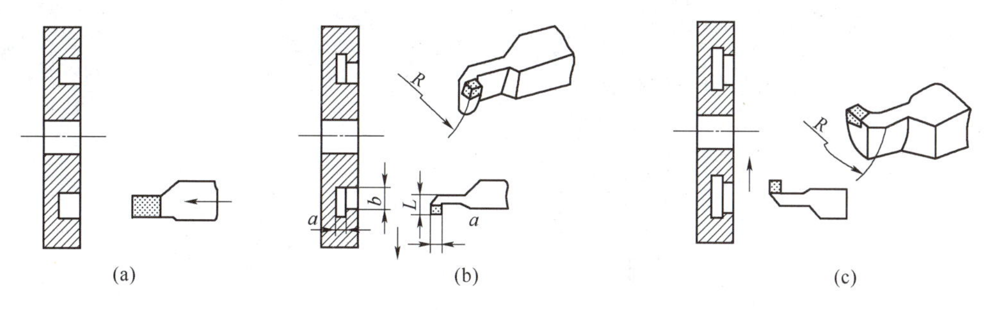

图 7.8　车端面 T 形槽的方法

（a）车端面槽；（b）车外侧沟槽；（c）车内侧沟槽

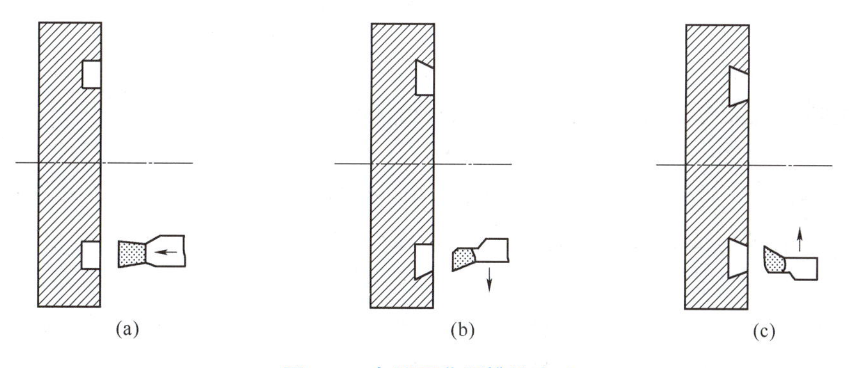

图 7.9　车端面燕尾槽的方法

（a）车端面槽；（b）车外侧沟槽；（c）车内侧沟槽

（5）端面槽车刀

端面槽车刀是外圆车刀和内孔车刀的结合，其中，左侧刀尖相当于内孔车刀，右侧刀尖相当于外圆车刀。车刀左侧副后面必须根据端面槽圆弧的大小刃磨成相应的圆弧形（小于内孔一侧的圆弧），并带有一定的后角或双重后角才能车削，如图 7.10 所示，否则，车刀会与槽孔壁相碰而无法车削。

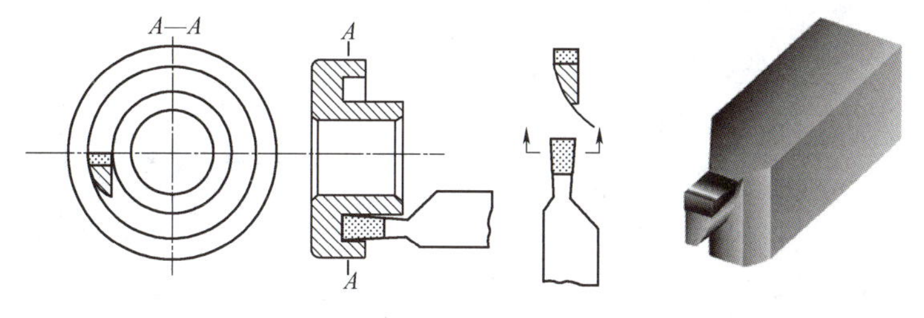

图 7.10　端面槽车刀

4. 二次装夹零件的加工工艺制订

如图 7.11 所示，由于大部分机床同时采用左右切削，生产效率不高，因此，对该类零件一般采用多次装夹完成加工。换装后，第二次对刀与第一次对刀在 Z 向使用的方法不同，需要在已加工端面找一基准来完成对刀。

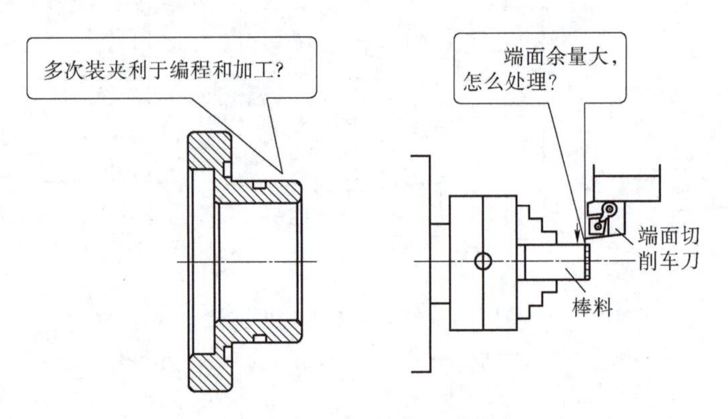

图 7.11　二次装夹零件图

另外，端面切削是车削加工中不可避免的内容，尤其是大余量端面切削时，需采用不同的方法完成，故需专门对端面切削的方法进行讲解。

（1）分析零件图

分析任务零件，材料为 45 钢，零件尺寸 $\phi58$ mm×26 mm，毛坯尺寸为 $\phi60$ mm×30 mm 棒料，长度方向余量少，采用一次装夹时很难加工，因此，需要采用两次装夹来完成零件的加工。

经过分析零件图尺寸，零件表面主要由外圆、内孔、外沟槽、端面槽等构成，外圆轮廓由直线组成，各元素之间关系明确，尺寸标注完整、正确。

（2）确定装夹方案

根据数控加工工艺划分的原则，从零件图可以看出，设定以表面粗糙度为 $Ra1.6$ μm 的 $\phi58_{-0.04}^{-0.01}$ mm 的外圆为基准，因此按照基准先行、先粗后精、先主后次的加工顺序，应先加工零件右端，再加工零件左端。第一次装夹时，夹住毛坯一端，毛坯伸出 20 mm，如图 7.12 所示，加工 $\phi36_{-0.039}^{\ 0}$ mm 外圆、外沟槽、端面槽及预钻内孔。第二次装夹时，夹持已加工的 $\phi36_{-0.039}^{\ 0}$ mm 表面，如图 7.13 所示，加工 $\phi58_{-0.04}^{-0.01}$ mm 外圆及内孔。为了避免夹伤工件，可用铜皮保护已加工表面。

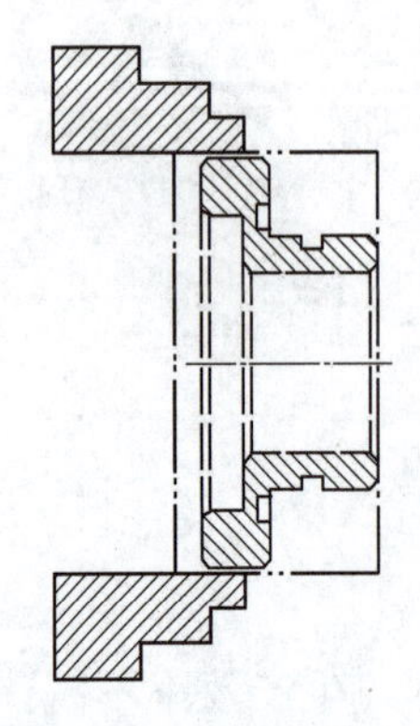

图 7.12　第一次装夹

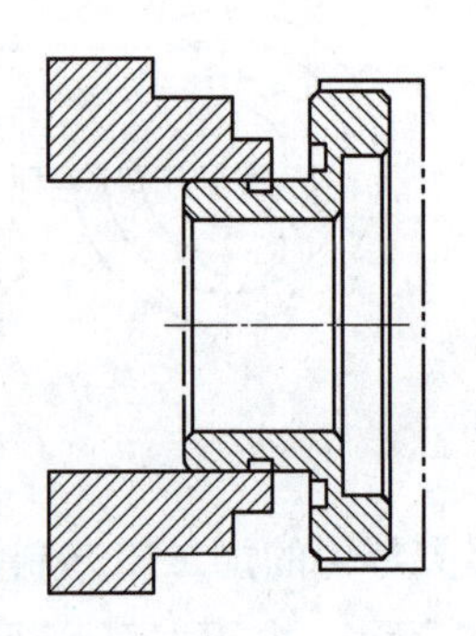

图 7.13　第二次装夹

5. 复杂零件自动编程与仿真加工实施

1）CAD 模型创建

新建模型文件，绘制草图曲线，创建回转体，倒角。也可以使用基本体素（圆柱）特征构建模型，如图 7.14 所示。

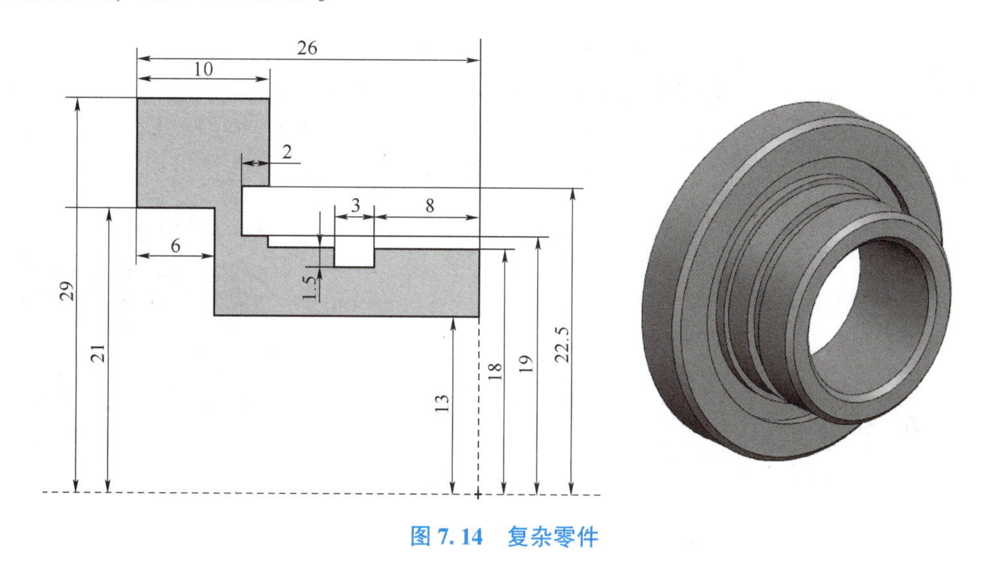

图 7.14 复杂零件

2）轴套右端 CAM 自动编程设置

经过前面的工艺分析，该零件需要两次装夹才能完成加工。第一次装夹时，加工零件右端，编程步骤如下。

（1）加工环境设置

打开零件模型，单击“应用模块”→“加工”，选择“turning”进入加工模块。系统弹出如图 7.15所示的“加工环境”对话框，在“要创建的 CAM 组装”列表框中选择“turning”模板，单击“确定”按钮，完成加工环境的初始化。

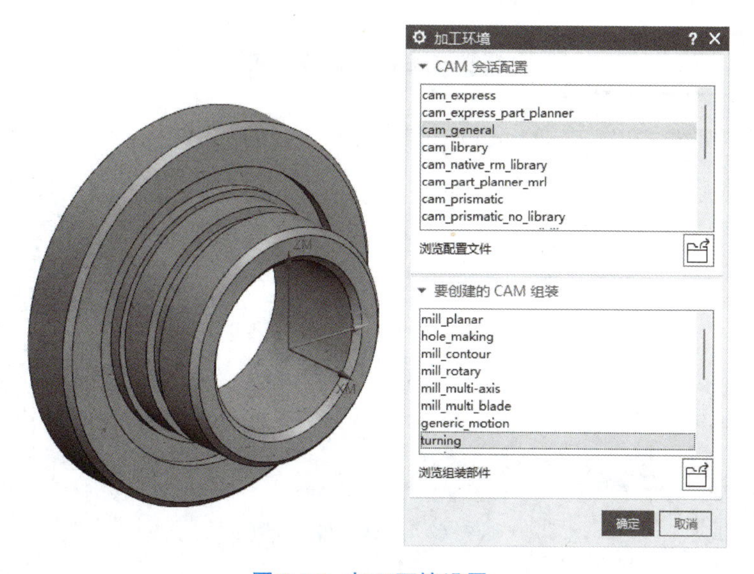

图 7.15 加工环境设置

（2）创建车削坐标系

在资源栏中，将“工序导航器”切换到几何视图。双击“MCS_MAIN_SPINDLE”结点，系统弹出如图 7. 16 所示的对话框，选择右端面的圆心以指定 MCS。注意 *XM*、*ZM* 的方向。

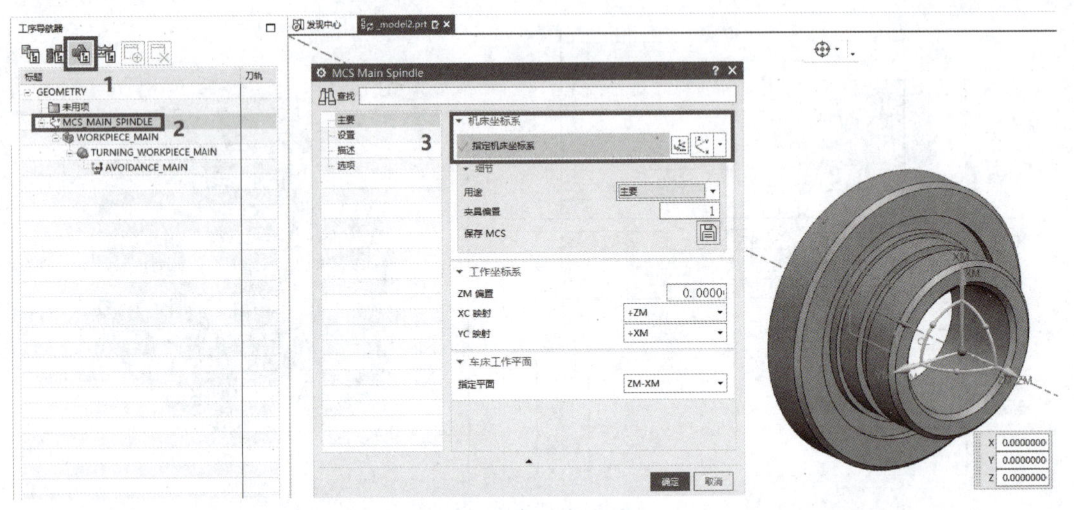

图 7. 16　创建车削坐标系

（3）创建车削几何体

①创建工件几何体。

双击“WORKPIECE_MAIN”结点，弹出“Workpiece Main”对话框，完成几何体的指定。单击“指定部件”，弹出“部件几何体”对话框，选择零件，如图 7. 17 所示，单击“确定”按钮，完成部件几何体设置；单击“指定毛坯”，弹出“毛坯几何体”对话框，选择“包容圆柱体”，设置毛坯直径为“60. 0”，高度为“30. 0”，位置距离分别为“-2. 0”和“+2. 0”，单击“确定”按钮，完成毛坯几何体设置，如图 7. 18 所示。

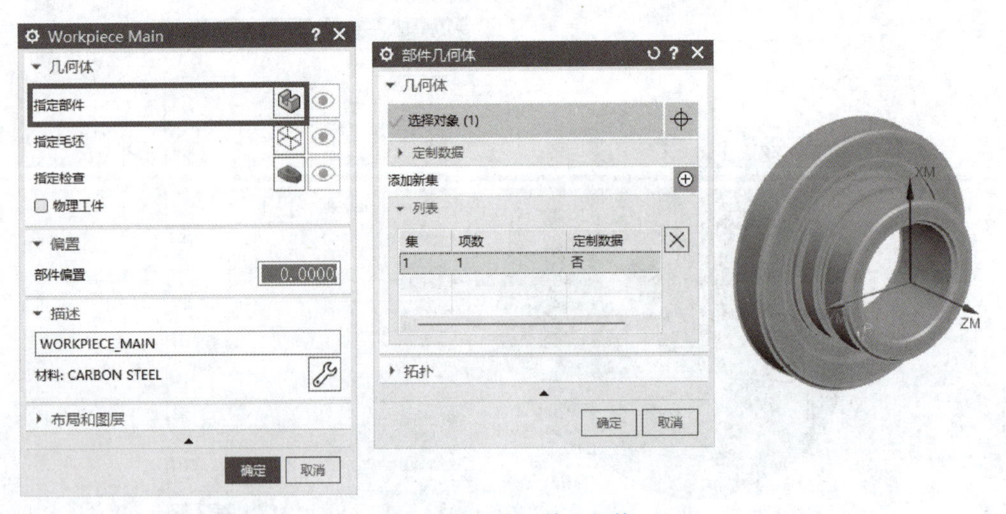

图 7. 17　创建工件几何体

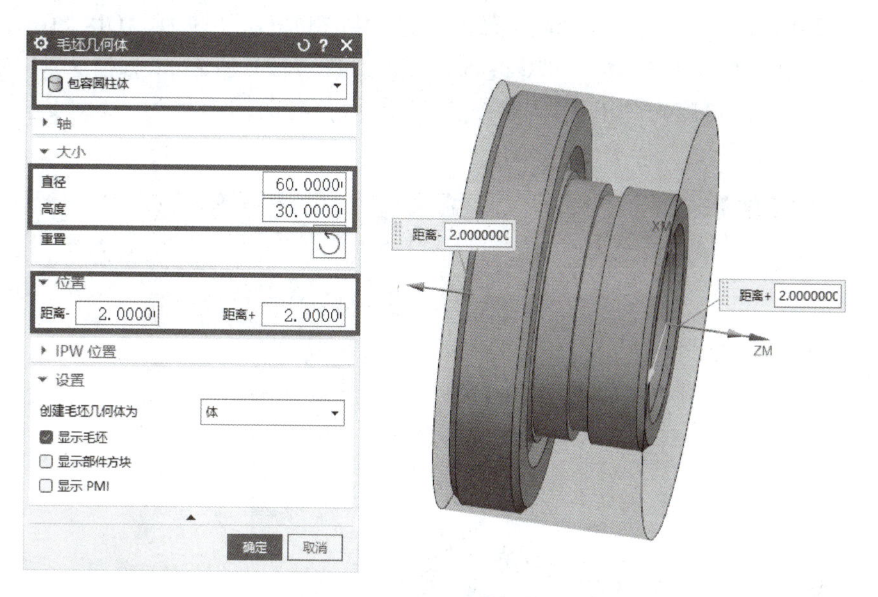

图 7.18　创建毛坯几何体

②创建避让几何体。

按加工工艺要求，分别指定运动到起点（ST）、运动到返回点/安全平面（RT）等避让点，运动类型为直接，点的位置为（50，0，50），如图 7.19 所示 。

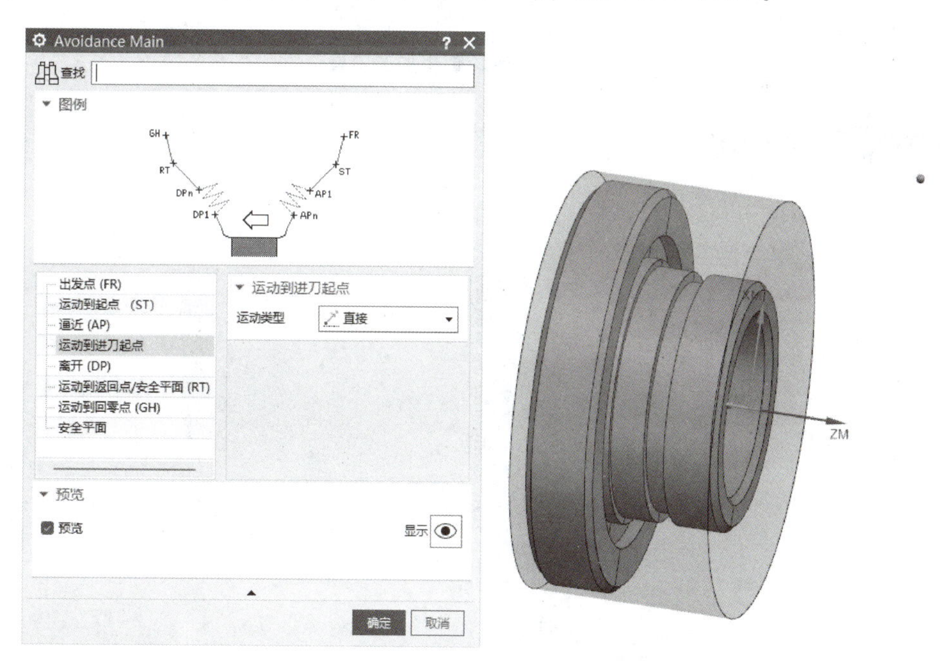

图 7.19　指定避让点

（4）创建刀具

加工该零件共有两次装夹，第一次装夹需要用到的刀具有外圆车刀、切槽刀、端面槽刀及麻花钻。第一次装夹的加工顺序：车右端面加工→预钻孔 $\phi22$ mm→粗车右端轮廓→精车右端面→车外圆槽→车断面槽。创建轮廓粗加工刀具为“OD_80_L”，如图 7.20 所示；轮廓精加工刀具为“OD_55_L”如图 7.21 所示；切槽刀具为“OD_GROOVE_L”，刀片宽度为“3.0”，如图 7.22 所示；端面槽刀具为“FACE_GROOVE_L”，如图 7.23 所示。

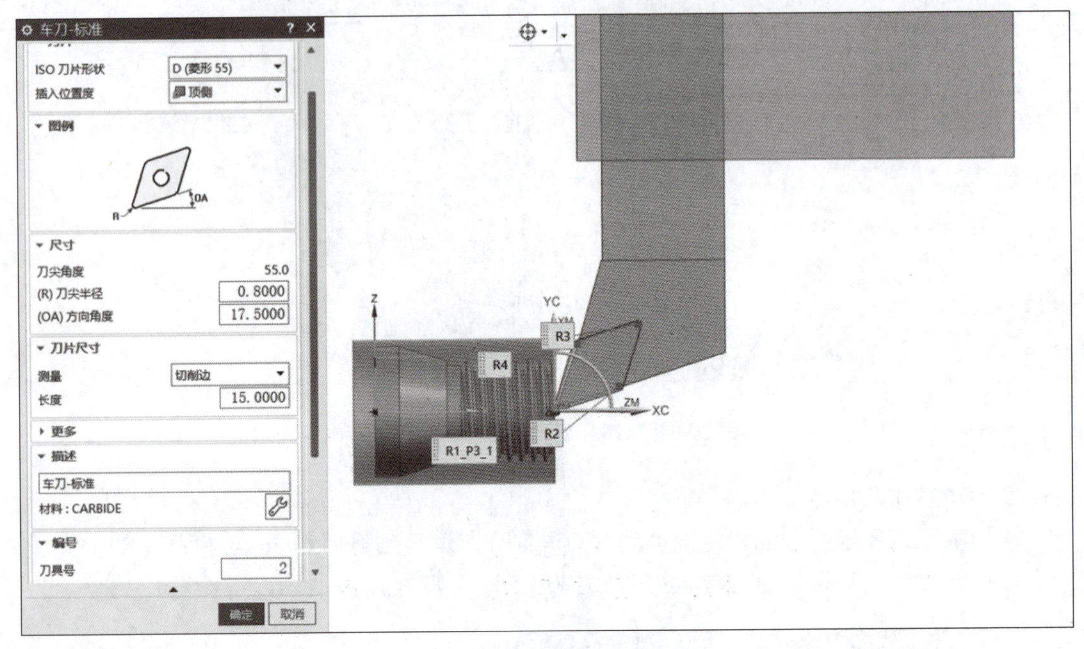

图 7.20　创建轮廓粗加工刀具

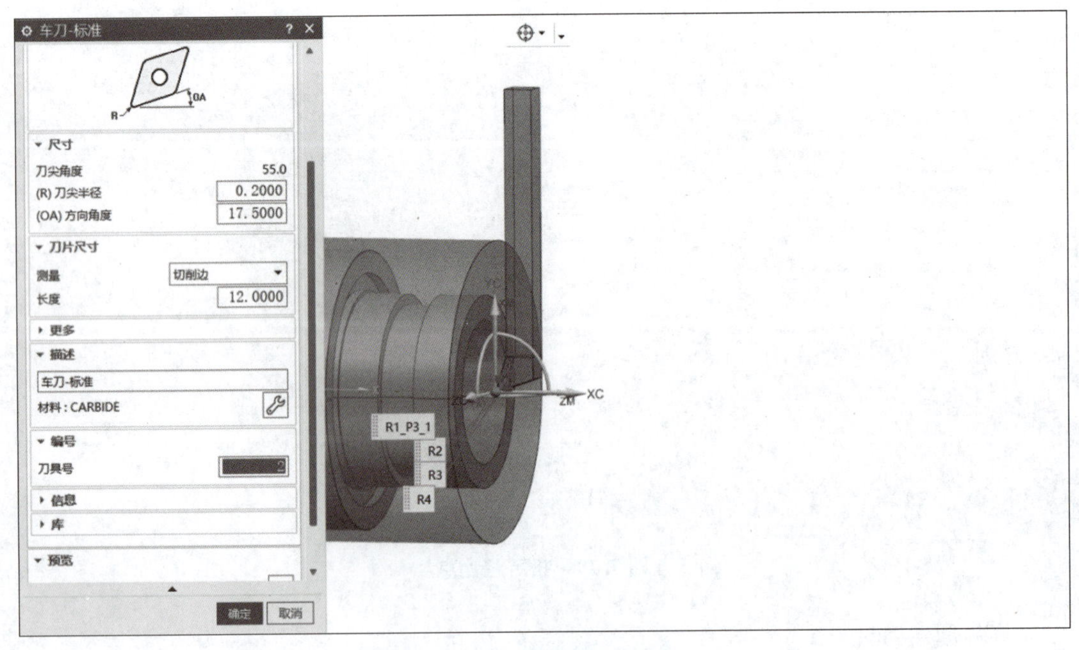

图 7.21　创建轮廓精加工刀具

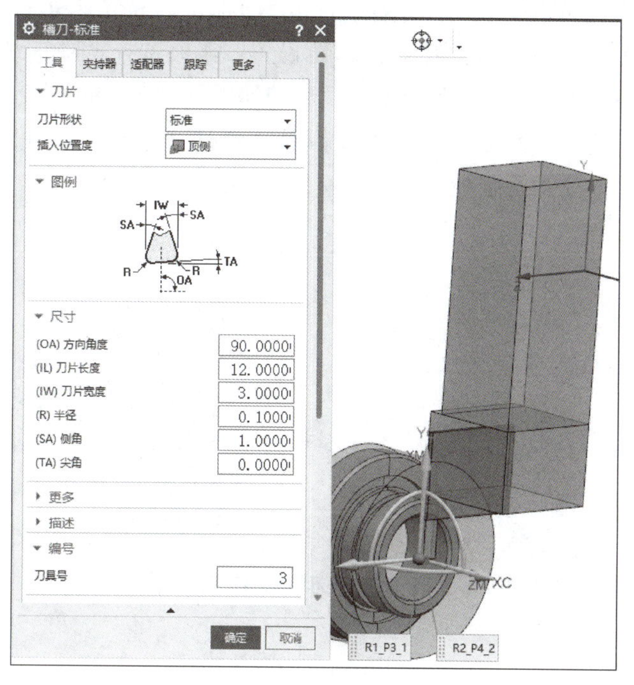

图 7.22　创建切槽刀具

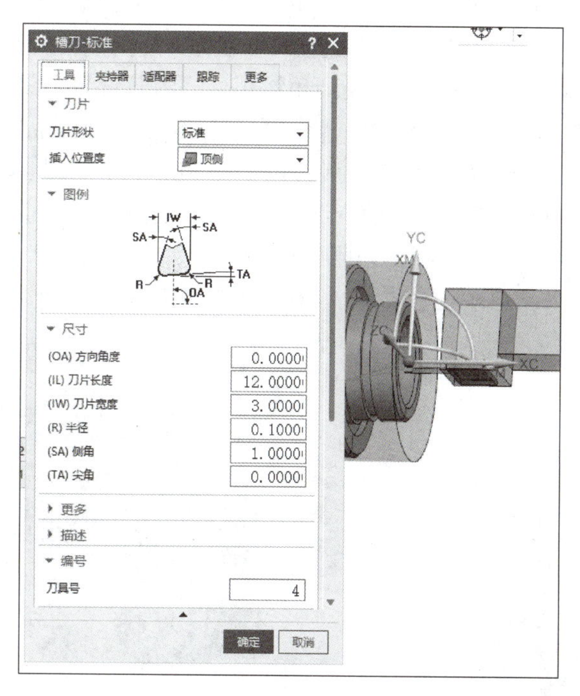

图 7.23　创建端面槽刀具

（5）创建车端面工序

在主菜单界面单击“创建工序”，在工序子类型中选择“面加工”，程序选择“PROGRAM”，刀具选择“OD_80_L”，几何体选择“AVOIDANCE_MAIN”，方法选择

“FACING_METHOD”，单击“确定”按钮进入“面加工”选项卡进行设置。几何体：设置切削区域轴向修剪平面1为端面中心；刀轨设置：策略选择“单向线性切削”，方向为“前进”，切削深度：1 mm；进给率和速度：主轴速度为800 r/min，方向为顺时针，进给率为80 mm/min；余量、公差和安全距离：默认，单击“生成”按钮，生成车端面刀轨，并对刀轨进行3D动态仿真加工，如图7.24所示。

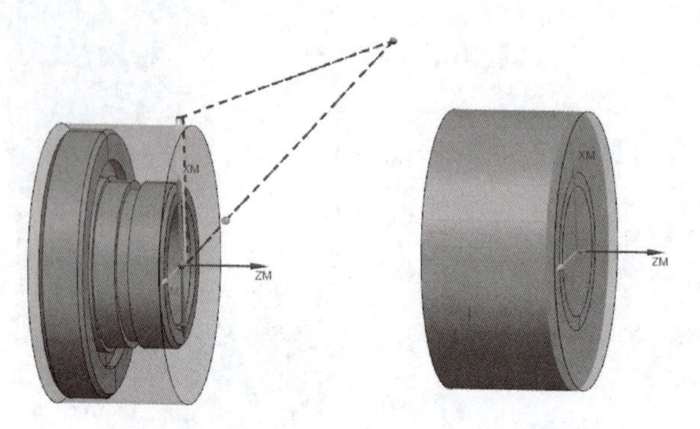

图7.24 车端面工序刀轨与3D动态仿真结果

（6）创建粗车工序

在主菜单界面单击“创建工序”，在工序子类型中选择“粗车”，程序选择“PROGRAM”，刀具选择“OD_80_L”，几何体选择“AVOIDANCE_MAIN”，方法选择“ROUGH_METHOD”，单击“确定”按钮进入“粗车”选项卡进行设置。几何体：设置切削区域轴向修剪平面1为ϕ58 mm右端倒角终止处；刀轨设置：策略选择“单向线性切削”，方向为“前进”，切削深度为“恒定”，最大距离为“1.0 mm”；进给率和速度：主轴速度为“900 r/min”，方向为“顺时针”；进给率为“150 mm/min”；余量、公差和安全距离：粗加工余量为恒定“0.5”。检查非切削移动的进刀与退刀设置，手动更改退刀选项的毛坯退刀类型为“线性-自动”，角度为“90.0”，长度为“2.0”。单击“生成”按钮，生成粗车刀轨，并对精车工序进行3D动态仿真加工，如图7.25所示。

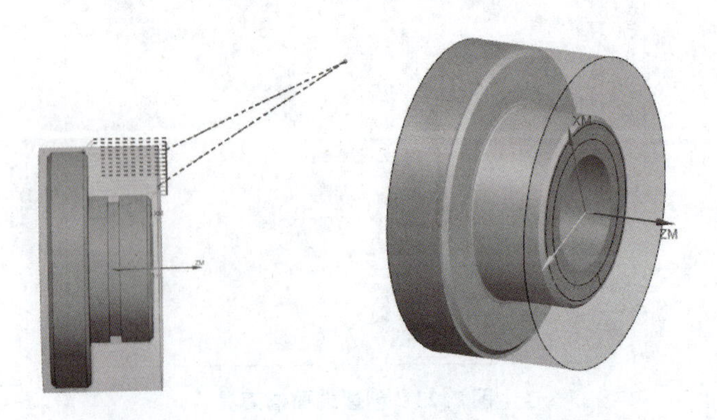

图7.25 粗车工序刀轨与3D动态仿真结果

（7）创建精车工序

在主菜单界面单击“创建工序”，在工序子类型中选择“精车”。程序选择“PRO-

GRAM”，刀具选择“OD_55_L”，几何体选择“AVOIDANCE_MAIN”，方法选择“FINISHING_METHOD”，单击“确定”按钮进入“精车”选项卡进行设置。几何体：设置切削区域轴向修剪平面 1 为 $\phi58$ mm 右端倒角终止处（与粗车相同）；设置主轴速度为“1 500 r/min”，方向为“顺时针”；进给率为“120 mm/min”。单击“生成”按钮，生成精车刀轨，并对精车工序进行 3D 动态仿真加工，如图 7.26 所示。

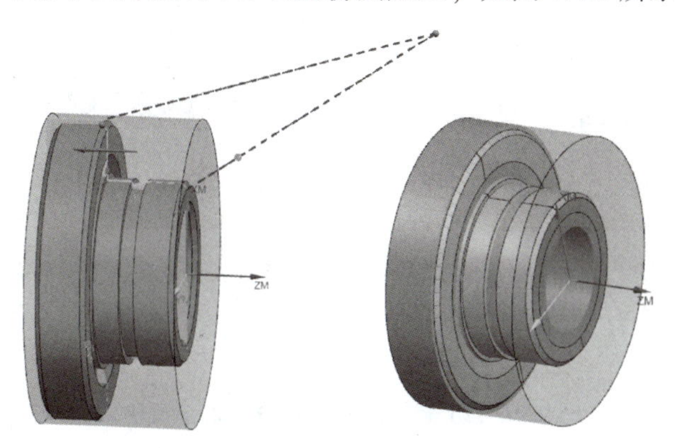

图 7.26　精车工序刀轨与 3D 动态仿真结果

（8）创建切槽工序

在主菜单界面单击“创建工序”，在工序子类型中选择“槽刀”，该工序用于加工各种插削策略切削部件外径或内径上的槽。程序选择“PROGRAM”，刀具选择“OD_GROOVE_L”，几何体选择“AVOIDANCE_MAIN”，方法选择“GROOVING_METHOD”，单击“确定”按钮进入“切槽”选项卡进行设置。单击“几何体”选项组中“轴向修剪平面 1”的“限制选项”，选择“点”，指定“修剪点 1”为槽一端面圆的象限点；使用同样的操作在“轴向修剪平面 2”中指定“修剪点 2”为槽另一端面圆的象限点，如图 7.27 所示，完成切槽加工区域的指定。

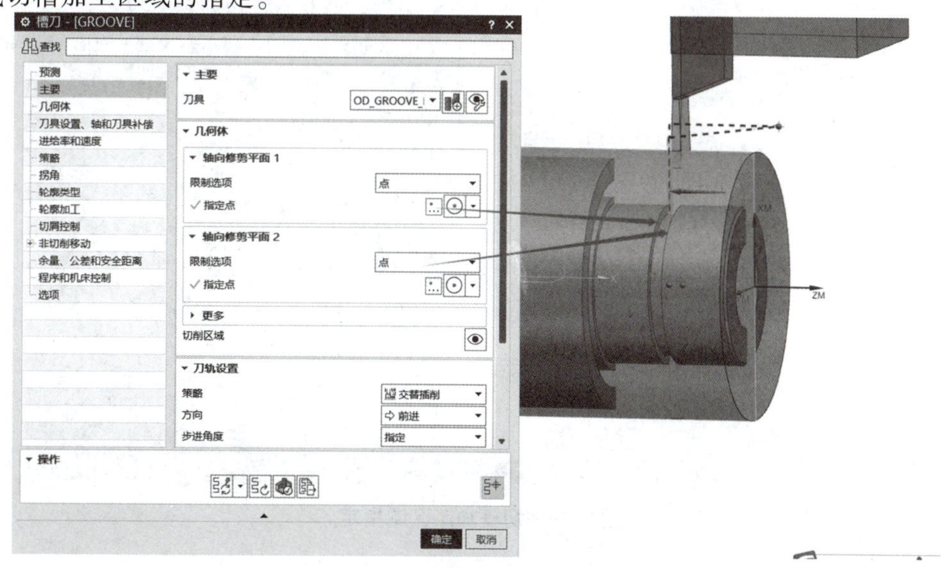

图 7.27　切槽加工区域指定

在“刀轨设置”选项组中，设置“步距”的“可变最大值”为刀具的50%。设置主轴转速为“300 r/min”，进给率为“50 mm/min”。根据加工工艺设置“非切削移动”。单击“生成”按钮，生成切槽刀轨，并对切槽工序进行3D动态仿真加工，如图7.28所示。

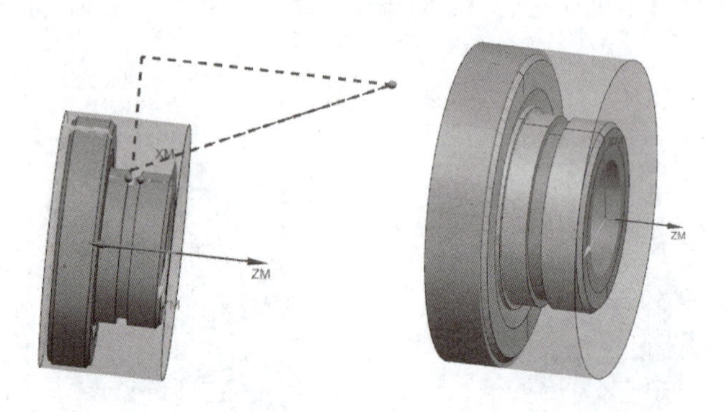

图7.28 切槽工序刀轨与3D动态仿真结果

（9）创建车端面槽加工工序

在主菜单界面单击“创建工序”，在工序子类型中选择“在面上开槽”，该工序用于加工各种插削策略切削部件面上的槽。程序选择“PROGRAM”，刀具选择“FACE_GROOVE_L”，几何体选择“AVOIDANCE_MAIN”，方法选择“FACING_METHOD”，单击“确定”按钮进入“在面上开槽”选项卡进行设置。单击“几何体”选项组中“径向修剪平面1”的“限制选项”，选择“点”，指定“修剪点1”为端面槽大径圆的象限点；使用同样的操作在“径向修剪平面2”中指定“修剪点2”为端面槽小径圆的象限点，如图7.29所示，完成切槽加工区域的指定。

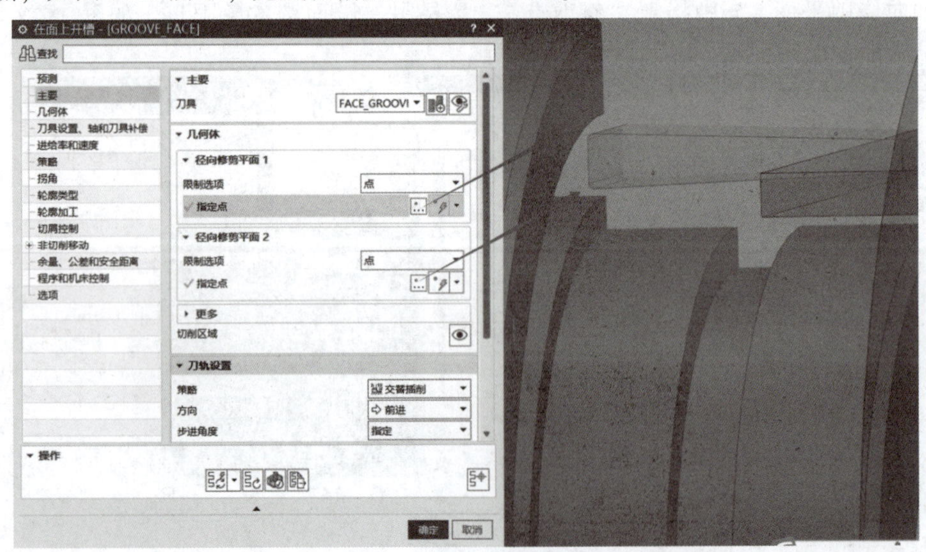

图7.29 切槽加工区域指定

在“刀轨设置”选项组中，设置“步距”的“可变最大值”为刀具的 50%。设置主轴转速为“300 r/min”，进给率为“50 mm/min”。根据加工工艺设置“非切削移动”。单击“生成”按钮，生成切槽刀轨，并对切槽工序进行 3D 动态仿真加工，如图 7.30 所示。

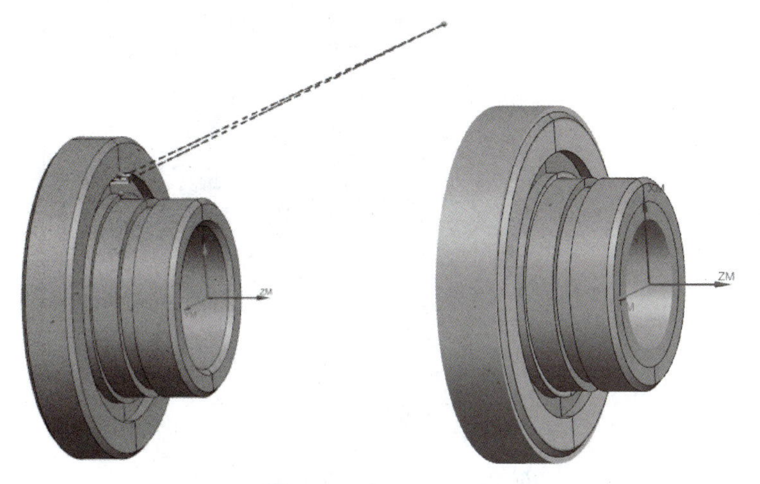

图 7.30　切槽工序刀轨与 3D 动态仿真结果

3）掉头装夹

选中所有刀轨，右击，选择“确认”，在弹出的对话框中选择“3D 动态”选项卡，在“IPW”选项中选择“保存”，单击“创建”按钮，生成 IPW 毛坯小平面体，如图 7.31 所示。将其作为第二次装夹加工的毛坯几何体。

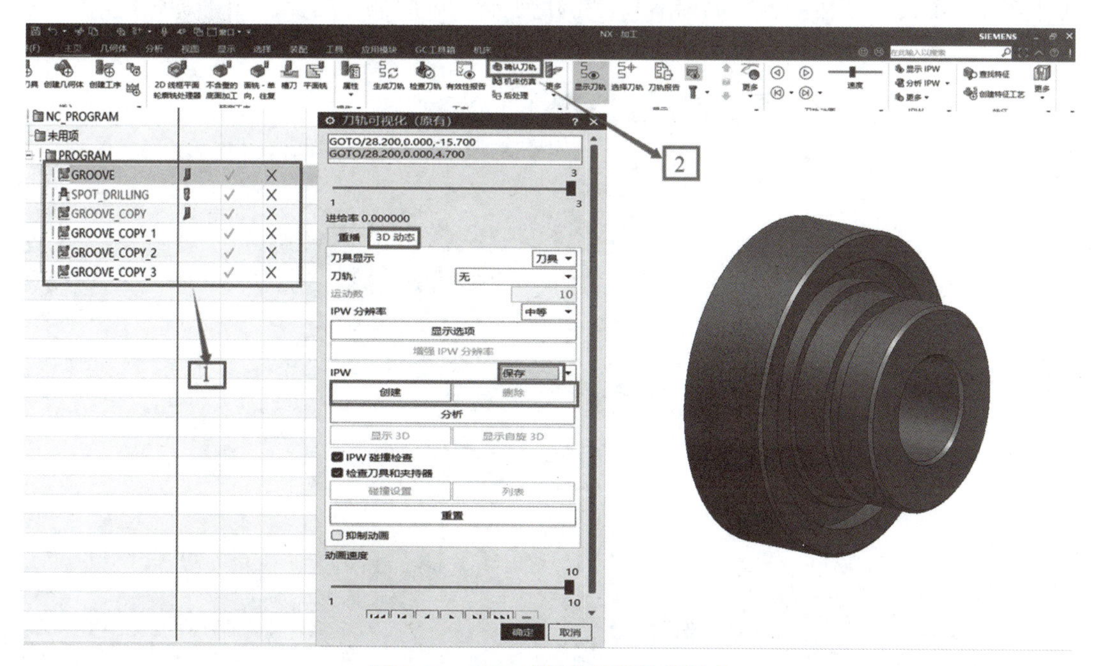

图 7.31　IPW 毛坯小平面体的创建

进入建模环境，把部件和毛坯小平面体（绿色几何体）以坐标系原点为中心点，绕着Z轴旋转180°，并将坐标系原点设置在旋转后部件的右端面中心，如图7.32所示。

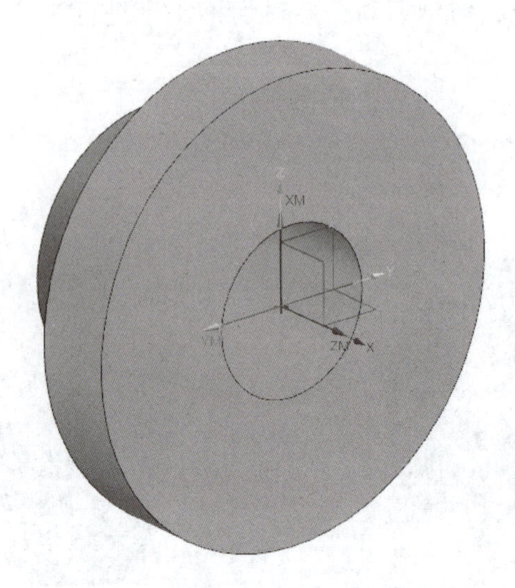

图7.32　第二次装夹坐标系设置

4）轴套左端CAM自动编程设置

按照这样的步骤设置，在第二次装夹编程时，可以不用再设置加工坐标系，只需双击“WORKPIECE_MAIN”结点，弹出“Workpiece Main”对话框，完成几何体的指定。单击“指定部件”，弹出“部件几何体”对话框，选择零件，单击“确定”按钮，完成部件几何体设置；单击“指定毛坯”，弹出“毛坯几何体”对话框，选择“小平面体”作为毛坯，单击“确定”按钮，完成毛坯几何体设置，如图7.33所示。

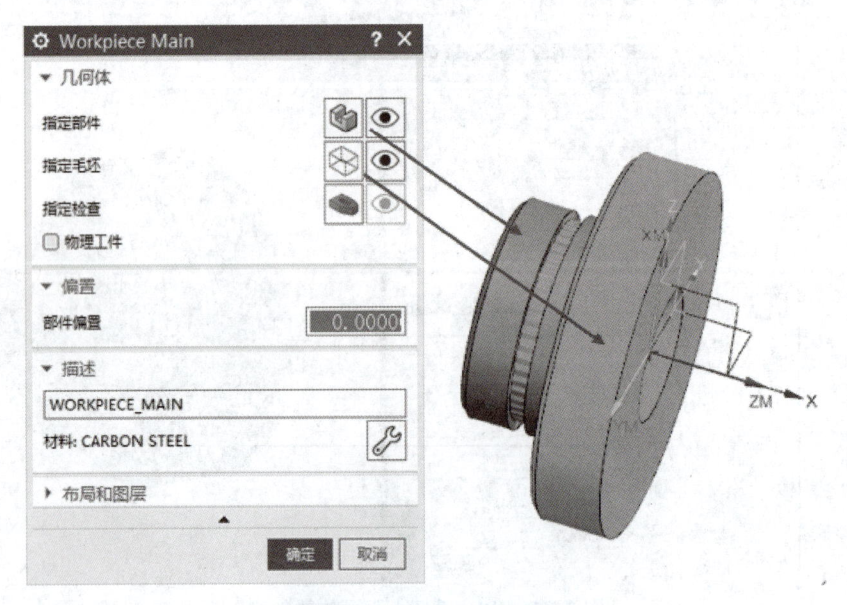

图7.33　切槽加工区域指定

（1）创建车左端面工序

在“AVOIDANCE_MAIN”中单击“FACING 刀轨”，进入“面加工”选项卡进行设置。几何体：设置切削区域轴向修剪平面 1 为右端面中心，其他参数不用更改，沿用第一次装夹的设置，单击“生成”按钮，生成车端面刀轨，并对刀轨进行 3D 动态仿真加工，如图 7.34 所示。

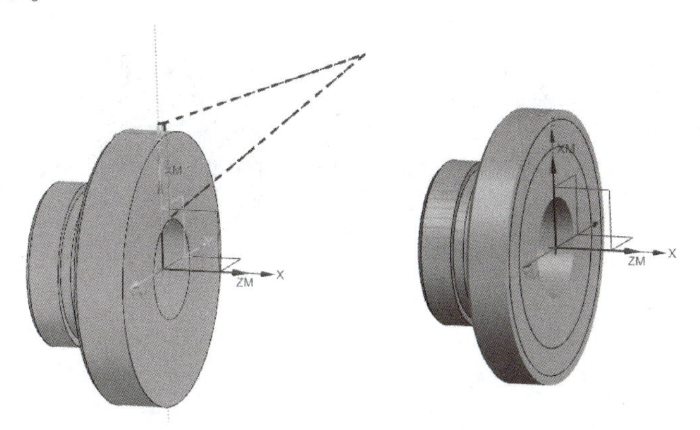

图 7.34　车端面工序刀轨与 3D 动态仿真结果

（2）创建左端外圆粗、精车工序

使用同样的方法，在“AVOIDANCE_MAIN”中分别单击 ROUGH_TURN 刀轨和 FINISH_TURN 刀轨，修改切削区域轴向修剪平面 1 为倒角结束点，其他参数不用更改，沿用第一次装夹的设置，单击“生成”按钮，生成粗、精车外圆刀轨，并对刀轨进行 3D 动态仿真加工，如图 7.35 所示。

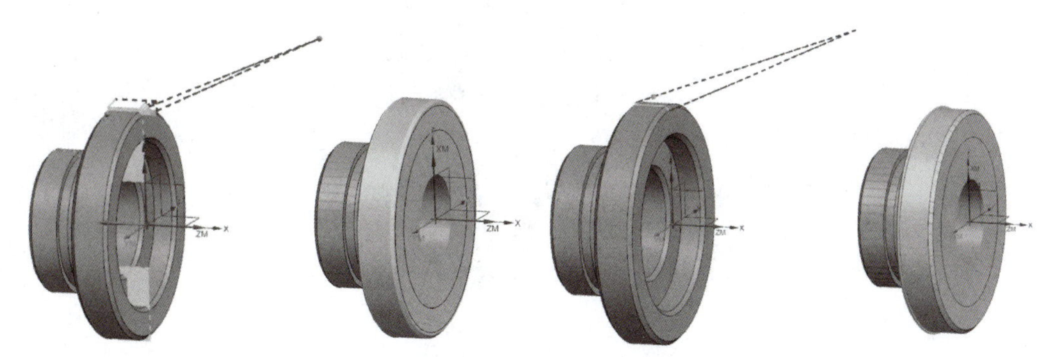

图 7.35　左端外圆粗、精车工序刀轨与 3D 动态仿真结果

（3）创建内孔粗加工工序

在 TURNING_WORKPIECE_MAIN 结点下面创建避让几何体 AVOIDANCE_MAIN_COPY，分别指定运动到起点（ST）、运动到返回点/安全平面（RT）等避让点，运动类型为直接，点的位置为（50，0，0），如图 7.36 所示 。

（4）创建刀具

创建内孔粗、精加工刀具为“ID_80_L”，如图 7.37 所示。

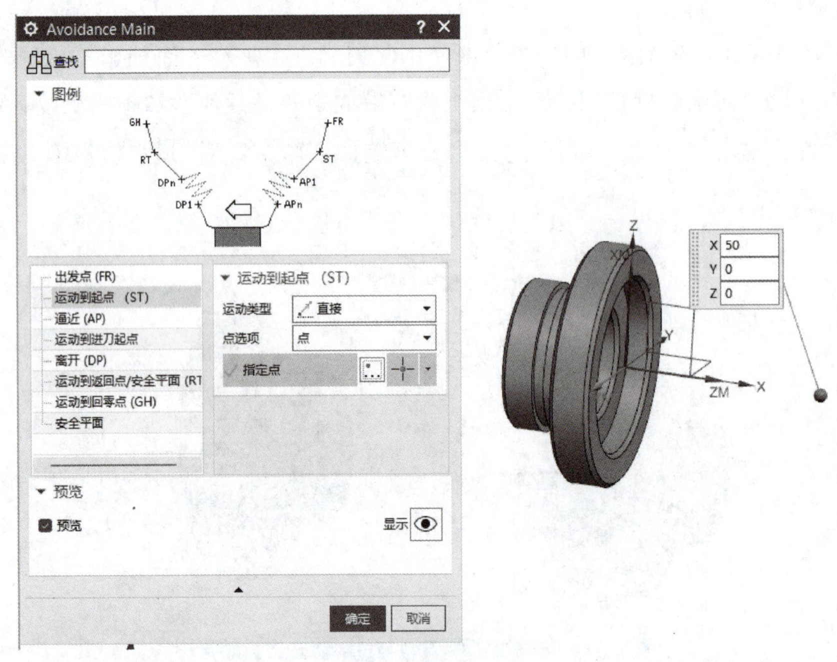

图 7.36 指定避让点

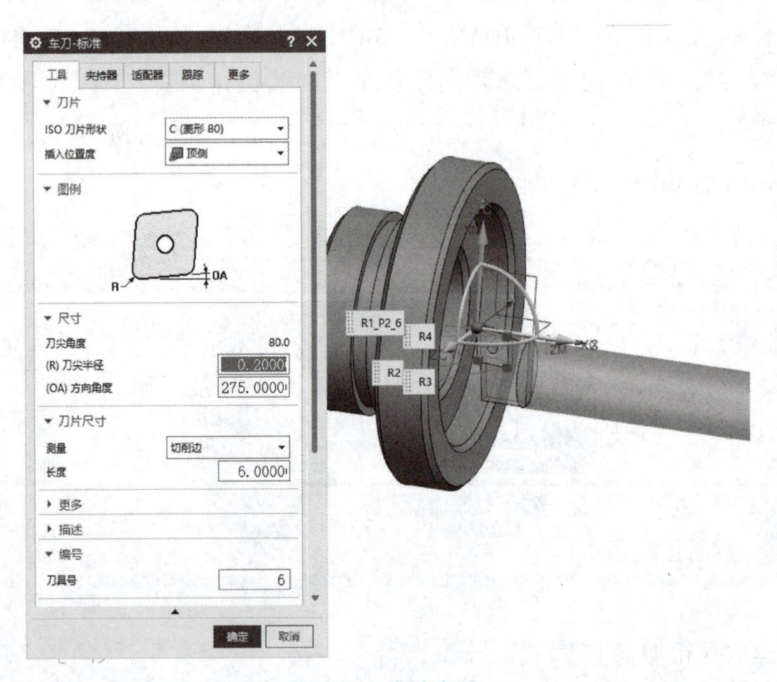

图 7.37 内孔车刀

（5）创建内孔粗车工序

在主菜单界面单击“创建工序”，在工序子类型中选择“粗车”，程序选择“PROGRAM”，刀具选择“ID_80_L”，几何体选择“AVOIDANCE_MAIN_COPY”，方法选择“ROUGH_METHOD”，单击“确定”按钮进入“粗车”选项卡进行设置。刀轨设置：策略选择“单向线性切削”，方向为“前进”，切削深度为“恒定”，最大距离为“1.0 mm”；进给率和速度：主轴速度为“1 000 r/min”，方向为“顺时针”；进给率为“100 mm/min”；余量、公差和安全距离：粗加工余量为恒定“0.5”。检查非切削移动的进刀与退刀设置，手动更改退刀选项的毛坯退刀类型为“线性-自动”，角度为“90.0”，长度为“2.0”。单击“生成”按钮，生成粗车刀轨，并对内孔粗车工序刀轨进行 3D 动态仿真加工，如图 7.38 所示。

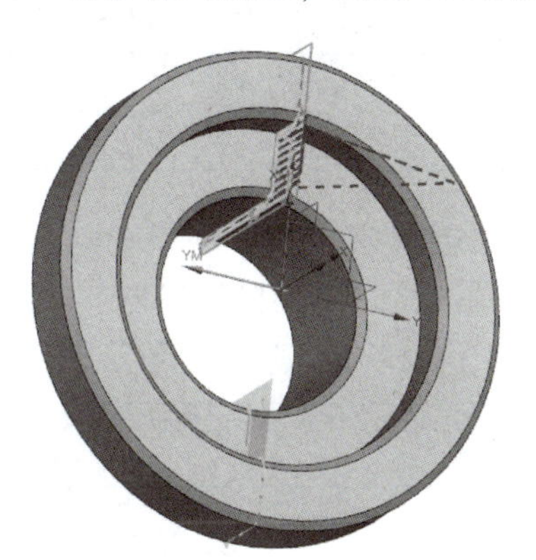

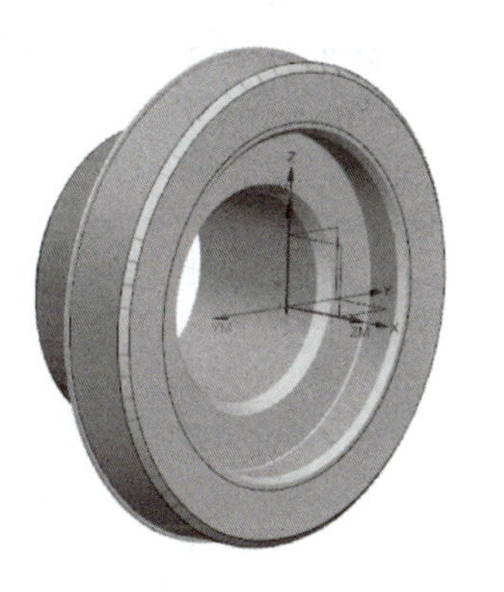

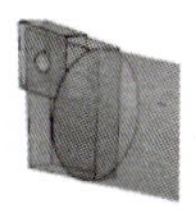

图 7.38 内孔粗车工序刀轨与 3D 动态仿真结果

（6）创建内孔精车工序

在主菜单界面单击“创建工序”，在工序子类型中选择“精车”。程序选择“PROGRAM”，刀具选择“ID_80_L”，几何体选择“AVOIDANCE_MAIN_COPY”，方法选择“FINISHING_METHOD”，单击“确定”按钮进入“精车”选项卡进行设置。设置主轴速度为“1 700 r/min”，方向为“顺时针”；进给率为“120 mm/min”，其余参数默认。单击“生成”按钮，生成内孔精车刀轨，并进行 3D 动态仿真加工，如图 7.39 所示。

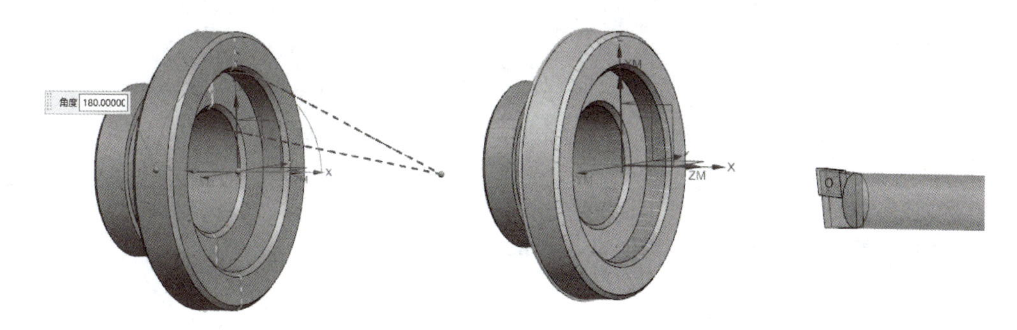

图 7.39 内孔精车工序刀轨与 3D 动态仿真结果

（7）程序后处理

分别选中第一次装夹和第二次装夹的全部刀轨，右击，选择“后处理”，在“后处理”对话框中选择机床的后处理文件“HNC”，然后单击“确定”按钮。在弹出的对话框中继续单击“确定”按钮，生成该工序的加工程序。

学习任务单

任务分组

学生任务分配表

<table>
<tr><td>班级</td><td></td><td>组号</td><td></td><td>指导教师</td><td></td></tr>
<tr><td>姓名</td><td></td><td>学号</td><td></td><td>工位号</td><td></td></tr>
<tr><td>组员</td><td colspan="5"><table>
<tr><td>班级</td><td>姓名</td><td>学号</td><td>电话</td></tr>
<tr><td></td><td></td><td></td><td></td></tr>
<tr><td></td><td></td><td></td><td></td></tr>
<tr><td></td><td></td><td></td><td></td></tr>
<tr><td></td><td></td><td></td><td></td></tr>
<tr><td></td><td></td><td></td><td></td></tr>
</table></td></tr>
<tr><td>任务分工</td><td colspan="5"></td></tr>
</table>

获取资讯

引导问题1：分析零件图样，并在加工数据表中写出任务零件的主要加工尺寸、几何公差要求及表面质量要求，为零件的编程做准备。

加工数据表

序号	项目	内容	偏差范围
1	主要加工尺寸		
2			
3			
4			
5	几何公差要求		
6	表面质量要求		

引导问题2：简述车削加工中常见槽的分类及加工方法。

引导问题3：简述两次装夹零件在NX中坐标系的设置方法。

工作实施

1. 分析图样。

2. 选择刀具及确定工件装夹方式。

3. 建立工件坐标系。

4. 制订加工路线。

5. 确定切削用量。

6. 填写数控加工工序卡。

数控加工工序卡

单位		产品名称或代号		零件名称		零件图号
工序号	程序编号	夹具		使用设备		车间
工步号	工步内容	刀具号	刀具规格	主轴转速	进给速度	背吃刀量
编制		审核		时间		

7. 自动编程与仿真加工。

8. 零件试切加工。

实施检测

明确检测要素，组内检测分工，完成检测要素表。

检测要素表

序号	检测要素	精度要求	工/量具

按零件自检表对加工好的零件进行检测，将结果填入。

零件自检表

零件名称				允许读数误差					
序号	项目	尺寸要求	使用的量具	测量结果				项目判定（合格否）
				NO. 1	NO. 2	NO. 3	平均值	
结论（对上述测量尺寸进行评价）				合格品（　　）	次品（　　）	废品（　　）		
处理意见								

考核评价

各组代表展示作品，介绍任务完成过程。作品展示前应准备阐述材料。

小组自评表

班级		组名		日期	年　月　日
评价指标	评价要素			分数	分数评定
信息检索	能有效利用网络资源、工作手册查找有效信息；能用自己的语言有条理地去解释、表述所学知识；能将查找到的信息有效转换到工作中			10	
感知工作	是否熟悉各自的工作岗位，认同工作价值；在工作中是否获得满足感			10	
参与状态	与教师、同学之间是否相互尊重、理解、平等；与教师、同学之间是否能够保持多向、丰富、适宜的信息交流			10	
	探究学习、自主学习不流于形式，处理好合作学习和独立思考的关系，做到有效学习；能提出有意义的问题或能发表个人见解；能按要求正确操作；能够倾听、协作分享			10	
学习方法	工作计划、操作技能是否符合规范要求；是否获得了进一步发展的能力			10	
工作过程	遵守管理规程，操作过程符合现场管理要求；平时上课的出勤情况和每天完成工作任务情况较好；善于多角度思考问题，能主动发现、提出有价值的问题			15	
思维状态	能发现问题、提出问题、分析问题、解决问题、创新问题			10	
自评反馈	按时按质完成工作任务；较好地掌握了专业知识点；具有较强的信息分析能力和理解能力；具有较为全面、严谨的思维能力，并能条理明晰地表述成文			25	
自评分数					
有益的经验和做法					
总结反思建议					

小组互评表

班级		组名		日期	年 月 日
评价指标	评价要素			分数	分数评定
信息检索	该组能否有效利用网络资源、工作手册查找有效信息			5	
	该组能否用自己的语言有条理地去解释、表述所学知识			5	
	该组能否将查找到的信息有效转换到工作中			5	
感知工作	该组能否熟悉自己的工作岗位、认同工作价值			5	
	该组成员在工作中是否获得满足感			5	
参与状态	该组与教师、同学之间是否相互尊重、理解、平等			5	
	该组与教师、同学之间是否能够保持多向、丰富、适宜的信息交流			5	
	该组能否处理好合作学习和独立思考的关系，做到有效学习			5	
	该组能否提出有意义的问题或能发表个人见解；能按要求正确操作；能够倾听、协作分享			5	
	该组能否积极参与，在产品加工过程中不断学习，综合运用信息技术的能力得到提高			5	
学习方法	该组的工作计划、操作技能是否符合规范要求			5	
	该组是否获得了进一步发展的能力			5	
工作过程	该组是否遵守管理规程，操作过程符合现场管理要求			5	
	该组平时上课的出勤情况和每天完成工作任务情况			5	
	该组成员是否能加工出合格工件，并善于多角度思考问题，能主动发现、提出有价值的问题			15	
思维状态	该组是否能发现问题、提出问题、分析问题、解决问题、创新问题			5	
互评反馈	该组是否能严肃、认真地对待互评，并能独立完成测试题			10	
互评分数					
有益的经验和做法					
总结反思建议					

总评表

序号	评价项目	小组自评（30%）	小组互评（30%）	教师评价（40%）	总评
1	任务是否按时完成				
2	材料完成并上交情况				
3	作品质量				
4	语言表达能力				
5	小组成员合作情况				
6	创新点				

问题分析总结

任务完成后，学员根据任务实施情况，分析存在的问题及原因，并填写任务实施情况分析表。指导教师对任务实施情况进行讲评。

任务实施情况分析表

任务实施过程	存在的问题	解决问题的方法	点评
制订零件加工工艺			
编制加工程序			
仿真加工			
机床加工			
零件检测			
安全文明			

任务扩展训练

学习领域二

铣削零件数控加工

学习模块一 数控铣床基本操作

学习任务八 HNC-8 型数控系统数控铣床基本操作

学习任务卡

任务编号	8	任务名称	HNC-8 型数控系统数控铣床基本操作
设备名称	数控铣床	实训区域	数控车间-铣削中心
数控系统	HNC-8 型数控铣削系统	建议学时	2
参考文件	1+X 数控车铣加工职业技能等级标准		
学习目标	1. 掌握 HNC-8 型数控铣床开关机步骤及注意事项； 2. 认识 HNC-8 型铣削系统主机（NC）面板及操作面板； 3. 操作 HNC-8 型数控铣床； 4. 新建数控加工程序，在自动方式下，调用数控加工程序并仿真加工； 5. 安全文明生产，掌握车间安全操作规程。		
素质目标	1. 执行安全、文明生产规范，严格遵守车间制度和劳动纪律； 2. 着装规范，不携带与生产无关的物品进入车间； 3. 遵守实训现场工具、量具和刀具等相关物料的定制化管理； 4. 培养学生爱岗敬业、热爱劳动、规范操作、严守流程、团队协作的职业素养。		
任务书			
1. 独立完成数控铣床开关机检查； 2. 独立操作 HNC-8 型系统数控铣床； 3. 独立完成新建数控加工程序和编辑程序； 4. 独立完成数控加工程序刀路轨迹图形模拟校验； 5. 独立完成数控加工程序自动运行。			

知识链接 <<<

1. 华中 8 型数控系统概述

华中 8 型数控系统型号有 HNC-808Di-M、HNC-818Di-M、HNC-818Ai-M、HNC-818Bi-M 等，下面以 HNC-808Di-M 系统为依据，简要介绍各操作概要。

HNC-808Di-M 系统可通过功能按键及功能软键实现不同的应用功能，同时显示相应的界面。本系统显示界面主要有加工显示界面、程序选择及编辑界面、加工设置界面、参数设置界面、故障报警显示界面等。

操作者可通过界面了解系统当前状态及信息，也可通过对话区域进行人机对话，实现命令输入及参数设置等操作。

下面以 HNC-808Di-M 标准配置为依据，简要介绍各界面情况。

1）加工显示界面

加工显示界面便于操作者对加工过程的观察，有大字坐标+程序、联合坐标、图形轨迹+程序、程序 4 种显示形式，如图 8.1～图 8.4 所示。这 4 种界面可通过“显示切换”功能软键实现循环切换。

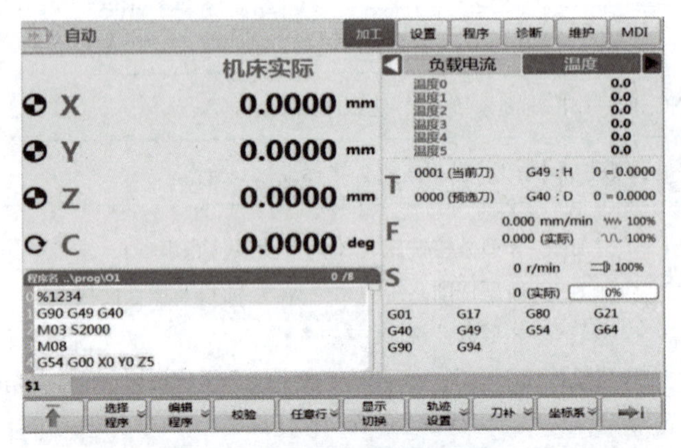

图 8.1　大字坐标+程序显示界面

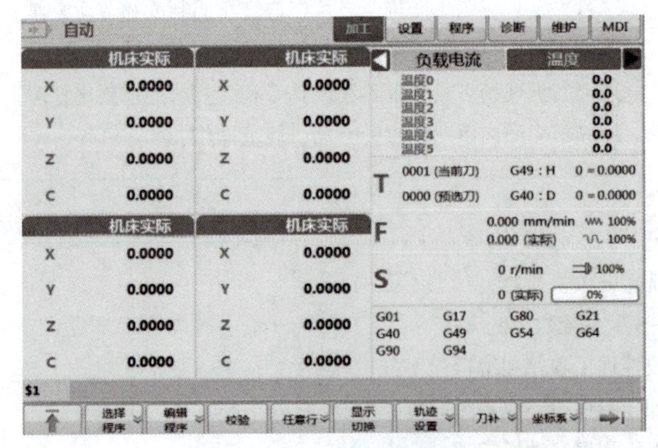

图 8.2　联合坐标显示界面

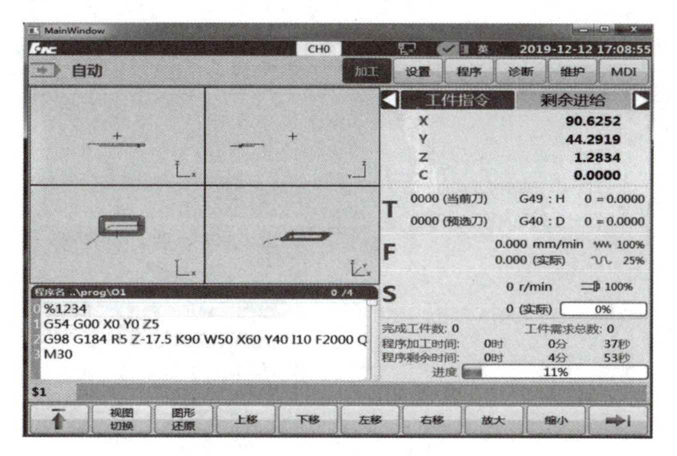

图 8.3　图形轨迹+程序显示界面

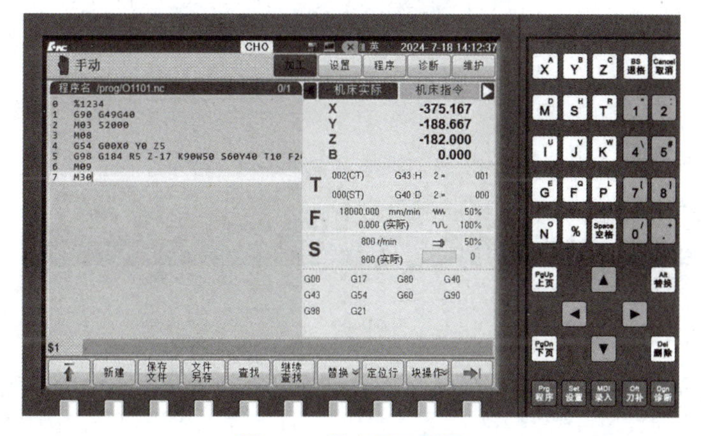

图 8.4　程序显示界面

2）程序选择及程序编辑界面

本系统可通过光标键选择程序当光标选中列表上的程序名时，屏幕下方会显示该程序的前几段程序，便于确认查找程序，如图 8.5 和图 8.6 所示。

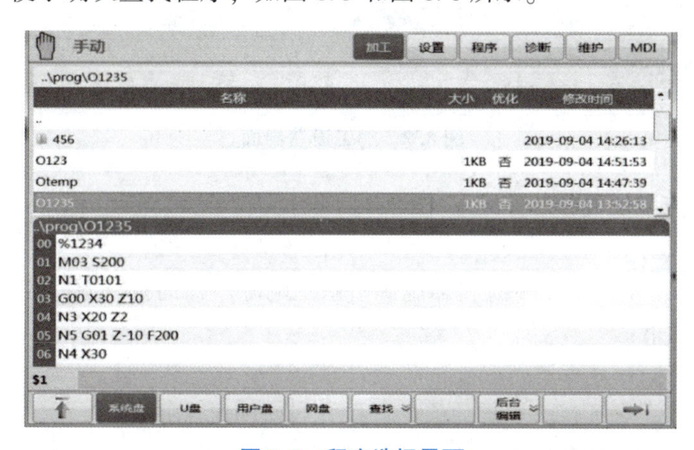

图 8.5　程序选择界面

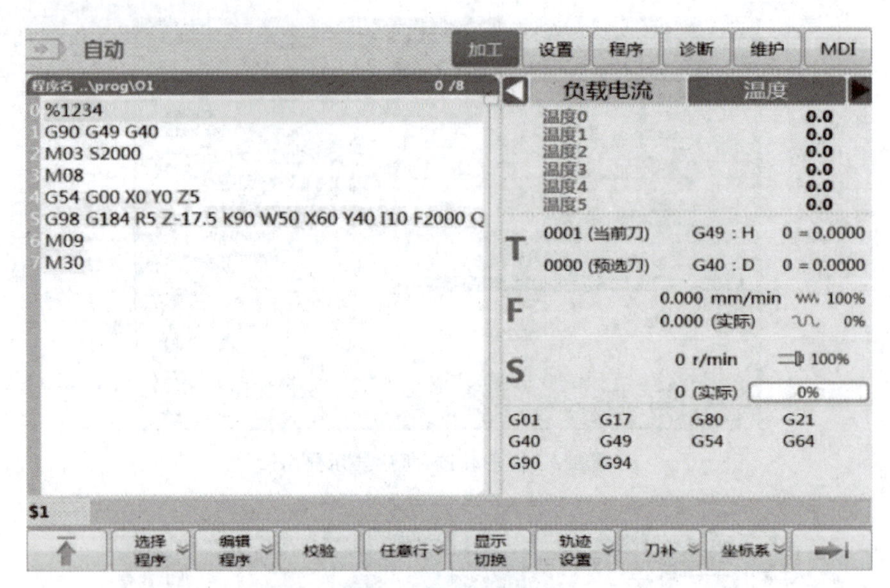

图 8.6 程序编辑界面

3）加工设置界面（图 8.7）

自动　加工　设置　程序　诊断　维护　MDI

刀补号	长度	长度磨损	半径	半径磨损
1	0.0000	0.0000	0.0000	0.0000
2	5.0000	0.0000	2.1100	0.0000
3	1.1110	0.0000	0.1100	0.0000
4	0.0000	0.0000	0.0000	0.0000
5	0.0000	0.0000	0.0000	0.0000
6	5.0000	0.0000	0.0000	0.0000
7	0.0000	0.0000	0.0000	0.0000
8	0.0000	0.0000	0.0000	0.0000
9	0.0000	0.0000	0.0000	0.0000
10	0.0000	0.0000	0.0000	0.0000

T		机床实际	相对实际	工件实际
0001 (当前刀)	X	0.0000	-78.9995	0.0000
	Y	0.0000	-39.0003	0.0000
0000 (预选刀)	Z	0.0000	-4.0000	0.0000
	C	0.0000	0.0000	0.0000

$1

刀补　刀库　刀具寿命　坐标系　工件测量　自动对刀　手动MS

图 8.7 加工设置界面

2. 开机及机床复位操作

1）机床开机操作

开机操作步骤：电源总闸→开机床电源→系统电源→开伺服电源→旋开急停旋钮。

开机的步骤如下：

①按数控机床操作规程进行必要的检查。

②观察气压表，气压到达规定的值后，打开后面的机床开关。

③按下“控制系统电源”按钮，系统将进行自检。

④顺时针旋转紧急停止按钮，自动弹起使其处于释放状态。

⑤按下机床准备按钮。注意，当数控机床有故障时，必须排除故障后才能继续操作。

2）机床原点复位

机床只有在回原点之后，自动方式和MDI方式才有效，未回参考点之前，只能手动操作。一般在以下情况下需要进行回原点操作，以建立正确的机床坐标系：

①开机后。

②机床断电后再次接通数控系统电源。

③超过行程报警解除以后。

④紧急停止按钮按下后。

回原点操作过程如下：

①选择手动回零模式。

②调整进给速度倍率开关于较低速度位置。

③先按下坐标轴的正方向键+Z，坐标轴向原点运动，当到达参考点后，运动自然停止，屏幕显示原点符号，此时显示Z机械坐标为零。

④依次完成 X 或 Y 轴回零，最后是回转坐标回零，即按 $+Z$、$+X$、$+Y$、$+A$ 的顺序操作。

3. 数控铣床手动控制操作

1）主轴控制

（1）点动

在手动模式下，按下主轴点动键，则可使主轴正转点动。

（2）连续运转

在手动模式下，按下主轴正、反转键，主轴按设定的速度旋转，按停止键，主轴则停止旋转，也可以按复位键停止主轴旋转。

在自动和MDI方式下编入M03、M04和M05，可实现如上的连续控制，如M03 S500。

2）坐标轴的运动控制

（1）微调操作

①进入微调操作模式，选择移动量和要移动的坐标轴。

②按正确的方向摇动手轮。

③根据坐标显示确定是否到达目标位置。

（2）连续进给

选择手动模式，按下任意坐标轴运动键即可实现该轴的连续进给（进给速度可以设定），释放该键，运动停止。

（3）快速移动

同时按下坐标轴和快速移动键，则可实现该轴的快速移动，运动速度为G00。

3）常见故障及处理

在手动控制机床移动（或自动加工）时，若机床移动部件超出其运动的极限位置（软件行程限位或机械限位），则系统出现超程报警，蜂鸣器尖叫或报警灯亮，机床锁住。

处理方法一般为：先观察是哪个坐标轴超程，在按下超程解除按钮（或准备按钮）的同时，把超程轴往负方向移动至安全行程内，然后报警解除。

学习任务单

任务分组

学生任务分配表

<table>
<tr><td>班级</td><td></td><td>组号</td><td></td><td>指导教师</td><td></td></tr>
<tr><td>姓名</td><td></td><td>学号</td><td></td><td>工位号</td><td></td></tr>
<tr><td>组员</td><td colspan="5"><table>
<tr><td>班级</td><td>姓名</td><td>学号</td><td>电话</td></tr>
<tr><td></td><td></td><td></td><td></td></tr>
<tr><td></td><td></td><td></td><td></td></tr>
<tr><td></td><td></td><td></td><td></td></tr>
<tr><td></td><td></td><td></td><td></td></tr>
<tr><td></td><td></td><td></td><td></td></tr>
</table></td></tr>
<tr><td>任务分工</td><td colspan="5"></td></tr>
</table>

获取资讯

引导问题 1：说明数控铣床的开机步骤。

引导问题 2：工作过程中的安全注意事项有哪些？

引导问题 3：工作完成后的注意事项有哪些？

引导问题 4：说明华中 HNC-808Di-M 系统外部程序导入操作步骤。

引导问题 5：如何对程序进行校验和对校验图形进行设置？

引导问题 6：简要说明数控机床安全操作注意事项。

工作实施

1. 独立完成数控铣床开机与关机，并描述开关机的具体操作步骤。

2. 独立完成新建数控加工程序，并描述新建加工程序的操作步骤。

3. 在自动方式下调用数控加工程序，并描述具体操作流程。

实施反馈

实施反馈

序号	操作流程	操作内容	问题反馈
1	启动机床	开机前检查→通电→启动数控系统→低速热机→回机床参考点（先回 X 轴，再回 Z 轴）	
2	主轴正/反转	在 MDI 模式下输入主轴正转指令然后运行，在手动方式下，手动控制主轴正反转，通过主轴转速修调开关调整主轴转速	
3	手动/手轮移动工作台	在手动方式下移动工作台，通过手动进给倍率修调开关调整手动移动速度，在手摇方式下移动机床工作台，切换手摇轴和手摇倍率开关调整移动轴和移动速率	
4	程序编辑、校验	在编辑模式下，新建数控加工程序，并完成程序的编辑、保存、检验、检验图形设置	
5	机床关机	检查机床→关机	

考核评价

各组代表展示作品，介绍任务完成过程。作品展示前应准备阐述材料。

小组自评表

<table>
<tr><td>班级</td><td></td><td>组名</td><td></td><td>日期</td><td>年　月　日</td></tr>
<tr><td>评价指标</td><td colspan="3">评价要素</td><td>分数</td><td>分数评定</td></tr>
<tr><td>信息检索</td><td colspan="3">能有效利用网络资源、工作手册查找有效信息；能用自己的语言有条理地去解释、表述所学知识；能将查找到的信息有效转换到工作中</td><td>10</td><td></td></tr>
<tr><td>感知工作</td><td colspan="3">是否熟悉各自的工作岗位，认同工作价值；在工作中是否获得满足感</td><td>10</td><td></td></tr>
<tr><td rowspan="2">参与状态</td><td colspan="3">与教师、同学之间是否相互尊重、理解、平等；与教师、同学之间是否能够保持多向、丰富、适宜的信息交流</td><td>10</td><td></td></tr>
<tr><td colspan="3">探究学习、自主学习不流于形式，处理好合作学习和独立思考的关系，做到有效学习；能提出有意义的问题或能发表个人见解；能按要求正确操作；能够倾听、协作分享</td><td>10</td><td></td></tr>
<tr><td>学习方法</td><td colspan="3">工作计划、操作技能是否符合规范要求；是否获得了进一步发展的能力</td><td>10</td><td></td></tr>
<tr><td>工作过程</td><td colspan="3">遵守管理规程，操作过程符合现场管理要求；平时上课的出勤情况和每天完成工作任务情况较好；善于多角度思考问题，能主动发现、提出有价值的问题</td><td>15</td><td></td></tr>
<tr><td>思维状态</td><td colspan="3">能发现问题、提出问题、分析问题、解决问题、创新问题</td><td>10</td><td></td></tr>
<tr><td>自评反馈</td><td colspan="3">按时按质完成工作任务；较好地掌握了专业知识点；具有较强的信息分析能力和理解能力；具有较为全面、严谨的思维能力，并能条理明晰地表述成文</td><td>25</td><td></td></tr>
<tr><td colspan="4">自评分数</td><td colspan="2"></td></tr>
<tr><td>有益的经验和做法</td><td colspan="5"></td></tr>
<tr><td>总结反思建议</td><td colspan="5"></td></tr>
</table>

小组互评表

班级		组名		日期	年 月 日
评价指标	评价要素			分数	分数评定
信息检索	该组能否有效利用网络资源、工作手册查找有效信息			5	
	该组能否用自己的语言有条理地去解释、表述所学知识			5	
	该组能否将查找到的信息有效转换到工作中			5	
感知工作	该组能否熟悉自己的工作岗位、认同工作价值			5	
	该组成员在工作中是否获得满足感			5	
参与状态	该组与教师、同学之间是否相互尊重、理解、平等			5	
	该组与教师、同学之间是否能够保持多向、丰富、适宜的信息交流			5	
	该组能否处理好合作学习和独立思考的关系，做到有效学习			5	
	该组能否提出有意义的问题或能发表个人见解；能按要求正确操作；能够倾听、协作分享			5	
	该组能否积极参与，在产品加工过程中不断学习，综合运用信息技术的能力得到提高			5	
学习方法	该组的工作计划、操作技能是否符合规范要求			5	
	该组是否获得了进一步发展的能力			5	
工作过程	该组是否遵守管理规程，操作过程符合现场管理要求			5	
	该组平时上课的出勤情况和每天完成工作任务情况			5	
	该组成员是否能加工出合格工件，并善于多角度思考问题，能主动发现、提出有价值的问题			15	
思维状态	该组是否能发现问题、提出问题、分析问题、解决问题、创新问题			5	
互评反馈	该组是否能严肃、认真地对待互评，并能独立完成测试题			10	
互评分数					
有益的经验和做法					
总结反思建议					

总评表

序号	评价项目	小组自评（30%）	小组互评（30%）	教师评价（40%）	总评
1	任务是否按时完成				
2	材料完成并上交情况				
3	作品质量				
4	语言表达能力				
5	小组成员合作情况				
6	创新点				

问题分析总结

任务完成后，学员根据任务实施情况分析存在的问题及原因，并填写任务实施情况分析表。指导教师对任务实施情况进行讲评。

任务实施情况分析表

任务实施过程	存在的问题	解决问题的方法	点评
机床基本操作			
程序编辑与校验			
安全文明			

任务扩展训练

学习任务九 数控铣削刀具的安装与工件的装夹

学习任务卡

任务编号	9	任务名称	数控铣削刀具的安装与工件的装夹
设备名称	数控铣床	实训区域	数控车间-铣削中心
数控系统	HNC-8 型数控铣削系统	建议学时	2
参考文件	1+X 数控车铣加工职业技能等级标准		
学习目标	1. 掌握数控铣（加工中心）的刀具选用要求； 2. 掌握数控铣（加工中心）的刀具分类； 3. 正确安装刀具； 4. 掌握铣床（加工中心）常用夹具的结构及使用方法； 5. 正确安装工件并调整。		
素质目标	1. 执行安全、文明生产规范，严格遵守车间制度和劳动纪律； 2. 着装规范，不携带与学习无关的物品进入车间； 3. 遵守实训现场工具、量具和刀具等相关物料的定制化管理； 4. 严禁徒手清理铁屑，气枪严禁指向人； 5. 培养学生爱岗敬业、工作严谨、精益求精的职业素养。		
任务书			
1. 根据被加工材料和工序来合理选择数控刀具的类型、材料和切削参数； 2. 独立完成立铣刀的装刀； 3. 独立完成夹具的安装与调整； 4. 独立完成工件的装夹； 5. 工件的找正。			

知识链接 <<<

1. 数控铣（加工中心）的刀具选用要求

数控铣床上所采用的刀具要根据被加工零件的材料、几何形状、表面质量要求、热处理状态、切削性能及加工余量等，选择刚性好、耐用度高的刀具。在切削加工时，刀具切削部分与切屑、工件相互接触的表面上承受很大的压力和强烈的摩擦，刀具切屑区产生很高的温度，受到很大的应力。在加工余量不均匀的工件或断续加工时，刀具还受到强烈的冲击和振动，因此，刀具材料应具备以下基本要求：

（1）高的硬度和耐磨性

刀具材料的硬度必须比工件材料的硬度要高，一般都在 60 HRC 以上。耐磨性是指材料抗磨损的能力。一般来说，刀具材料的硬度越高、晶粒越细、分布越均匀，耐磨性就越好。

（2）有足够的强度和韧性

切削过程中，刀具承受很大的压力、冲击和振动，刀具必须具备足够的抗弯强度和冲击韧性。一般来说，刀具材料的硬度越高，其抗弯强度和冲击韧性值越低，这两个方面的性能往往是矛盾的。一种好的刀具材料，应根据它的使用要求，兼顾以上两方面的性能，并有所侧重。

（3）耐热性高

耐热性是指刀具材料在高温下保持硬度、耐磨性、强度和韧性的性能，也包括刀具材料在高温下的抗氧化、黏结、扩散的性能，故耐热性有时也称为热稳定性。良好的耐热性是衡量刀具材料切削性能的一项重要指标。

（4）经济性

经济性也是评价刀具材料切削性能的一项重要指标。有些刀具材料虽然单位成本较高，但因使用寿命长，分摊到每一个零件上的刀具成本就降低。

除上述两点之外，铣刀切削刃的几何角度参数的选择及排屑性能等也非常重要，切屑黏刀形成积屑瘤在数控铣削中是十分忌讳的。总之，根据被加工工件材料的热处理状态、切削性能及加工余量，选择刚性好、耐用度高的铣刀，是充分发挥数控铣床的生产效率和获得满意的加工质量的前提。

2. 数控铣（加工中心）的刀具分类

（1）按直径分类

①公制（mm）刀常用直径为：0.5、1、1.5、2、2.5、3、4、5、6、8、10、12、16、20、25、28、30、32、35、40、50、63。

②英制（in）刀常用直径为：1/8、1/4、1/2、3/16、5/16、3/8、5/8、3/4、1、1.5、2。

（2）按刀具材料分类

刀具材料可分为工具钢、高速钢、硬质合金、陶瓷和超硬材料五大类。常用刀具材料的主要性能及用途见表9.1。

表9.1　常用刀具材料的主要性能及用途

种类	常用牌号	硬度/HRC（HRA）	抗弯强度/GPa	热硬性/℃	工艺性能	用途
碳素工具钢	T8A、T10A、T12A	60~64（81~83）	2.45~2.75	200~250	可冷热加工成形，刃磨性能好	用于手动工具，如锉刀、锯条、錾子等
合金工具钢	9SiCr、CiWMn	60~65（81~84）	2.45~2.75	250~300	可冷热加工成形，刃磨性能好，热处理变形小	用于低速成形刀具，如丝锥、板牙、铰刀等
高速钢	W9Mo3Cr4V、W6Mo5CrV2	63~69（82~87）	3.43~4.41	550~600	可冷热加工成形，刃磨性能好，热处理变形小	用于机动复杂的中速刀具，如钻头、铣刀、齿轮刀具等

续表

种类	常用牌号	硬度/HRC（HRA）	抗弯强度/GPa	热硬性/℃	工艺性能	用途
硬质合金	（YG类）K类 （YT类）P类 （YW类）M类	69～81 （89～93）	1.08～2.16	800～1100	粉末冶金成形，只能磨削加工，不能热处理，多镶片使用，较脆	用于机动简单的高速切削刀具，如车刀、刨刀、铣刀刀片
陶瓷	SG4、AT6	（93～94） 1 500～ 2 100 HV	0.4～1.115	1 200	压制烧结成形，只能磨削加工，不需热处理，脆性略大于硬质合金	多用于车刀，适宜精加工连续切削
立方碳化硼（CBN）	FD、LBN-Y	7 300～ 7 400 HV	0.57～0.81	1 200～ 1 500	高温高压烧结成形，硬度高于陶瓷，极脆，可用金刚石砂轮磨削，不需要热处理	用于加工高硬度、高强度材料（特别是铁族材料）
人造金刚石		10 000 HV	0.42～1.0	700～800	硬度高于CBN，极脆	用于有色金属的高精度、低粗糙度切削，也用于非金属精密加工，不切削铁族金属

（3）按刀具形状分类

①平头铣刀，进行粗铣，去除大量毛坯、小面积水平平面或者轮廓精铣。

②球头铣刀，也叫R刀，进行曲面半精铣和精铣，其广泛用于各种曲面、圆弧沟槽加工。耐高温特性：维持切削性能的最高温度为450～550 ℃/500～600 ℃。

③平头铣刀带倒角，可用于粗铣去除大量毛坯，还可精铣细平整面（相对于陡峭面）小倒角。

④成型铣刀，成型铣刀一般都是为特定的工件或加工内容专门设计制造的，适用于加工平面类零件的特定形状（如角度面、凹槽面等），也适用于特形孔或台。

⑤倒角刀，倒角刀外形与倒角形状相同，分为铣圆倒角和斜倒角的铣刀。

⑥T形刀，可铣T形槽。

⑦齿形刀，铣出各种齿形，比如齿轮。

⑧粗皮刀，针对铝铜合金切削设计的粗铣刀，可快速加工。

3. 数控铣（加工中心）的刀具安装

使用刀具时，首先应确定数控铣床要求配备的刀柄及拉钉的标准和尺寸（这一点很重要，如果规格不同，则无法安装），根据加工工艺选择刀柄、拉钉和刀具，并将它们装配好，然后装夹在数控铣床的主轴上。

1）常用刀具的装夹方法

（1）弹簧夹头刀柄的装刀顺序

将刀柄放入卸刀座中，并将拉钉头卡紧→选择与刀具尺寸相适应的卡簧进行装配→清洁卡簧与刀具配合的表面→将卡簧装入锁紧螺母中→将卡套装入刀柄→将立铣刀装入卡套孔中→用 ER32 扳手顺时针锁紧螺母，如图 9.1 所示。更换不同的卡套可夹持不同尺寸的立铣刀。

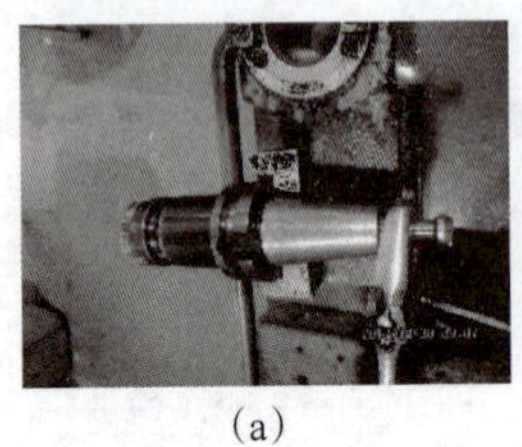
（a）

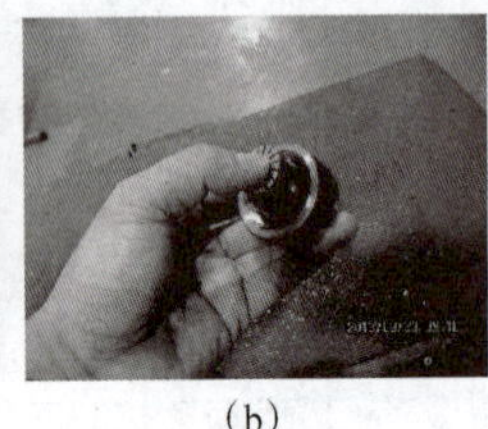
（b）

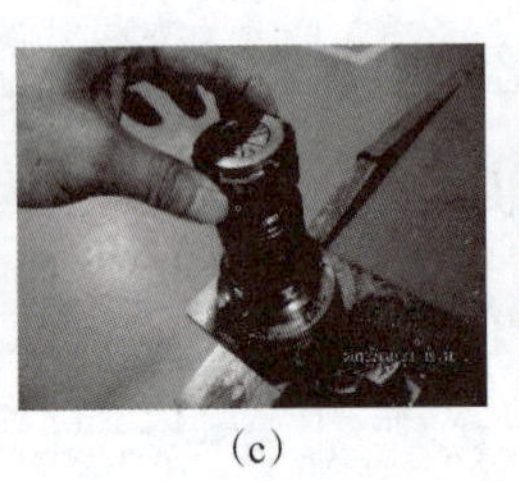
（c）

（d）

图 9.1　弹簧夹头刀柄装刀顺序示意图

（a）拉钉头卡紧；（b）装配卡簧；（c）装夹刀具；（d）锁紧刀具

（2）五面刃铣刀刀柄的装刀顺序

将刀柄放在卸刀座中清洁→锁紧螺钉→安装刀盘与刀具配合的表面→将五面刃铣刀装在刀柄上，锁紧刀柄螺钉，如图 9.2 所示。

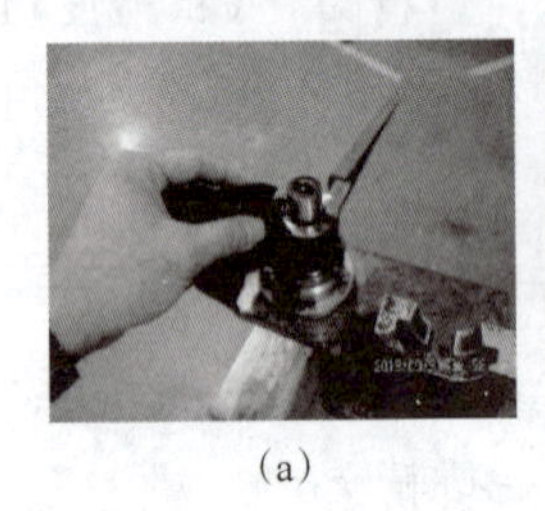
（a）

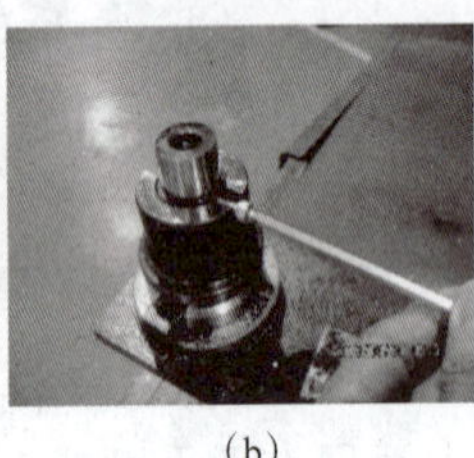
（b）

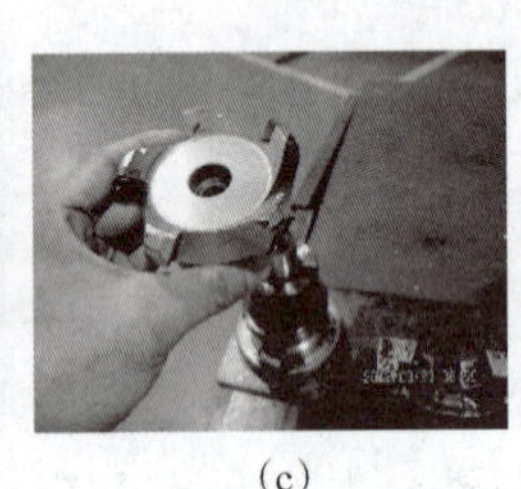
（c）

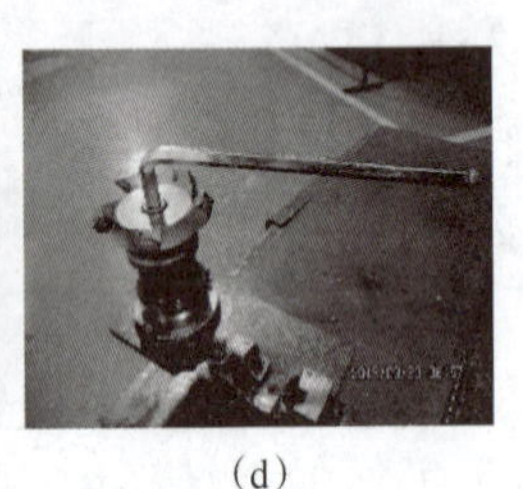
（d）

图 9.2　五面刃铣刀刀柄的装刀顺序示意图

（a）刀柄清洁；（b）锁紧螺钉；（c）安装刀盘；（d）锁紧刀盘

2）手动换刀过程

手动在主轴上装卸刀柄的方法如下：

①确认刀具和刀柄的质量不超过机床规定的许用最大质量。

②清洁刀柄锥面和主轴锥孔。

③左手握住刀柄，将刀柄的键槽对准主轴端面键垂直伸入主轴内，不可倾斜。

④右手按下换刀按钮，压缩空气从主轴内吹出，以清洁主轴和刀柄，按住此按钮，直到刀柄锥面与主轴锥孔完全贴合后，松开按钮，刀柄即被自动夹紧，确认夹紧后方可松手。

⑤刀柄装上后，用手转动主轴来检查刀柄与主轴装配是否牢固。

⑥卸刀柄时，先用左手握住刀柄，再用右手按住换刀按钮（否则，刀具从主轴内掉下，可能会损坏刀具、工件和夹具等），取下刀柄。

3）注意事项

在手动换刀过程中，应注意以下问题：

①应选择有足够刚度的刀具及刀柄，同时，在装配刀具时，保持合理的悬伸长度，以避免刀具在加工过程中产生变形。

②卸刀柄时，必须要有足够的动作空间，刀柄不能与工作台上的工件、夹具发生干涉。

③换刀过程中严禁主轴运转。

4. 数控铣（加工中心）工件装夹的基本要求

数控铣床、加工中心的工件装夹一般都是以平面工作台为安装的基础，定位夹具或工件，并通过夹具最终定位夹紧工件，使工件在整个加工过程中始终与工作台保持正确的相对位置。数控铣床、加工中心的工件装夹方法基本相同，装夹原理是相通的。

为适应数控铣床、加工中心对工件铣、钻、镗等加工工艺的特点，数控铣床、加工中心加工对夹具和工件装夹通常有如下的基本要求：

（1）数控铣床、加工中心夹具应有足够的夹紧力、刚度和强度

为了承受较大的铣削力和断续切削所产生的振动，数控铣床、加工中心的夹具要有足够的夹紧力、刚度和强度。

夹具的夹紧装置尽可能采用扩力机构；夹紧装置的自锁性要好；尽量用夹具的固定支承承受铣削力；工件的加工表面尽量不超出工作台；尽量降低夹具高度。

（2）尽量减小夹紧变形

加工中心有集中工序加工的特点，一般是一次装夹完成粗、精加工。工件在粗加工时，切削力大，需要的夹紧力也大。但夹紧力又不能太大，否则，松开夹具后，零件会发生变形。因此，必须慎重选择夹具的支承点、定位点和夹紧点。如果采用了相应措施仍不能控制工件变形，只能将粗、精加工分开，或者粗、精加工使用不同的夹紧力。

（3）夹具在机床工作台上定位连接

数控机床加工中，机床、刀具、夹具和工件之间应有严格的相对坐标位置。数控铣床、加工中心的工作台是夹具和工件定位与安装的基础，应便于夹具与机床工作台的定位连接。

加工中心工作台上设有基准槽、中央T形槽，可把标准定位块插入工作台上的基准槽、中央T形槽，使安装的工件或夹具紧靠标准块，达到定位的目的，作为工件或夹具的定位基准。

数控机床还常在工作台上装固定基础板，方便工件、夹具在工作台上的定位。基础板预先调整好相对数控机床的坐标位置，板上有已加工出准确位置的一组定位孔和一组紧固螺孔，方便夹具安装。

（4）夹紧机构或其他元件不得影响进给

加工部位要敞开，夹紧元件的空间位置能低就低，要求夹持工件后夹具上一些组成件不影响刀具进给。

（5）装卸方便，辅助时间尽量短

由于加工中心效率高，装夹工件的辅助时间对加工效率影响较大，所以要求配套夹具结构简单，装卸快而方便。

5. 数控铣（加工中心）常用夹具

1）数控机床夹具的功用

在机械加工过程中，为了保证加工精度，固定工件，使之占有确定位置以接受加工或

检测的工艺装备统称为机床夹具，简称夹具。应用机床夹具，有利于保证工件的加工精度、稳定产品质量；有利于提高劳动生产率和降低成本；有利于改善工人劳动条件，保证安全生产；有利于扩大机床工艺范围，实现“一机多用”。例如，车床上使用的三爪自定心卡盘、铣床上使用的平口钳等都是机床夹具。

2）机床夹具的类型

机床夹具的种类繁多，可以从不同的角度对机床夹具进行分类。常用的分类方法有以下几种。

（1）按夹具的使用特点分类

根据夹具在不同生产类型中的通用特性，机床夹具可分为通用夹具、专用夹具、可调夹具、组合夹具、拼装夹具和螺钉压板装夹工件六大类。

①通用夹具。已经标准化的可加工一定范围内不同工件的夹具，称为通用夹具。其结构、尺寸已规格化，而且具有一定通用性，如三爪自定心卡盘、机床用平口虎钳、四爪单动卡盘、台虎钳、万能分度头、顶尖、中心架和磁力工作台等。这类夹具适应性强，可用于装夹一定形状和尺寸范围内的各种工件。这些夹具已作为机床附件由专门工厂制造供应，只需选购即可。图 9.3 所示为通用夹具平口虎钳示意图。其缺点是夹具的精度不高，生产率也较低，并且较难装夹形状复杂的工件，故一般适用于单件小批量生产中。

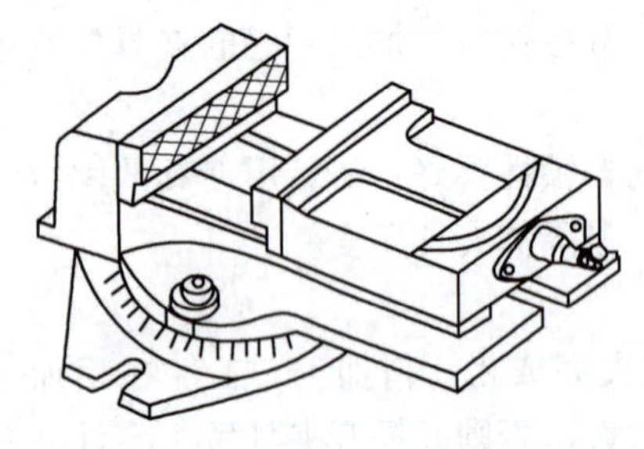

图 9.3　通用夹具平口虎钳示意

②专用夹具。专为某一工件的某道工序设计制造的夹具，称为专用夹具。在产品相对稳定、批量较大的生产中，采用各种专用夹具，可获得较高的生产率和加工精度。专用夹具的设计周期较长、投资较大。

专用夹具一般在批量生产中使用。除大批大量生产之外，中小批量生产中也需要采用一些专用夹具，但在结构设计时要进行具体的技术经济分析。

③可调夹具。某些元件可调整或更换，以适应多种工件加工的夹具，称为可调夹具。可调夹具是针对通用夹具和专用夹具的缺陷而发展起来的一类新型夹具。对不同类型和尺寸的工件，只需调整或更换原来夹具上的个别定位元件和夹紧元件便可使用。它一般又可分为通用可调夹具和成组夹具两种。前者的通用范围比通用夹具更大；后者则是一种专用可调夹具，它按成组原理设计并能加工一族相似的工件，故在多品种，中、小批量生产中使用时，有较好的经济效果。

④组合夹具。采用标准的组合元件、部件，专为某一工件的某道工序组装的夹具，称为组合夹具。组合夹具是一种模块化的夹具。标准的模块元件具有较高精度和耐磨性，可组装成各种夹具。夹具用完后可拆卸，清洗后可重新组装成新的夹具。由于使用组合夹具可缩短生产准备周期，元件可重复多次使用，并具有减少专用夹具数量等优点，因此，组合夹具在单件，中、小批量多品种生产和数控加工中，是一种较经济的夹具，如图 9.4 所示。

⑤拼装夹具。用专门的标准化、系列化的拼装零部件拼装而成的夹具，称为拼装夹具。它具有组合夹具的优点，但比组合夹具精度高、效能高、结构紧凑。它的基础板和夹紧部件中常带有小型液压缸。此类夹具更适合在数控机床上使用。

⑥螺钉压板装夹工件。在单件或少量生产和不便于使用夹具夹持的情况下，常常直接

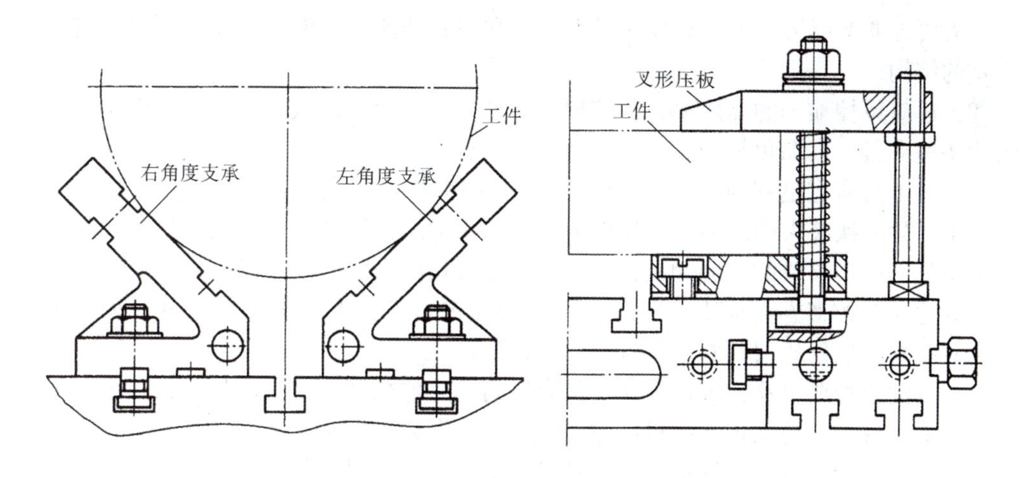

图 9.4　组合夹具装夹工件

在铣床工作台上安装工件。使用压板、螺母、螺栓直接在铣床工作台上安装工件时，应该注意压板的压紧点尽量接近切削处，还应该使压板的压紧点和压板下面的支撑点相对应，如图 9.5 所示。

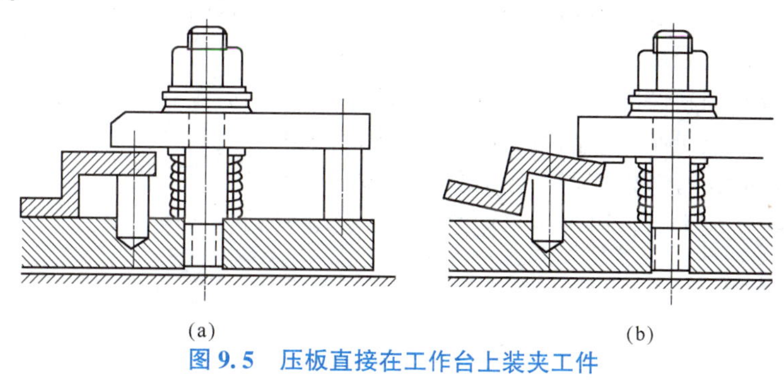

图 9.5　压板直接在工作台上装夹工件

（a）正确；（b）不正确

（2）按使用机床分类

夹具按使用机床不同，可分为车床夹具、铣床夹具、钻床夹具、镗床夹具、齿轮机床夹具、数控机床夹具、自动机床夹具、自动线随行夹具以及其他机床夹具等。

（3）按夹紧的动力源分类

夹具按夹紧的动力源，可分为手动夹具、气动夹具、液压夹具、气液增力夹具、电磁夹具以及真空夹具等。

3）数控加工夹具的特点

作为机床夹具，首先要满足机械加工时对工件的装夹要求。同时，数控加工的夹具还有它本身的特点。这些特点是：

①数控加工适用于多品种、中小批量生产，为能装夹不同尺寸、不同形状的多品种工件，数控加工的夹具应具有柔性，经过适当调整即可夹持多种形状和尺寸的工件。

②传统的专用夹具具有定位、夹紧、导向和对刀四种功能，而数控机床上一般都配备有接触式测头、刀具预调仪及对刀部件等设备，可以用机床来解决对刀问题。数控机床上由程序控制的准确的定位精度，可实现夹具中的刀具导向功能。因此，数控加工中的夹具

一般不需要导向和对刀功能，只要求具有定位和夹紧功能，就能满足使用要求，这样可简化夹具的结构。

③为适应数控加工的高效率，数控加工夹具应尽可能使用气动、液压、电动等自动夹紧装置快速夹紧，以缩短辅助时间。

④夹具本身应有足够的刚度，以适应大切削用量切削。数控加工具有工序集中的特点，在工件的一次装夹中既要进行切削力很大的粗加工，又要进行达到工件最终精度要求的精加工，因此，夹具的刚度和夹紧力都要满足大切削力的要求。

⑤为适应数控多方面加工，要避免夹具结构包括夹具上的组件对刀具运动轨迹的干涉，夹具结构不要妨碍刀具对工件各部位的多面加工。

⑥夹具的定位要可靠，定位元件应具有较高的定位精度，定位部位应便于清屑，无切屑积留。如工件的定位面偏小，可考虑增设工艺凸台或辅助基准。

⑦对刚度小的工件，应保证最小的夹紧变形，如使夹紧点靠近支承点，避免把夹紧力作用在工件的中空区域等。当粗加工和精加工同在一个工序内完成时，如果上述措施不能把工件变形控制在加工精度要求的范围内，应在精加工前使程序暂停，让操作者在粗加工后、精加工前变换夹紧力（适当减小），以减小夹紧变形对加工精度的影响。

6. 数控铣床、加工中心用夹具选用

数控铣床、加工中心用夹具的选用方法是：在选择夹具时，根据产品的生产批量、生产效率、质量保证及经济性等可参照下列原则选用。

①在单件或研制新产品，且零件较简单时，尽量采用虎钳和三爪卡盘等通用夹具。

②在生产量小或研制新产品时，应尽量采用通用组合夹具。

③成批生产时，可考虑采用专用夹具，但应尽量简单。

④在生产批量较大时，可考虑采用多工位夹具和气动、液压夹具。

学习任务单

任务分组

学生任务分配表

<table>
<tr><td>班级</td><td></td><td>组号</td><td></td><td>指导教师</td><td></td></tr>
<tr><td>姓名</td><td></td><td>学号</td><td></td><td>工位号</td><td></td></tr>
<tr><td>组员</td><td colspan="5"><table>
<tr><td>班级</td><td>姓名</td><td>学号</td><td>电话</td></tr>
<tr><td></td><td></td><td></td><td></td></tr>
<tr><td></td><td></td><td></td><td></td></tr>
<tr><td></td><td></td><td></td><td></td></tr>
<tr><td></td><td></td><td></td><td></td></tr>
<tr><td></td><td></td><td></td><td></td></tr>
</table></td></tr>
<tr><td>任务分工</td><td colspan="5"></td></tr>
</table>

获取资讯

引导问题 1： 简述数控铣削刀具分类。

引导问题 2： 简述铣削刀具安装步骤及注意事项。

引导问题 3： 简述数控铣床、加工中心用夹具选用原则。

引导问题 4： 简述工件装夹的注意事项。

工作实施

1. 独立完成铣削刀具安装，并描述注意事项。

2. 独立完成工件的装夹，并描述注意事项。

实施反馈

实施反馈

序号	操作流程	操作内容	问题反馈
1	工件的装夹	1. 工件装夹 2. 检查工作台 3. 装紧校正	
2	外圆车刀的安装	1. 外圆车刀的安装 2. 外圆车刀对中检查	
3	螺纹车刀的安装	1. 螺纹车刀的安装 2. 螺纹车刀对中检查	
4	内孔车刀的安装	1. 内孔车刀的安装 2. 内孔车刀对中检查	
5	切槽刀（切断刀）的安装	1. 切槽刀（切断刀）的安装 2. 切槽刀（切断刀）对中检查	
6	试切加工	1. 手动试切加工 2. 试运行	

考核评价

各组代表展示作品，介绍任务完成过程。作品展示前应准备阐述材料。

小组自评表

<table>
<tr><td>班级</td><td></td><td>组名</td><td></td><td>日期</td><td>年　月　日</td></tr>
<tr><td>评价指标</td><td colspan="3">评价要素</td><td>分数</td><td>分数评定</td></tr>
<tr><td>信息检索</td><td colspan="3">能有效利用网络资源、工作手册查找有效信息；能用自己的语言有条理地去解释、表述所学知识；能将查找到的信息有效转换到工作中</td><td>10</td><td></td></tr>
<tr><td>感知工作</td><td colspan="3">是否熟悉各自的工作岗位，认同工作价值；在工作中是否获得满足感</td><td>10</td><td></td></tr>
<tr><td rowspan="2">参与状态</td><td colspan="3">与教师、同学之间是否相互尊重、理解、平等；与教师、同学之间是否能够保持多向、丰富、适宜的信息交流</td><td>10</td><td></td></tr>
<tr><td colspan="3">探究学习、自主学习不流于形式，处理好合作学习和独立思考的关系，做到有效学习；能提出有意义的问题或能发表个人见解；能按要求正确操作；能够倾听、协作分享</td><td>10</td><td></td></tr>
<tr><td>学习方法</td><td colspan="3">工作计划、操作技能是否符合规范要求；是否获得了进一步发展的能力</td><td>10</td><td></td></tr>
<tr><td>工作过程</td><td colspan="3">遵守管理规程，操作过程符合现场管理要求；平时上课的出勤情况和每天完成工作任务情况较好；善于多角度思考问题，能主动发现、提出有价值的问题</td><td>15</td><td></td></tr>
<tr><td>思维状态</td><td colspan="3">能发现问题、提出问题、分析问题、解决问题、创新问题</td><td>10</td><td></td></tr>
<tr><td>自评反馈</td><td colspan="3">按时按质完成工作任务；较好地掌握了专业知识点；具有较强的信息分析能力和理解能力；具有较为全面、严谨的思维能力，并能条理明晰地表述成文</td><td>25</td><td></td></tr>
<tr><td colspan="4">自评分数</td><td colspan="2"></td></tr>
<tr><td>有益的经验和做法</td><td colspan="5"></td></tr>
<tr><td>总结反思建议</td><td colspan="5"></td></tr>
</table>

小组互评表

班级		组名		日期	年　月　日
评价指标	评价要素			分数	分数评定
信息检索	该组能否有效利用网络资源、工作手册查找有效信息			5	
	该组能否用自己的语言有条理地去解释、表述所学知识			5	
	该组能否将查找到的信息有效转换到工作中			5	
感知工作	该组能否熟悉自己的工作岗位、认同工作价值			5	
	该组成员在工作中是否获得满足感			5	
参与状态	该组与教师、同学之间是否相互尊重、理解、平等			5	
	该组与教师、同学之间是否能够保持多向、丰富、适宜的信息交流			5	
	该组能否处理好合作学习和独立思考的关系，做到有效学习			5	
	该组能否提出有意义的问题或能发表个人见解；能按要求正确操作；能够倾听、协作分享			5	
	该组能否积极参与，在产品加工过程中不断学习，综合运用信息技术的能力得到提高			5	
学习方法	该组的工作计划、操作技能是否符合规范要求			5	
	该组是否获得了进一步发展的能力			5	
工作过程	该组是否遵守管理规程，操作过程符合现场管理要求			5	
	该组平时上课的出勤情况和每天完成工作任务情况			5	
	该组成员是否能加工出合格工件，并善于多角度思考问题，能主动发现、提出有价值的问题			15	
思维状态	该组是否能发现问题、提出问题、分析问题、解决问题、创新问题			5	
互评反馈	该组是否能严肃、认真地对待互评，并能独立完成测试题			10	
互评分数					
有益的经验和做法					
总结反思建议					

总评表

序号	评价项目	小组自评（30%）	小组互评（30%）	教师评价（40%）	总评
1	任务是否按时完成				
2	材料完成并上交情况				
3	作品质量				
4	语言表达能力				
5	小组成员合作情况				
6	创新点				

问题分析总结

任务完成后，学员根据任务实施情况分析存在的问题及原因，并填写数控车床刀具的安装与工件的装夹任务实施情况分析表。指导教师对任务实施情况进行讲评。

任务实施情况分析表

任务实施过程	存在的问题	解决问题的方法	点评
工件装夹			
刀具的选用与安装			
安全文明			

任务扩展训练

学习任务十 数控铣床对刀操作

学习任务卡

任务编号	10	任务名称	数控铣床对刀操作
设备名称	数控铣床	实训区域	数控车间-铣削中心
数控系统	HNC-8 型数控铣削系统	建议学时	4
参考文件	1+X 数控车铣加工职业技能等级标准		
学习目标	1. 理解试切对刀的原理，独立完成不同刀具的试切对刀操作； 2. 了解数控铣床加工时对刀的几种方法及所对应的各种仪器； 3. 能分清各种对刀仪器，初步了解其使用方法。		
素质目标	1. 执行安全、文明生产规范，严格遵守车间制度和劳动纪律； 2. 着装规范，不携带与学习无关的物品进入车间； 3. 遵守实训现场工具、量具和刀具等相关物料的定制化管理； 4. 严禁徒手清理铁屑，气枪严禁指向人； 5. 培养学生爱岗敬业、工作严谨、精益求精的职业素养。		
任务书			
1. 装夹工件并找正； 2. 安装刀具； 3. 用试切法对刀； 4. 理解对刀的原理，完成寻边器分中对刀、*Z* 向设定器 *Z* 向对刀，并掌握由双边对中对刀方法衍生的单边对刀方法。			

知识链接 <<<

1. 数控编程的概念

数控编程就是将加工零件的加工顺序、刀具运动轨迹的尺寸数据、工艺参数等加工信息，用规定的文字、数字、符号组成的代码，按一定格式编写成加工程序。可见，数控程序包含了零件的加工工艺。

加工程序编制可分为手工编程和自动编程两类。

手工编程：整个加工程序的编制过程是由人工完成的。要求编程人员不仅要熟悉数控代码及编程规则，还必须具备机械加工工艺知识和数值计算能力。适用较简单零件加工。

自动编程：借助 CAD/CAM 软件，计算机把人们输入的零件图纸信息生成数控机床能执行的数控加工程序，数控编程的大部分工作由计算机来完成。

2. 机床原点与机床参考点

机床坐标系是机床上固有的坐标系，并设有固定的坐标原点，该点即为机床原点，又称机械原点，即 $X=0$、$Y=0$、$Z=0$ 的点。该点是机床上的一个固定的点，其位置是由机床设计和制造单位确定的，通常不允许用户改变。机床原点是工件坐标系、机床参考点的基准点。

机床参考点是采用增量式测量的数控机床所特有的，机床原点是由机床参考点体现出来的。常见的数控铣床、铣削加工中心等数控机床中，机床原点系与机床参考点是重合的。

3. 编程坐标系和工件坐标系

编程时，首先要将零件图样信息坐标数字化，通常是以某一特殊点（零件图样上或以外）为坐标原点建立坐标系，并以该坐标系为依据，进行零件的数控加工程序编制。该坐标系称为编程坐标系。

工件坐标系是指零件数控加工时根据零件数控编程时确定的编程坐标系的原点的位置，在工件（或毛坯）上适当位置选取一点作为坐标原点，以机床的 X、Y、Z 正向移动方向为正方向建立的坐标系。之后以该坐标系为基础，完成零件的数控加工。工件坐标原点一般通过对刀的方式获得。

编程坐标系是编写零件数控加工程序时在零件图样上建立的坐标系；工件坐标系是零件数控加工时，在工件或毛坯上根据编程坐标系建立的坐标系。

为了建立机床坐标系和工件坐标系的关系，需要设立“对刀点”。“对刀点”是零件程序加工的起始点，对刀的目的是确定程序原点在机床坐标系中的位置，对刀点可与程序原点重合，也可在任何便于对刀之处，但该点与程序原点之间必须有确定的坐标联系。机床原点、对刀点和工件原点之间的关系示意如图 10.1 所示。

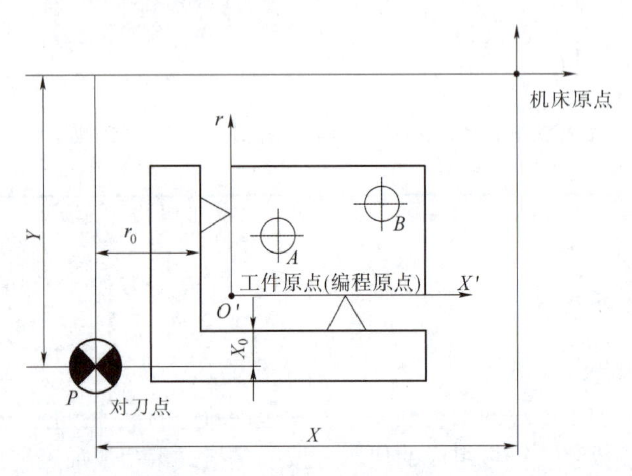

图 10.1 机床原点、对刀点和工件原点之间的关系示意图

图 10.1 中，对刀点相对于机床原点的坐标为（X，Y），工件原点坐标相对于对刀点的坐标为（X_0，Y_0），工件原点相对于机床原点的坐标为（X_1+X_0，Y_0+Y_1），这样就把机床坐标系、工件坐标系和对刀点之间的关系明确地表达出来了。编程时，根据需要，有时把对刀点视为编程起点；也有时把程序原点（即工件原点）视为编程起点。

4. 坐标轴和运动方向命名的原则

①假定工件不动，刀具相对于工件运动。

②标准的坐标系是右手直角笛卡儿坐标系。

③刀具远离工件的运动方向为坐标的正方向。

④机床主轴旋转运动的正方向是按照右手螺旋法则进入工件的方向。

5. 机床坐标轴的规定

直线进给运动的直角坐标系采用 *X*、*Y*、*Z* 坐标轴（以下简称为轴）表示，常称为基本坐标系。基本的线性坐标轴 *X*、*Y*、*Z* 之外的附加线性坐标轴指定为 *U*、*V*、*W* 和 *P*、*Q*、*R*。

X、*Y*、*Z* 轴的相互关系用右手螺旋法则决定，如图 10.2 所示。图中大拇指的指向为 *X* 轴的正方向，食指指向为 *Y* 轴的正方向，中指指向为 *Z* 轴的正方向。

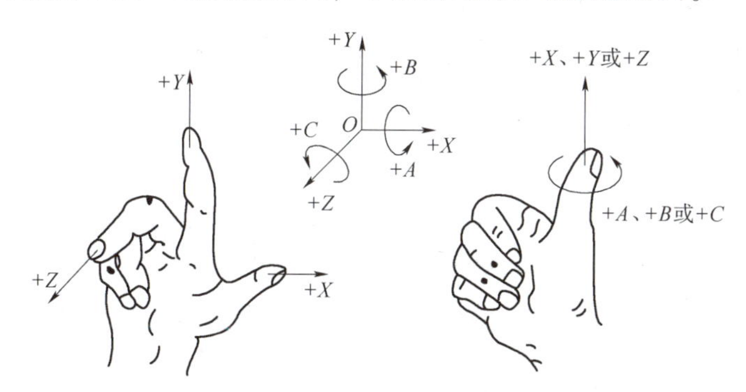

图 10.2　右手笛卡儿直角坐标系、右手螺旋法则示意图

围绕 *X*、*Y*、*Z* 轴旋转的圆周进给坐标轴分别用 *A*、*B*、*C* 表示，其正方向根据右手螺旋定则确定：以大拇指指向 +*X*、+*Y*、+*Z* 方向，则其余手指的指向是圆周进给运动的 +*A*、+*B*、+*C* 方向。

工件运动的正方向恰好与刀具运动的正方向相反。

$$+X=-X' \;;\; +Y=-Y' \;;\; +Z=-Z'$$

$$+A=-A' \;;\; +B=-B' \;;\; +C=-C'$$

（1）*Z* 轴

规定平行于主轴轴线（即传递主切削动力的主轴轴线）的坐标轴为 *Z* 轴。对于没有主轴的机床（如数控龙门刨床），规定垂直于工件装夹面的坐标轴为 *Z* 轴。如果机床上有多个主轴，可选垂直于工件装夹面的主轴作为主要主轴，*Z* 轴则平行于主要主轴的轴线。*Z* 轴的正方向是使刀具远离工件的方向。

（2）*X* 轴

X 轴是水平的，它平行于工件的装夹面。在刀具旋转的机床上，如铣床、钻床、镗床等，若 *Z* 轴是水平的，则从刀具（主轴）向工件看时，*X* 轴的正方向指向右边。如果 *Z* 轴是垂直的，当从主轴向立柱看时，对于单立柱机床，*X* 轴的正方向指向右边；对于双立柱机床，当从主轴向左侧立柱看时，*X* 轴的正方向指向右边。在工件旋转的机床上，如车床、磨床等，*X* 轴的运动方向是在工件的径向并平行于横向拖板，刀具离开工件旋转中心的方向是 *X* 轴的正方向。在刀具或工件均不能旋转的机床上（如刨床），*X* 轴平行于主要进给方向，在该方向上远离工件的方向为 *X* 轴的正方向。

（3）*Y* 轴

在确定了 *X*、*Z* 轴的正方向后，按右手螺旋法则（笛卡儿直角坐标系）来确定 *Y* 轴的正方向，即在 *ZX* 平面内，从+*Z* 轴转到+*X* 轴时，使用右手螺旋法则应沿+*Y* 方向前进。

一般先确定 *Z* 轴，因为它是传递切削动力的主要轴线方向，再按规定确定其 *X* 轴，最后用右手螺旋法则确定 *Y* 轴。

6. 斯沃数控仿真软件对刀及校验实施

零件装夹固定在机床工作台上后，须在工件上建立工件坐标，并找出工件坐标原点的坐标，输入给机床控制系统，这样工件才能与机床建立起运动关系。在建立工件坐标系时，往往只需确定的工件坐标系的原点，其坐标系的方向与机床的 *X*、*Y* 轴的方向相同。确定工件坐标系原点的过程通常又称为对刀。对刀的目的是通过刀具或对刀工具确定工件坐标系与机床坐标系之间的空间位置关系，并将对刀数据输入相应的存储位置。它是数控加工中最重要的操作内容，其准确性将直接影响零件的加工精度。

1）试切对刀操作步骤

（1）*X* 轴对刀

通过“手轮”或“手动”将铣刀移近工件左侧，再用低速挡碰触工件，注意有切屑飞出即可，单击“Set 设置”，单击软键“记录Ⅰ”，此时系统自动记录当前机械坐标并在显示屏的“分中 记录Ⅰ”中显示。使用同样的方法将铣刀移近工件右侧，右侧机械坐标在“记录Ⅱ”中显示，单击软键“分中”，系统自动运算并录入工件中心点的 G54 *X* 坐标值，如图 10.3 所示。

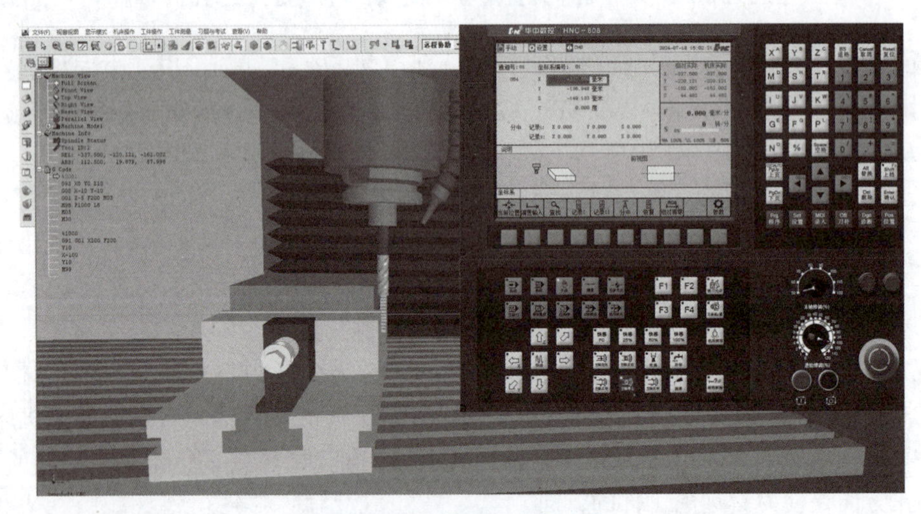

图 10.3　*X* 轴对刀分中设置

（2）*Y* 轴对刀

Y 轴对刀方法与 *X* 相同，通过“手轮”或“手动”将刀具移动到工件前后侧并用低速挡碰触工件，分别记录两侧的“分中Ⅰ”和“分中Ⅱ”坐标，将光标下移至 G54 *Y* 轴坐标处，单击“分中”，系统自动运算并录入工件中心点的 G54 *Y* 坐标值，如图 10.4 所示。

（3）*Z* 轴对刀

通过“手轮”或“手动”将刀具沿 *Z* 方向靠近工件上表面边，直到铣刀端刃轻微碰触到工件表面，听到刀刃与工件表面的摩擦声。记住此时不要移动主轴的位置，将光标下

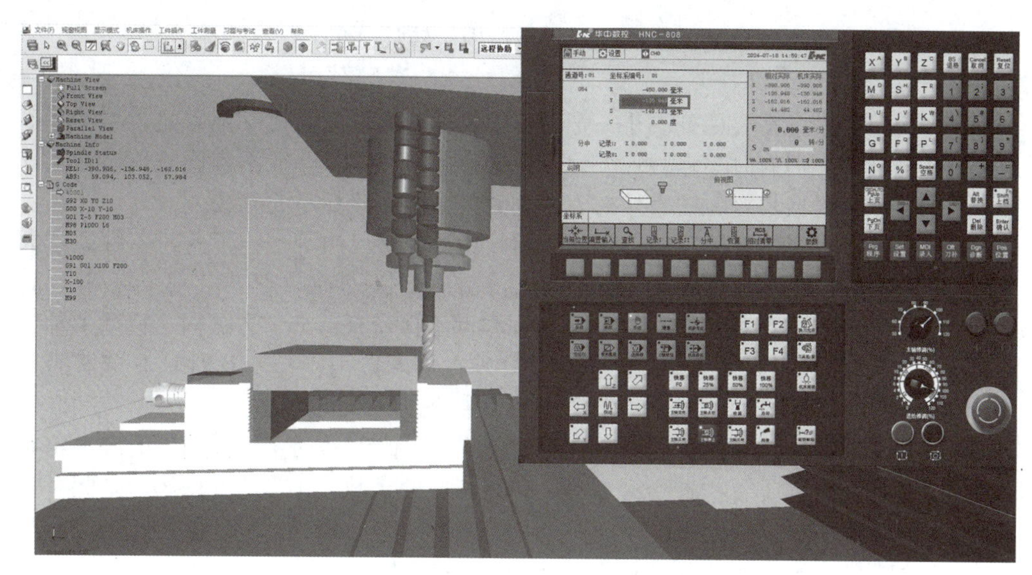

图 10.4 *Y* 轴对刀分中设置

移至 G54 *Z* 轴坐标处，单击“当前位置”，单击“确定”按钮，系统自动运算并录入工件中心点的 G54 *Z* 坐标值，如图 10.5 所示。

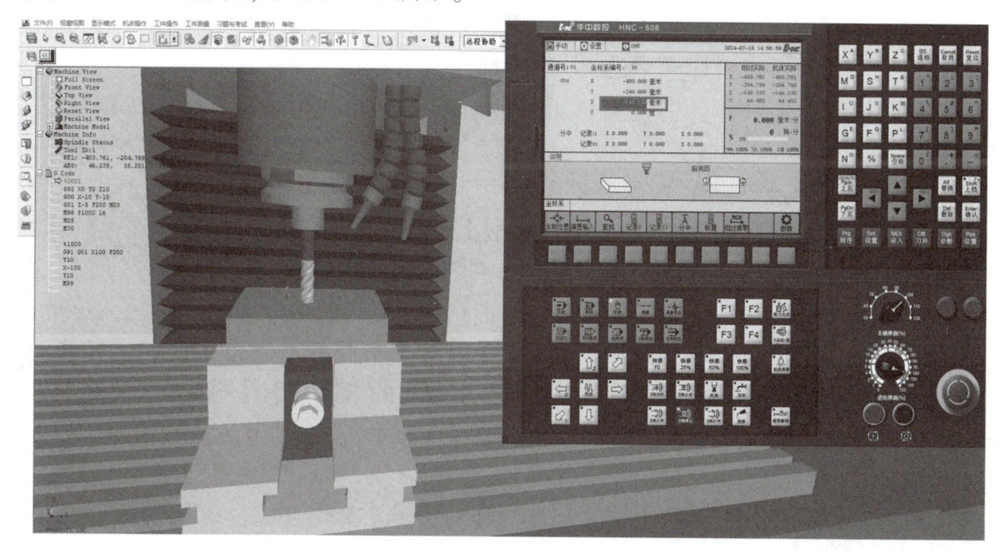

图 10.5 *Z* 轴对刀当前位置设置

注意：刀具与工件接触时，一定要使刀具旋转起来，刀具没有旋转是不能接触工件的。

2）其他对刀方法

（1）塞尺、标准芯棒、块规对刀法

此法与试切对刀法相似，只是对刀时主轴不转动，在刀具和工件之间加入塞尺（或标准芯棒、块规），以塞尺恰好不能自由抽动为准。注意，计算坐标时，应将塞尺的厚度减去。因为主轴不需要转动切削，这种方法不会在工件表面留下痕迹，但对刀精度也不够高。

（2）采用寻边器、偏心棒和 *Z* 轴设定器等工具对刀法

操作步骤与采用试切对刀法相似，只是将刀具换成寻边器或偏心棒。这是最常用的方

法。效率高，能保证对刀精度。Z 轴设定器一般用于转移（间接）对刀法。

（3）转移（间接）对刀法

加工一个工件常常需要用到不止一把刀，第二把刀的长度与第一把刀的装刀长度不一样，需要重新对零，但有时零点被加工掉，无法直接找回零点，或不容许破坏已加工好的表面，还有某些刀具或场合无法直接对刀，这时可采用间接找零的方法。

对第一把刀：①对第一把刀时，仍然先用试切法、塞尺法等。记下此时工件原点的机床坐标“Z1”。第一把刀加工完后，停转主轴。②把对刀器放在机床工作台平整台面上（如虎钳大表面）。③在手轮模式下，利用手摇移动工作台至适合位置，向下移动主轴，用刀的底端压对刀器的顶部，表盘指针转动，最好在一圈以内，记下此时轴设定器的示数“A”并将相对坐标轴清零。④抬高主轴，取下第一把刀。

对第二把刀：①装上第二把刀。②在手轮模式下，向下移动主轴，用刀的底端压对刀器的顶部，表盘指针转动，指针指向与第一把刀相同的示数“A”位置。③记录此时轴相对坐标对应的数值“Z”（带正负号）。④抬高主轴，移走对刀器。⑤用轴相对坐标“Z”建立第二把刀的工件坐标系或长度补偿。其余刀与第二把刀的对刀方法相同。

（4）顶尖对刀法

X、Y 向对刀：①将工件通过夹具装在机床工作台上，换上顶尖。②快速移动工作台和主轴，让顶尖移动到近工件的上方，寻找工件划线的中心点，降低速度移动，让顶尖接近它。③改用微调操作，让顶尖慢慢接近工件划线的中心点，直到顶尖尖点对准工件划线的中心点，记下此时机床坐标系中的 X、Y 坐标值。

Z 向对刀：卸下顶尖，装上铣刀，用其他对刀方法如试切法、塞尺法等得到 Z 轴坐标值。

（5）百分表（或千分表）对刀法（一般用于 圆形工件的对刀）

X、Y 向对刀：将百分表的安装杆装在刀柄上，或将百分表的磁性座吸在主轴套筒上，移动工作台，使主轴中心线（即刀具中心）大约移到工件中心，调节磁性座上伸缩杆的长度和角度，使百分表的触头接触工件的圆周面（指针转动约 0.1 mm），用手慢慢转动主轴，使百分表的触头沿着工件的圆周面转动，观察百分表指针的移动情况，慢慢移动工作台的 X 轴和 Y 轴，多次反复后，待转动主轴时，百分表的指针基本在同一位置（表头转动一周时，其指针的跳动量在允许的对刀误差内，如 0.02 mm），这时可认为主轴的中心就是 X 轴和 Y 轴的原点。

Z 向对刀：卸下百分表，装上铣刀，用其他对刀方法如试切法、塞尺法等得到 Z 轴坐标值。

（6）专用对刀器对刀法

传统对刀方法有安全性差（如塞尺对刀，硬碰硬时刀尖易撞坏）、占用机时多（如试切需反复切量几次）、人为带来的随机性误差大等缺点，已经适应不了数控加工的节奏，更不利于发挥数控机床的功能。用专用对刀器对刀有对刀精度高、效率高、安全性好等优点，把烦琐的靠经验进行的对刀工作简单化了，保证了数控机床的高效高精度特点的发挥，已成为数控加工机上解决刀具对刀不可或缺的一种专用工具。

7. 程序输入与调试

1）程序的输入

程序的输入有多种形式，可通过手动数据输入方式（MDI）或通信接口将加工程序输入机床。

2）程序的调试

程序的调试是在数控铣床上运行该程序，根据机床的实际运动位置、动作以及机床的报警等来检查程序是否正确。

3）机床的程序预演

程序输入完以后，把机械运动、主轴运动以及 M、S、T 等辅助功能锁定，在自动循环模式下让数控铣床静态地执行程序，通过观察机床坐标位置数据和报警显示判断程序是否有语法、格式或数据错误。

4）抬刀运行程序

向+*Z* 方向平移工件坐标系，在自动循环模式下运行程序，通过图形显示的刀具运动轨迹和坐标数据等判断程序是否正确。

8. 程序运行加工

常见的程序运行方式有全自动循环、机床空运转循环、单段执行循环、跳段执行循环等。确定程序及加工参数正确无误后，选择自动加工模式，按下数控启动键运行程序，对工件进行自动加工。

在程序运行时，应注意以下问题：

①程序运行前要做好加工准备，遵守安全操作规程，严格执行工艺规程。

②正确调用及执行加工程序。

③在程序运行过程中，适当调整主轴转速和进给速度，并注意监控加工状态，随时注意中断加工。

学习任务单

任务分组

学生任务分配表

班级		组号		指导教师	
姓名		学号		工位号	
组员	班级	姓名	学号	电话	
任务分工					

获取资讯

引导问题 1： 简述对刀原理。

小提示：对刀的目的是建立工件坐标系，直观的说法是，对刀是确立工件在机床工作台中的位置，实际上就是求对刀点在机床坐标系中的坐标。

引导问题 2： 简述使用光电式寻边器和偏心式寻边器对刀的注意事项。

引导问题 3： 如何在加工前自检位置是否正确？

工作实施

1. 完成数控机床的启动与初始化操作，并描述注意事项。

2. 独立完成工件的装夹，并描述注意事项。

3. 独立完成刀具的安装，并描述注意事项。

4. 独立完成对刀操作，并描述注意事项。

5. 编写 MDI 程序，校验每把刀具的对刀正确性，并描述注意事项。

实施反馈

实施反馈

序号	操作流程	操作内容	问题反馈
1	对刀操作	（1）完成一次常用刀具的试切对刀操作； （2）总结并记忆对刀的步骤及操作注意事项	
2	MDI 对刀检验	（1）切换到 MDI 模式，会熟练地输入常用的 M 语句、S 语句、T 语句等； （2）在自动状态下运行这些指令	
3	验证对刀的准确度	用游标卡尺或千分尺测量刀尖距离工件右端面的距离，来判断 Z 向对刀是否准确，测量刀尖与工件圆柱面的距离，来判断 X 向对刀是否准确	
4	安全操作	熟悉数控车床安全技术操作规程	

考核评价

各组代表展示作品,介绍任务完成过程。作品展示前，应准备阐述材料。

小组自评表

<table>
<tr><td>班级</td><td></td><td>组名</td><td></td><td>日期</td><td>年　月　日</td></tr>
<tr><td>评价指标</td><td colspan="3">评价要素</td><td>分数</td><td>分数评定</td></tr>
<tr><td>信息检索</td><td colspan="3">能有效利用网络资源、工作手册查找有效信息；能用自己的语言有条理地去解释、表述所学知识；能将查找到的信息有效转换到工作中</td><td>10</td><td></td></tr>
<tr><td>感知工作</td><td colspan="3">是否熟悉各自的工作岗位，认同工作价值；在工作中是否获得满足感</td><td>10</td><td></td></tr>
<tr><td rowspan="2">参与状态</td><td colspan="3">与教师、同学之间是否相互尊重、理解、平等；与教师、同学之间是否能够保持多向、丰富、适宜的信息交流</td><td>10</td><td></td></tr>
<tr><td colspan="3">探究学习、自主学习不流于形式，处理好合作学习和独立思考的关系，做到有效学习；能提出有意义的问题或能发表个人见解；能按要求正确操作；能够倾听、协作分享</td><td>10</td><td></td></tr>
<tr><td>学习方法</td><td colspan="3">工作计划、操作技能是否符合规范要求；是否获得了进一步发展的能力</td><td>10</td><td></td></tr>
<tr><td>工作过程</td><td colspan="3">遵守管理规程，操作过程符合现场管理要求；平时上课的出勤情况和每天完成工作任务情况较好；善于多角度思考问题，能主动发现、提出有价值的问题</td><td>15</td><td></td></tr>
<tr><td>思维状态</td><td colspan="3">能发现问题、提出问题、分析问题、解决问题、创新问题</td><td>10</td><td></td></tr>
<tr><td>自评反馈</td><td colspan="3">按时按质完成工作任务；较好地掌握了专业知识点；具有较强的信息分析能力和理解能力；具有较为全面、严谨的思维能力，并能条理明晰地表述成文</td><td>25</td><td></td></tr>
<tr><td colspan="5">自评分数</td><td></td></tr>
<tr><td>有益的经验和做法</td><td colspan="5"></td></tr>
<tr><td>总结反思建议</td><td colspan="5"></td></tr>
</table>

小组互评表

班级		组名		日期	年　月　日
评价指标	评价要素			分数	分数评定
信息检索	该组能否有效利用网络资源、工作手册查找有效信息			5	
	该组能否用自己的语言有条理地去解释、表述所学知识			5	
	该组能否将查找到的信息有效转换到工作中			5	
感知工作	该组能否熟悉自己的工作岗位、认同工作价值			5	
	该组成员在工作中是否获得满足感			5	
参与状态	该组与教师、同学之间是否相互尊重、理解、平等			5	
	该组与教师、同学之间是否能够保持多向、丰富、适宜的信息交流			5	
	该组能否处理好合作学习和独立思考的关系，做到有效学习			5	
	该组能否提出有意义的问题或能发表个人见解；能按要求正确操作；能够倾听、协作分享			5	
	该组能否积极参与，在产品加工过程中不断学习，综合运用信息技术的能力得到提高			5	
学习方法	该组的工作计划、操作技能是否符合规范要求			5	
	该组是否获得了进一步发展的能力			5	
工作过程	该组是否遵守管理规程，操作过程符合现场管理要求			5	
	该组平时上课的出勤情况和每天完成工作任务情况			5	
	该组成员是否能加工出合格工件，并善于多角度思考问题，能主动发现、提出有价值的问题			15	
思维状态	该组是否能发现问题、提出问题、分析问题、解决问题、创新问题			5	
互评反馈	该组是否能严肃、认真地对待互评，并能独立完成测试题			10	
互评分数					
有益的经验和做法					
总结反思建议					

总评表

序号	评价项目	小组自评（30%）	小组互评（30%）	教师评价（40%）	总评
1	任务是否按时完成				
2	材料完成并上交情况				
3	作品质量				
4	语言表达能力				
5	小组成员合作情况				
6	创新点				

问题分析总结

任务完成后，学员根据任务实施情况分析存在的问题及原因，并填写任务实施情况分析表。指导教师对任务实施情况进行讲评。

任务实施情况分析表

任务实施过程	存在的问题	解决问题的方法	点评
对刀操作			
对刀校验			
安全文明			

任务扩展训练

学习模块二 数控铣削编程与加工

学习任务十一 平面零件 CAD/CAM 数控铣削编程与加工

学习任务卡

任务编号	11	任务名称	平面零件 CAD/CAM 数控铣削编程与加工
设备名称	数控铣床	实训区域	铣削中心
数控系统	HNC-8 型数控铣削系统	建议学时	4
参考文件	1+X 数控车铣加工职业技能等级标准		
学习目标	1. 掌握零件平面铣削工艺基本方法； 2. 能正确选用刀具切削参数； 3. 掌握零件平面铣削常用编程指令的应用； 4. 正确地掌握并使用 NX 软件； 5. 熟练掌握机床操作及零件尺寸控制方法； 6. 掌握机床安全操作及日常维护与相关知识。		
素质目标	1. 执行安全、文明生产规范，严格遵守车间制度和劳动纪律； 2. 着装规范，不携带与学习无关的物品进入车间； 3. 遵守实训现场工具、量具和刀具等相关物料的定制化管理； 4. 严禁徒手清理铁屑，气枪严禁指向人； 5. 培养学生爱岗敬业、工作严谨、精益求精的职业素养。		

续表

<table>
<tr><td>任务编号</td><td>11</td><td>任务名称</td><td>平面零件 CAD/CAM 数控铣削编程与加工</td></tr>
<tr><td colspan="4">任务书</td></tr>
<tr><td colspan="4">如图所示，已知工件尺寸为 78 mm×75 mm×25 mm，现要进行平面加工，保证工件厚度为 23 mm，材料为 2A12，要求制订加工工艺方案，对零件进行自动编程与仿真加工，将后处理程序导入机床来完成零件的试切加工。
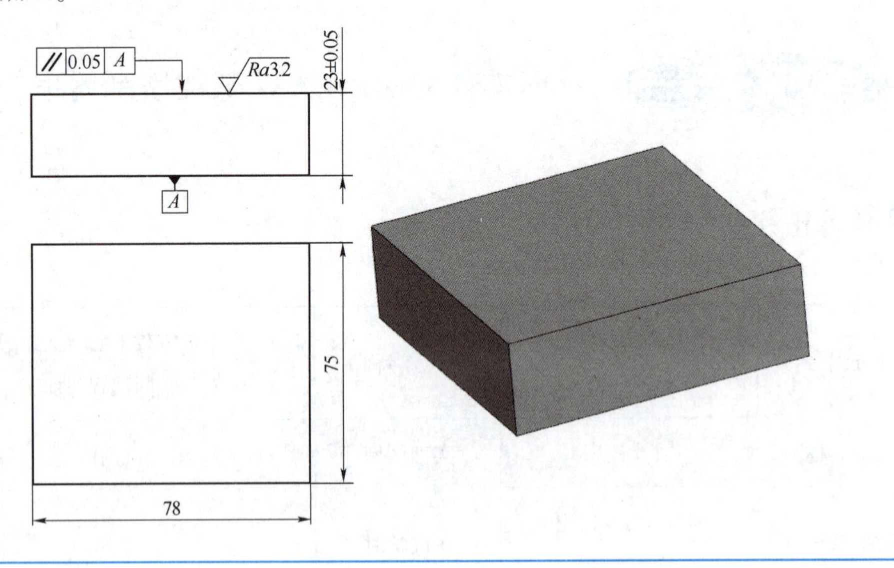
</td></tr>
</table>

知识链接 <<<

1. 平面类零件的技术要求

平面类零件的技术要求一般包括平面度、平面的尺寸精度、平面的位置精度和表面粗糙度。数控铣床加工平面能达到的精度和表面粗糙度见表 11.1。

表 11.1 数控铣床加工平面能达到的精度和表面粗糙度

加工方法	表面粗糙度/μm	公差等级
粗铣	12.5~25	IT11~IT13
半精铣	3.2~12.5	IT8~IT10
精铣	0.8~3.2	IT7~IT9

2. 平面铣削方法

对平面的铣削加工，存在用立铣刀周铣和面铣刀端铣两种方式，如图 11.1 所示。用面铣刀端铣有如下特点：

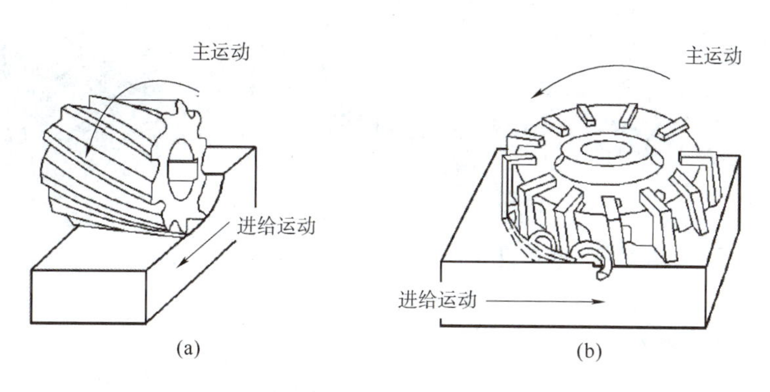

图 11.1 平面铣削方法

(a) 立铣刀周铣平面图；(b) 面铣刀端铣平面图

①用端铣的方法铣出的平面，其平面度的好坏主要取决于铣床主轴轴线与进给方向的垂直度。用面铣刀加工时，它的轴线垂直于工件的加工表面。

②端铣用的面铣刀，其装夹刚性较好，铣削时振动较小。

③端铣时，同时工作的刀齿数比较周铣时多，工作较平稳。这时因为端铣时刀齿在铣削层宽度的范围内工作。

④端铣用面铣刀切削，其刀齿的主、副切削刃同时工作，由主切削刃切去大部分余量，副切削刃则可起到修光作用，铣刀齿刃负荷分配也较合理，铣刀使用寿命较长，并且加工表面的表面粗糙度值也比较小。

⑤端铣用的面铣刀，便于镶装硬质合金刀片进行高速铣削和阶梯铣削，生产效率高，铣削表面质量也比较好。

一般情况下，铣平面时，端铣的生产效率和铣削质量都比周铣高，所以平面铣削应尽量使用端铣方法。一般大面积的平面铣削使用面铣刀，小面积的平面铣削也可使用立铣刀周铣。

3. 平面铣削刀具

平面铣削的刀具主要有立铣刀和面铣刀。

1）立铣刀

立铣刀是数控机床上用得最多的一种铣刀，其结构如图 11.2 所示。立铣刀的圆柱表面和端面上都有切削刃，它们可同时进行切削，也可单独进行切削。

立铣刀圆柱表面的切削刃为主切削刃，端面上的切削刃为副切削刃。主切削刃一般为螺旋齿，这样可以增加切削平稳性，提高加工精度。由于普通立铣刀端面中心处无切削刃，所以立铣刀不能做轴向进给，端面刃主要用来加工与侧面相垂直的底平面。

2）面铣刀

如图 11.3 所示，面铣刀的圆周表面和端面上都有切削刃，端部切削刃为副切削刃。面铣刀多制成套式镶齿结构，刀齿为高速钢或硬质合金，刀体为 40Cr。

数控铣床上常用硬质合金可转位面铣刀来加工平面，这种铣刀由刀体和刀片组成，刀片的切削刃磨钝后，只需将刀片转位或更换新的刀片即可继续使用，硬质合金可转位面铣刀具有加工质量稳定、切削效率高、刀具寿命长、刀片的调整和更换方便以及刀片重复定位精度高等特点，因此，在数控加工中得到了广泛的应用。

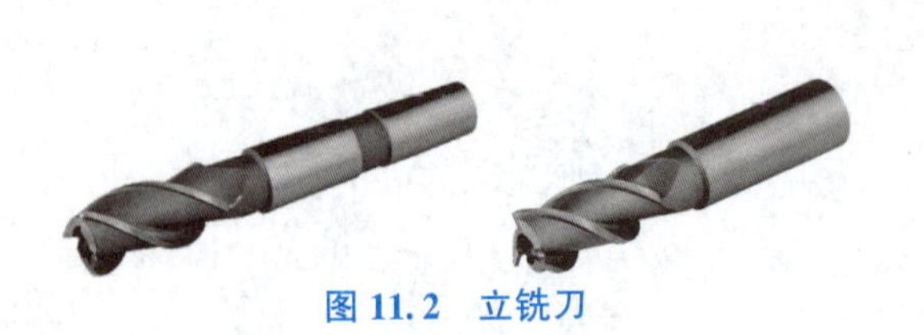

图 11.2　立铣刀

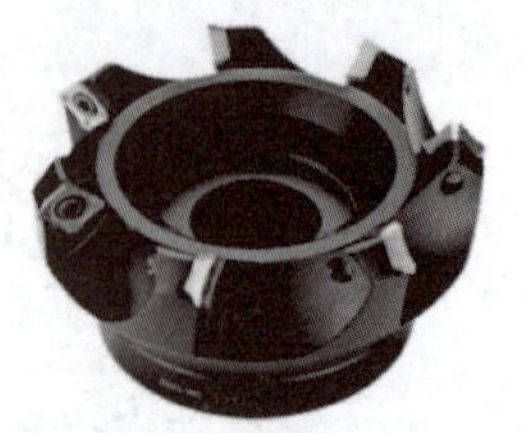

图 11.3　可转位面铣刀

4. 平面铣削加工路线

数控铣削加工中，进给路线的确定对零件的加工精度和表面质量有直接的影响，因此，确定好进给路线是保证铣削加工精度和表面质量的工艺措施之一。进给路线的确定与工件表面状况、要求的零件表面质量、机床进给机构的间隙、刀具耐用度以及零件轮廓形状等有关。

1）铣削平面

在平面加工中，能使用的进给路线也是多种多样的，比较常用的有两种：平行加工和环绕加工，如图 11.4（a）和图 11.4（b）所示。

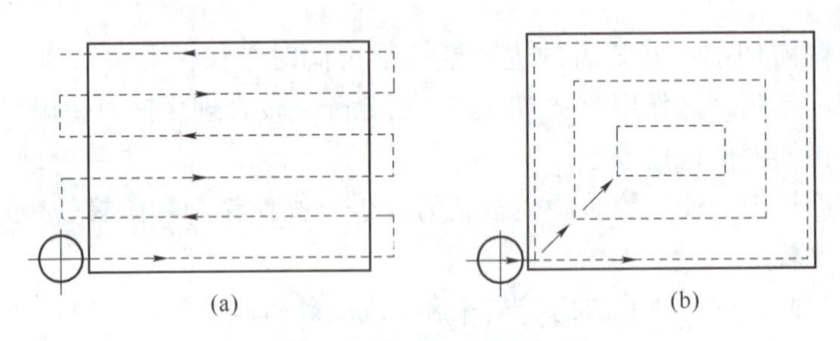

图 11.4　平面铣削常用进给路线

（a）平行加工；（b）环绕加工

2）铣削外轮廓表面

当铣削平面零件的外轮廓时，一般采用立铣刀侧刃切削，应避免沿零件外轮廓的法向切入和切出。如图 11.5 所示，应沿着外轮廓曲线的切向延长线切入或切出，这样可避免刀具在切入或切出时产生刀具切痕而影响表面质量，从而保证零件曲面的平滑过渡。

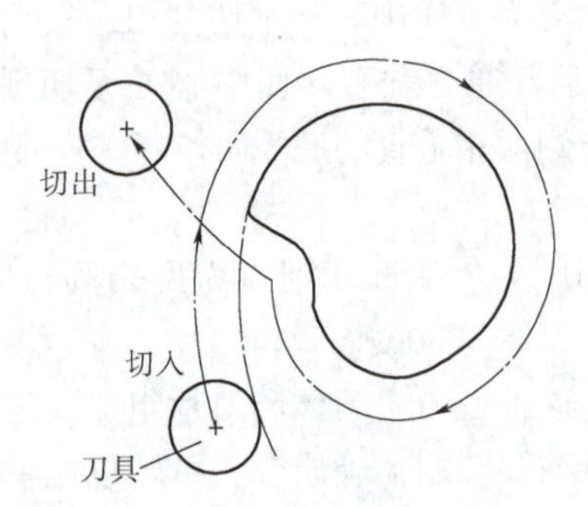

图 11.5　外轮廓加工刀具的切入和切出

3）铣削封闭的内轮廓表面

铣削封闭的内轮廓表面时，若内轮廓曲线允许外延，则应沿切线方向切入、切出。若内轮廓曲线不允许外延，刀具只能沿内轮廓曲线的法向切入、切出，此时刀具的切入、切出点应尽量选在内轮廓曲线两几何元素的交点处。当内部几何元素相切无交点时，如图 11.6 所示，为防止刀具施加刀偏时在轮廓拐角处留下凹口（图 11.6（a）），刀具切入、切出点应远离拐点（图 11.6（b））。

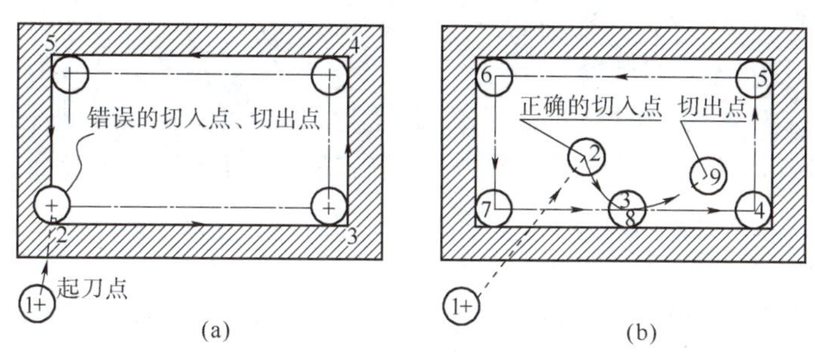

图 11.6 无交点内轮廓加工刀具的切入和切出

（a）错误；（b）正确

5. 数控铣削切削用量的选择

切削用量是加工过程中重要的参数，合理地选择切削用量，不但可以提高切削效率，还可以提高零件的加工精度。

在铣削过程中所选用的切削用量称为铣削用量。

铣削用量的要素包括铣削速度 v_c、进给量 f、背吃刀量 a_p 和铣削宽度 a_e。

1）背吃刀量与铣削宽度的确定

背吃刀量 a_p 是指平行于铣刀轴线的切削层尺寸，如图 11.7 所示，端铣时为切削层的深度，周铣时为切削层的宽度，单位为 mm。

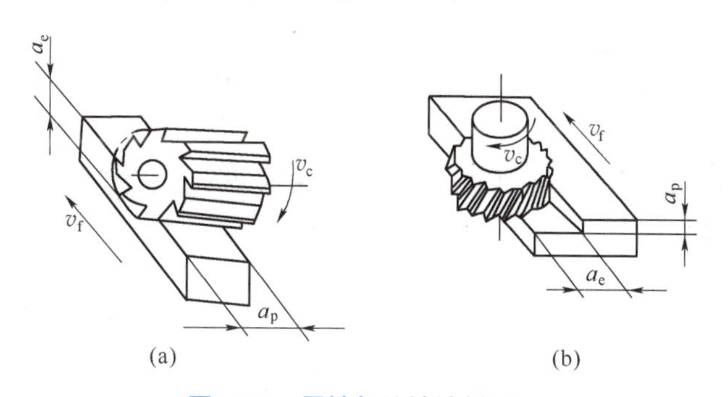

图 11.7 周铣与端铣铣削用量

（a）周铣；（b）端铣

铣削宽度 a_e 指垂直于铣刀轴线的切削层尺寸，如图 11.7 所示，端铣时为被加工表面的宽度，周铣时为切削层的深度，单位为 mm。

背吃刀量与铣削宽度的选取主要由加工余量和对表面质量的要求决定：

①当工件表面粗糙度值要求为 $Ra=12.5\sim25$ μm 时，如果圆周铣削加工余量小于 5 mm，端面铣削加工余量小于 6 mm，粗铣一次进给就可以达到要求。但是在余量较大，工艺系统刚性较差或机床动力不足时，可分为两次进给完成。

②当工件表面粗糙度值要求为 $Ra=3.2\sim12.5$ μm 时，应分为粗铣和半精铣两步进行。粗铣时，背吃刀量或侧吃刀量的选取同前。粗铣后留 0.5～1.0 mm 余量，在半精铣时切除。

③当工件表面粗糙度值要求为 $Ra=0.8\sim3.2$ μm 时，应分为粗铣、半精铣、精铣三步进行。半精铣时，背吃刀量或侧吃刀量取 1.5～2 mm；精铣时，周铣侧吃刀量取 0.3～

0.5 mm，面铣背吃刀量取 0.5~1 mm。

2）进给量与进给速度的选择

进给速度 F 是刀具切削时单位时间内工件与刀具沿进给方向的相对位移，单位为 mm/min。对于多齿刀具，其进给速度 F、刀具转速 n、刀具齿数 z 和每齿进给量 f_z 的关系为：

$$F = n \times z \times f_z$$

进给量与进给速度是衡量切削用量的重要参数，要根据零件的表面粗糙度和加工精度要求、刀具及工件材料等因素，参考有关切削用量手册选取。

切削时的进给速度还应与主轴转速和背吃刀量等切削用量相适应，不能顾此失彼。

工件刚度或刀具强度低时，进给量应取小值。

加工精度和表面质量要求较高时，进给量应选得小些，但不能选得过小，过小的进给量反而会使表面粗糙度值增大。

在轮廓加工中，选择进给量时，还应注意轮廓拐角处的“超程”和“欠程”问题。

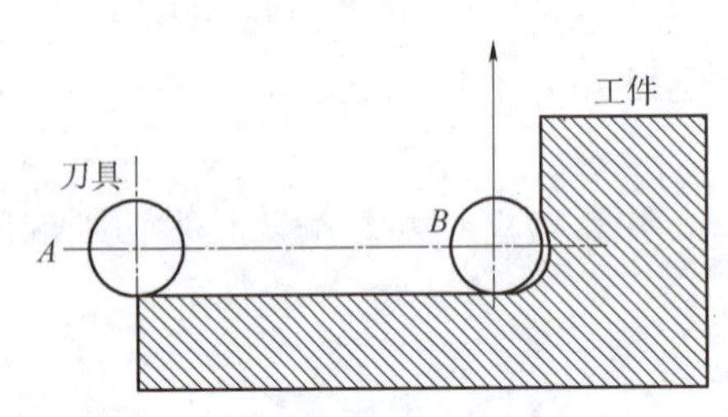

图 11.8　轮廓拐角处的超程现象

如图 11.8 所示，用圆柱铣刀铣削图示轮廓表面时，铣刀由 A 向 B 运动，进给速度较高时，由于惯性，在拐角 B 处可能出现“超程”现象，拐角处的材料会被多切去一些。为此，要选择变化的进给量，即在接近拐角处应适当减少进给量，过拐角后再逐渐提高，以保证加工精度。

另外，在切削过程中，由于切削力的作用，使机床、工件和刀具的工艺系统产生变形，从而使刀具滞后，在拐角处会产生“欠程”现象，采用增加减速程序段或暂停程序的方法，可以减少由此产生的欠程现象。

3）铣削速度的确定

铣削速度 v_c 是铣刀切削刃上选定点相对于工件的主运动的瞬时速度，即指铣刀旋转的圆周线速度，单位为 m/min。

$$v_c = \pi dn/1\,000$$

式中，v_c 为铣削速度，m/min；d 为铣刀直径，mm；n 为主轴转速，r/min。

铣削速度可用经验公式计算，也可根据已经选好的背吃刀量、进给速度及刀具的耐用度，在机床允许的切削速度范围内查取，或参考有关切削用量手册选用。

6. 数控铣削常用准备功能指令

准备功能又称为 G 功能，它是使数控机床建立起某种加工方式的指令，如插补、刀具补偿、固定循环等。

G 指令由地址符 G 和其后的两位或三位数字组成。跟在 G 后的数字决定了该指令的意义。

1）平面选择指令 G17、G18、G19

平面选择指令用于指定程序段中刀具的圆弧插补平面和半径补偿平面。

G17 指令用于选择 XOY 平面；

G18 指令用于选择 *XOZ* 平面；

G19 指令用于选择 *YOZ* 平面。

指令说明：

G17、G18、G19 是模态指令，可以相互注销；

G17 选择 *XOY* 平面，为系统默认状态。

2）尺寸单位选择指令 G20、G21

G20 指令为英制输入方式，单位为英寸（in）；

G21 指令为公制输入方式，单位为毫米（mm）。

指令说明：

G20、G21 指令必须放在程序的开头，在设定坐标系之前，是单独程序段指令；

G20、G21 指令为模态指令，可以相互注销；

G21 为公制输入方式，是系统默认状态。

3）工件坐标系选择指令 G54～G59

使用数控机床加工零件时，需要通过两步来建立工件坐标系与机床坐标系之间的关系：一是设置工件坐标系参数；二是在程序的移动指令之前编写工件坐标系设置指令（如 G54）。操作时，将通过对刀确定的坐标值（即工件坐标系相对机床坐标系的位置）输入机床偏置存储器中，再由程序 G54 指令调用后才可以生效。

指令说明：

G54～G59 可设定 6 个工件坐标系，可根据需要任意选用；

G54～G59 建立的工件坐标原点是相对于机床原点而言的，在程序运行前已设定好，在程序运行中无法重置；

G54～G59 为模态指令，可相互注销；

G54 为工件坐标系，是系统默认状态。

4）绝对编程指令 G90 和增量编程指令 G91

G90 指令按绝对值设定刀具位置，即移动指令终点的坐标值都是以工件坐标系原点为基准来计算的。

G91 指令按增量值设定输入坐标，即移动指令的坐标值都以前一点为基准来计算，再根据终点相对于前一点的方向判断正负，与坐标轴正方向一致则取正，相反则取负。

指令说明：

G90、G91 是模态指令，可以相互注销；

G90 为绝对坐标编程，是系统默认状态。

5）快速点定位指令 G00

指令格式：G00 X_ Y_ Z_

指令说明：

X、*Y*、*Z* 为快速点定位终点，用 G90 编程时，为终点在工件坐标系中的坐标，用 G91 编程时，为终点相对于起点的位移量；

G00 指令一般用于加工前的快速定位或加工后的快速退刀，不能进行切削加工；

执行 G00 指令时，由于各轴的移动速度不同，其轨迹不一定是直线，应注意避免刀具与工件发生碰撞；

G00 指令为模态指令，可以由同组的其他指令注销。

6）直线插补指令 G01

指令格式：G01 X_ Y_ Z_

指令说明：

X、*Y*、*Z* 为直线插补的终点，用 G90 编程时，为终点在工件坐标系中的坐标，用 G91 编程时，为终点相对于起点的位移量；

G01 指令刀具以联动的方式，按指定的进给速度 *F*，从当前点沿直线移动到目标点；

G01 指令为模态指令，可以由同组其他指令注销。

7）圆弧插补指令

G02 为按指定进给速度的顺时针圆弧插补。G03 为按指定进给速度的逆时针圆弧插补。圆弧顺、逆方向的判别：沿着不在圆弧平面内的坐标轴，由正方向向负方向看，顺时针方向为 G02，逆时针方向为 G03。

程序格式：

XY 平面：G17 G02/G03 X_ Y_ I_ J_ （R_） F_

ZX 平面：G18 G02/G03 X_ Z_ I_ K_ （R_） F_

YZ 平面：G19 G02/G03 Z_ Y_ J_ K_ （R_） F_

7. NX CAM 平面铣介绍

平面铣是一种 2.5 轴的加工方式，它在加工过程中产生在水平方向的 *XY* 两轴联动，而 *Z* 轴方向上只在完成一层加工后进入下一层时才做单独动作。平面铣只能加工与刀轴垂直的几何体。在 NX 中进行数控编程时，首先要进入加工模块，并且需要进行加工环境的初始化设置。通过加工环境设置，来选择编程模板。平面铣加工工序如图 11.9 所示。

图 11.9 平面铣加工工序

mill_planar 工序子类型切削示意图及功能说明见表 11. 2。

表 11. 2 mill_planar 工序子类型介绍

序号	工序子类型	切削示意图	功能说明
1	不含壁的底面加工		1. 该铣削工序切削未选择壁的底面。 2. 指定底面几何体，待移除的材料由切削区域底面和毛坯确定。 3. 建议用于棱柱部件上平面的基础面铣
2	底壁铣		1. 切削底面和壁。 2. 选择底面和/或壁几何体。要移除的材料由切削区域底面和毛坯厚度确定。 3. 建议用于对棱柱部件上平面进行基础面铣。该工序代替之前发行版中的 FACE_MILLING_AREA 工序
3	腔铣		1. 该铣削工序切削具有底面和壁的封闭腔。 2. 指定底面和/或壁几何体。待移除的材料由切削区域底面和毛坯确定。 3. 建议用于棱柱部件上平面的腔铣
4	不含底面的壁 2D 轮廓铣		1. 该铣削工序切削未选择底面的壁。 2. 指定壁几何体。待移除的材料由切削区域底面和毛坯厚度确定。 3. 建议用于棱柱部件上平面的基础面铣
5	含底面的壁 2D 轮廓铣		1. 该铣削工序切削选择了底面的壁。 2. 指定底面几何体。待移除的材料由切削区域底面和毛坯厚度确定。 3. 建议用于棱柱部件上平面的基础面铣
6	2D 线框平面轮廓铣处理器		1. 该铣削工序使用轮廓切削模式生成单刀路和沿部件边界描绘轮廓的多层平面刀路。 2. 指定平行于底面的部件边界。指定底面，以定义底部切削层。 3. 该工序支持使用跟踪点的用户定义刀具

续表

序号	工序子类型	切削示意图	功能说明
7	平面铣		1. 移除垂直于固定刀轴的平面切削层中的材料。 2. 定义平行于底面的部件边界。通过部件边界确定关键切削层。选择毛坯边界。选择底面来定义底部切削层。 3. 通常用于粗加工带直壁的棱柱部件上的大量材料
8	槽铣削		1. 该铣削工序使用T形刀切削单个线性槽。 2. 通过选择单个平面来指定部件几何体、毛坯几何体和槽几何体。切削区域可由过程工件确定。 3. 建议用于需要T形刀的线性槽粗加工和精加工
9	手工面铣		1. 切削垂直于固定刀轴的平面的同时，允许向每个包含手工切削模式的切削区域指派不同切削模式。 2. 选择部件上的面，以定义切削区域。还可能要定义壁几何体。 3. 建议用于具有各种形状和大小区域的部件，这些部件需要对模式或者每个区域中不同切削模式进行完整的手工控制
10	平面文本		1. 平面上的机床文本。 2. 将制图文本选作几何体来定义刀路。选择底面来定义要加工的面。编辑文本深度来确定切削的深度。文本将投影于固定刀轴的面上。 3. 建议用于加工简单文本，如标识号
11	平面去毛刺		1. 该铣削工序对垂直于固定刀轴的2D平面的边去毛刺。 2. 指定部件几何体，指定要排除的边。 3. 建议用于对2D平面的边有效地去毛刺

8. 平面零件自动编程与仿真加工实施

1）CAD 模型创建

①新建模型文件，绘制草图曲线，如图 11.10 所示。

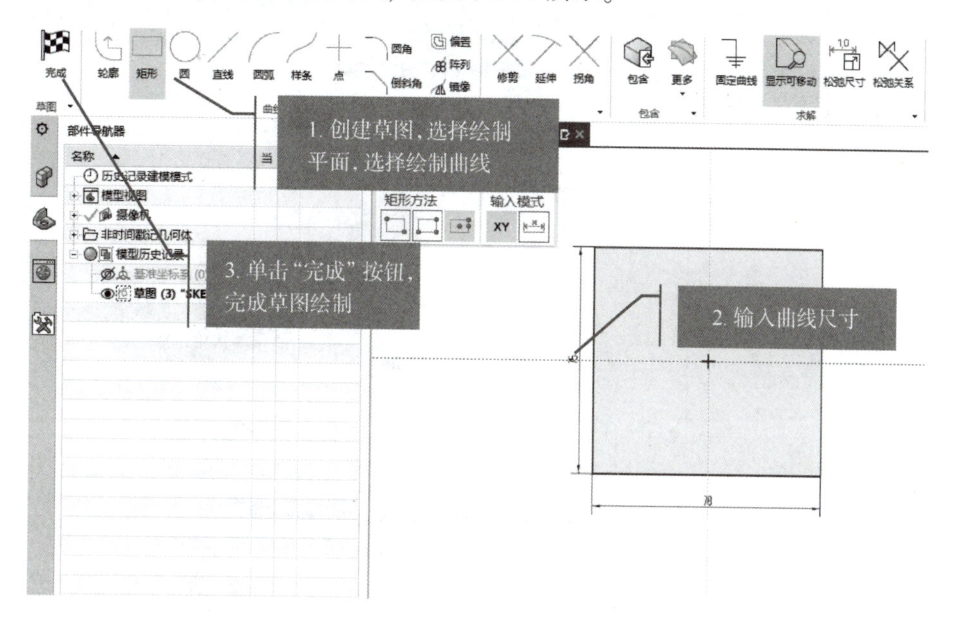

图 11.10　绘制草图曲线

②拉伸创建实体模型，如图 11.11 所示。

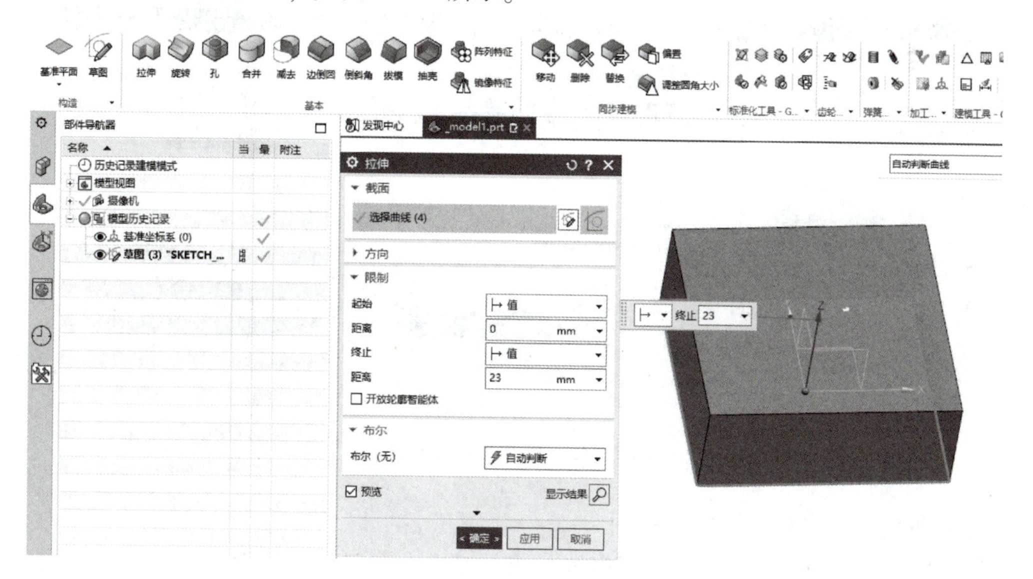

图 11.11　拉伸创建实体模型

2）CAM 自动编程设置

（1）设置加工环境

进入加工模块，选择加工环境，创建 CAM 组，如图 11.12 所示。

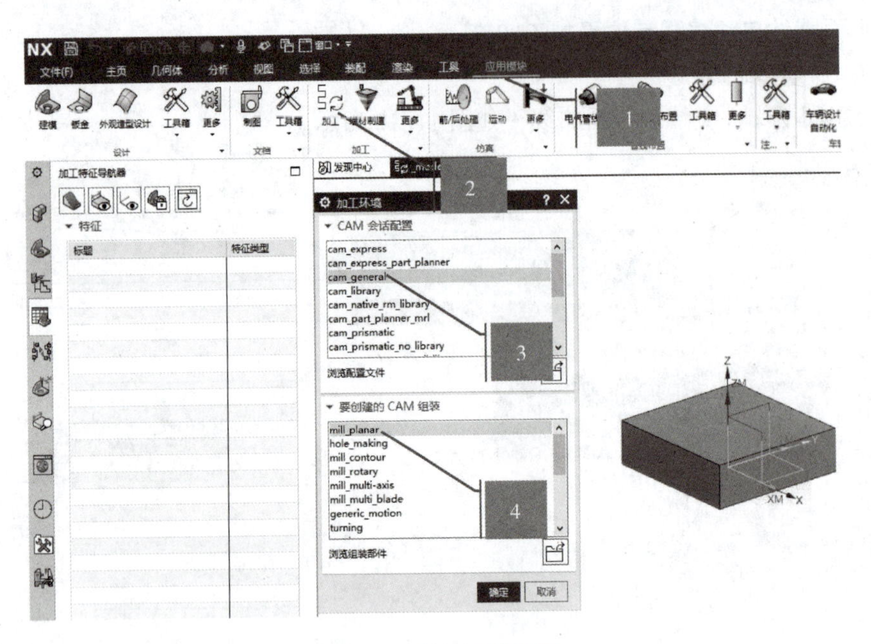

图 11.12　加工环境设置

（2）创建毛坯几何体（图 11.13）

在建模模块下，根据实际毛坯尺寸创建毛坯几何体，创建的毛坯与工件是两个不同的实体，在模型布尔运算中选择“无”。

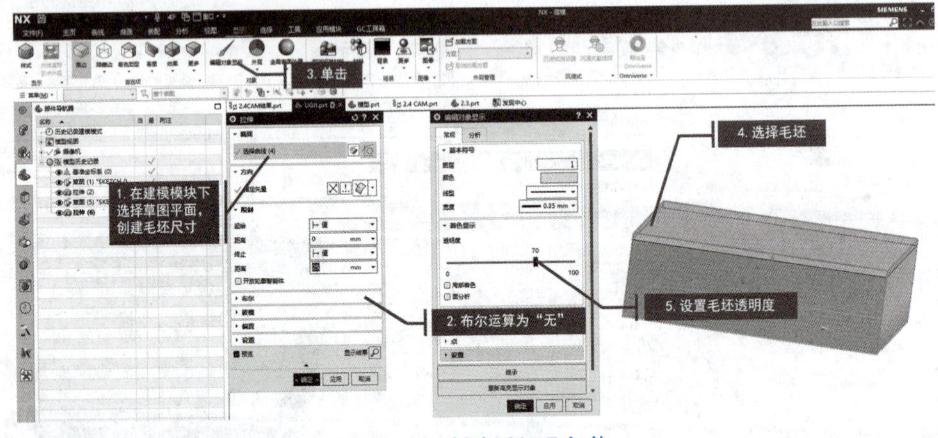

图 11.13　创建毛坯几何体

（3）创建加工坐标系及安全平面

加工坐标系是所有后续刀具路径各坐标点的基准。在刀具路径中，所有坐标点的坐标值与加工坐标系关联。加工坐标系的坐标轴用 *XM*、*YM* 和 *ZM* 表示。如果不另外指定刀轴矢量方向，则 *ZM* 轴为默认的刀轴矢量方向。

安全设置组用于指定安全平面位置，在创建工序中的非切削移动时，可以选择使用安全设置选项。安全设置选项设为“使用继承的”时，要有上级的坐标系几何体，并进行了安全设置；设置为“自动平面”时，安全平面将沿刀轴方向偏移指定距离，是一种相对坐标方式，其高度位置是相对于刀轨的端点位置；设置为“平面”时，指定的安全设置选项是一个绝对值，每次抬刀均到这一高度。

进入“加工模块”，创建加工坐标系及安全平面，如图 11.14 所示。

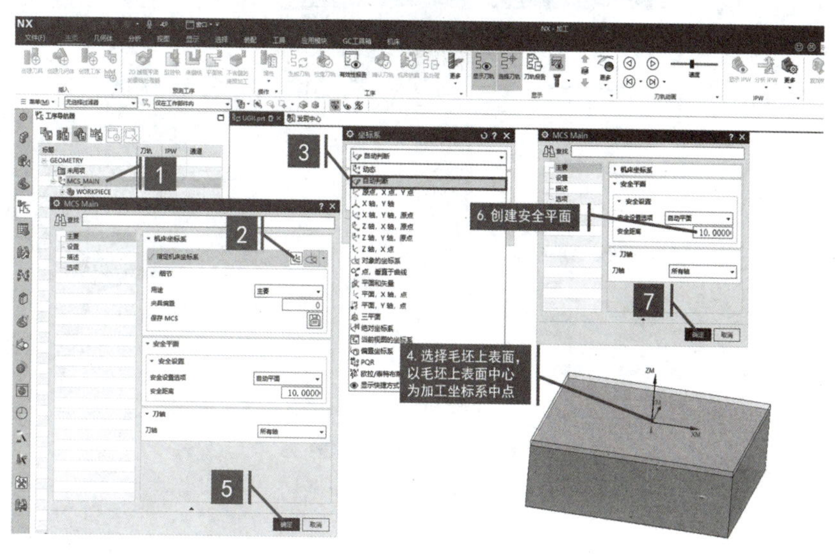

图 11.14　创建加工坐标系及安全平面

（4）创建几何体（WORKPIECE）

创建几何体主要是在零件上定义要加工的几何体对象和指定零件在机床上的加工方位。创建几何体包括定义加工坐标系、工件、边界和切削区域等。

双击“WORKPIECE”，进入“工件”对话框，分别指定部件与毛坯，如图 11.15 所示。

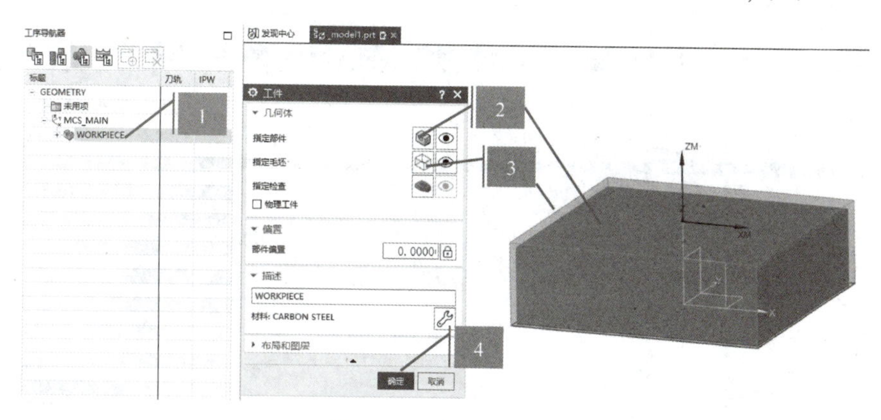

图 11.15　创建几何体

（5）创建刀具

刀具是数控加工中必不可少的选项。在工具栏中单击“创建刀具”按钮，打开“创建刀具”对话框，如图 11.16 所示。在该对话框的“库”组中，可从刀具库中调用刀具，也可在“刀具子类型”组中选择模板中的刀具，在刀具参数对话框中可以指定刀具尺寸及相关的管理信息。

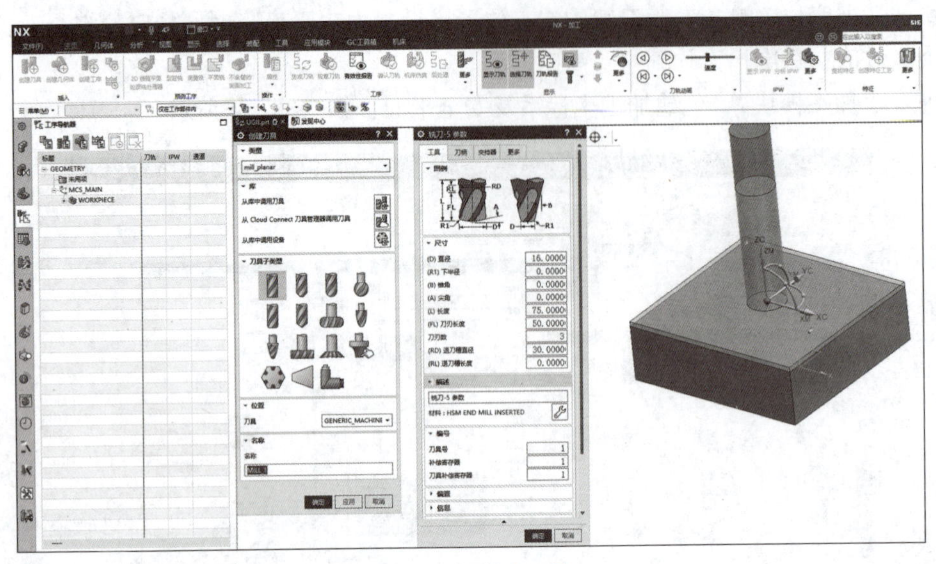

图 11.16　创建刀具

（6）创建粗加工程序

选择工序子类型为“不含壁的底面加工”，刀具选择“T01-D16”，几何体选择“WORKPIECE”，进入“不含壁的底面加工”对话框，最终底面余量为“0.5 mm”，粗加工切削模式为“往复”，步距为刀具平面直径的“60%”。在进给率和速度设置中，粗加工时切削速度 v_c 取“120 m/min”，每齿进给量 f_z 取“0.06 mm/z”，单击“计算”按钮，自动生成主轴转速和进给率，单击“生成”按钮，生成粗加工刀轨。粗加工程序设置步骤及刀轨示意图如图 11.17 所示。

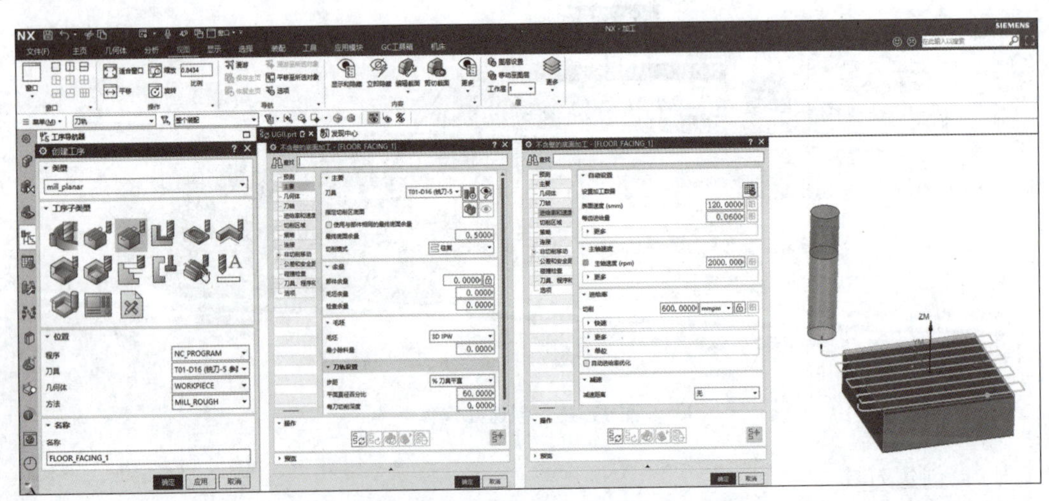

图 11.17　粗加工程序设置步骤及刀轨示意

（7）创建精加工程序

在工序导航器中，复制粗加工程序并粘贴，双击进入“设置”对话框，更改最终底面余量为“0”，切削模式为“单向”。在进给率和速度设置中，粗加工时切削速度 v_c 取

“150 m/min”，每齿进给量f_z取“0.05 mm/z”，单击“计算”按钮，自动生成主轴转速和进给率，单击“生成”按钮，生成精加工刀轨。精加工程序设置步骤及刀轨示意图如图 11.18 所示。

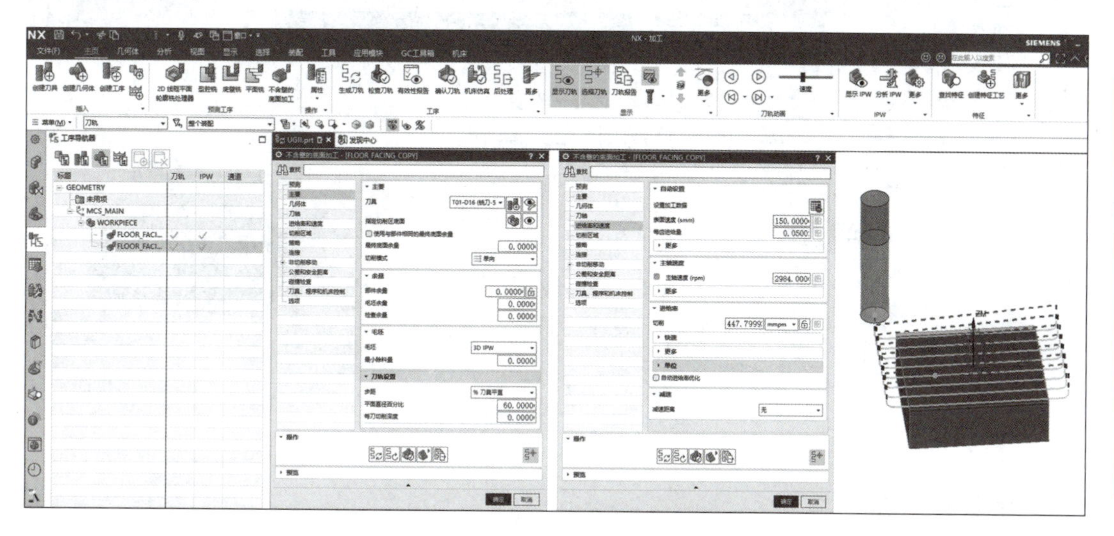

图 11.18　精加工程序设置步骤及刀轨示意

（8）3D 动态仿真加工

同时选中粗、精加工程序，右击，选择“刀轨”，单击“确定”按钮，选择“3D 动态”选项卡，调整动画速度，单击“播放”按钮。操作步骤及仿真加工结果如图 11.19 所示。

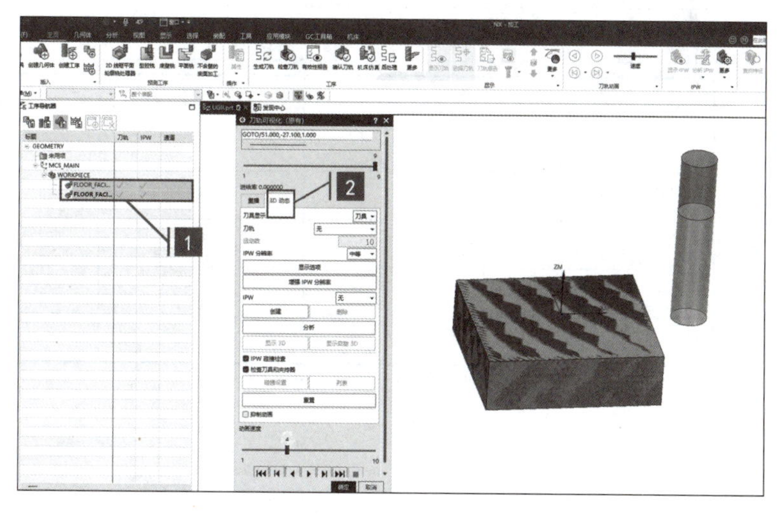

图 11.19　3D 动态仿真加工

（9）程序后处理

选择程序，右击，选择“后处理”，在“后处理”对话框中选择后处理器为“MILL_3_AXIS”(或选择专用机床的后处理文件)，单位选择“公制/部件”，然后单击“确定”按钮。在弹出的对话框中继续单击“确定”按钮，生成数控铣削加工程序，如图 11.20 所示。

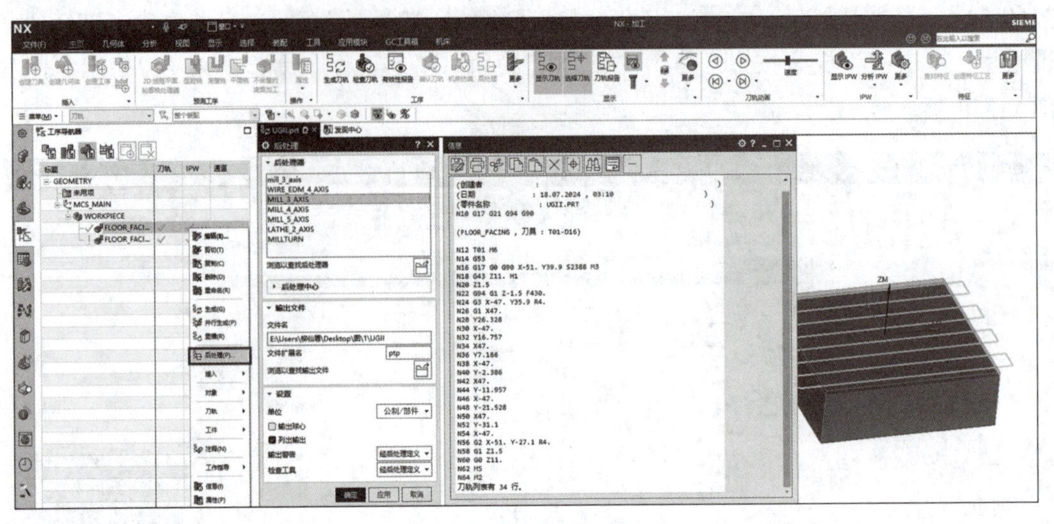

图 11.20　后处理程序代码

学习任务单

任务分组

学生任务分配表

<table>
<tr><td>班级</td><td></td><td>组号</td><td></td><td>指导教师</td><td></td></tr>
<tr><td>姓名</td><td></td><td>学号</td><td></td><td>工位号</td><td></td></tr>
<tr><td>组员</td><td colspan="5">
<table>
<tr><td>班级</td><td>姓名</td><td>学号</td><td>电话</td></tr>
<tr><td></td><td></td><td></td><td></td></tr>
<tr><td></td><td></td><td></td><td></td></tr>
<tr><td></td><td></td><td></td><td></td></tr>
<tr><td></td><td></td><td></td><td></td></tr>
<tr><td></td><td></td><td></td><td></td></tr>
</table>
</td></tr>
<tr><td>任务分工</td><td colspan="5"></td></tr>
</table>

获取资讯

引导问题 1：分析零件图样，并在加工数据表中写出任务零件的主要加工尺寸、几何公差要求及表面质量要求，为零件的编程做准备。

加工数据表

序号	项目	内容	偏差范围
1	主要加工尺寸		
2			
3			
4			
5	几何公差要求		
6	表面质量要求		

引导问题 2：平面类零件常用加工刀具有哪些？

引导问题 3：查阅资料，说明工件坐标系的建立原则。

工作实施

1. 分析图样。

2. 选择刀具及确定工件装夹方式。

3. 建立工件坐标系。

4. 制订加工路线。

5. 确定切削用量。

6. 填写数控加工工序卡。

数控加工工序卡

单位		产品名称或代号		零件名称		零件图号
工序号	程序编号	夹具		使用设备		车间
工步号	工步内容	刀具号	刀具规格	主轴转速	进给速度	背吃刀量
编制		审核		时间		

7. 自动编程与仿真加工。

8. 零件试切加工。

实施检测

明确检测要素，组内检测分工，完成检测要素表。

检测要素表

序号	检测要素	精度要求	工/量具

按零件自检表对加工好的零件进行检测，将结果填入。

零件自检表

零件名称				允许读数误差				
序号	项目	尺寸要求	使用的量具	测量结果				项目判定（合格否）
				NO. 1	NO. 2	NO. 3	平均值	
结论（对上述测量尺寸进行评价）				合格品（ ） 次品（ ） 废品（ ）				
处理意见								

考核评价

各组代表展示作品，介绍任务完成过程。作品展示前应准备阐述材料。

小组自评表

班级		组名		日期	年　月　日
评价指标	评价要素			分数	分数评定
信息检索	能有效利用网络资源、工作手册查找有效信息；能用自己的语言有条理地去解释、表述所学知识；能将查找到的信息有效转换到工作中			10	
感知工作	是否熟悉各自的工作岗位，认同工作价值；在工作中是否获得满足感			10	
参与状态	与教师、同学之间是否相互尊重、理解、平等；与教师、同学之间是否能够保持多向、丰富、适宜的信息交流			10	
	探究学习、自主学习不流于形式，处理好合作学习和独立思考的关系，做到有效学习；能提出有意义的问题或能发表个人见解；能按要求正确操作；能够倾听、协作分享			10	
学习方法	工作计划、操作技能是否符合规范要求；是否获得了进一步发展的能力			10	
工作过程	遵守管理规程，操作过程符合现场管理要求；平时上课的出勤情况和每天完成工作任务情况较好；善于多角度思考问题，能主动发现、提出有价值的问题			15	
思维状态	能发现问题、提出问题、分析问题、解决问题、创新问题			10	
自评反馈	按时按质完成工作任务；较好地掌握了专业知识点；具有较强的信息分析能力和理解能力；具有较为全面、严谨的思维能力，并能条理明晰地表述成文			25	
自评分数					
有益的经验和做法					
总结反思建议					

小组互评表

班级		组名		日期	年　月　日
评价指标	评价要素			分数	分数评定
信息检索	该组能否有效利用网络资源、工作手册查找有效信息			5	
	该组能否用自己的语言有条理地去解释、表述所学知识			5	
	该组能否将查找到的信息有效转换到工作中			5	
感知工作	该组能否熟悉自己的工作岗位、认同工作价值			5	
	该组成员在工作中是否获得满足感			5	
参与状态	该组与教师、同学之间是否相互尊重、理解、平等			5	
	该组与教师、同学之间是否能够保持多向、丰富、适宜的信息交流			5	
	该组能否处理好合作学习和独立思考的关系，做到有效学习			5	
	该组能否提出有意义的问题或能发表个人见解；能按要求正确操作；能够倾听、协作分享			5	
	该组能否积极参与，在产品加工过程中不断学习，综合运用信息技术的能力得到提高			5	
学习方法	该组的工作计划、操作技能是否符合规范要求			5	
	该组是否获得了进一步发展的能力			5	
工作过程	该组是否遵守管理规程，操作过程符合现场管理要求			5	
	该组平时上课的出勤情况和每天完成工作任务情况			5	
	该组成员是否能加工出合格工件，并善于多角度思考问题，能主动发现、提出有价值的问题			15	
思维状态	该组是否能发现问题、提出问题、分析问题、解决问题、创新问题			5	
互评反馈	该组是否能严肃、认真地对待互评，并能独立完成测试题			10	
互评分数					
有益的经验和做法					
总结反思建议					

总评表

序号	评价项目	小组自评（30%）	小组互评（30%）	教师评价（40%）	总评
1	任务是否按时完成				
2	材料完成并上交情况				
3	作品质量				
4	语言表达能力				
5	小组成员合作情况				
6	创新点				

问题分析总结

任务完成后，学员根据任务实施情况分析存在的问题及原因，并填写任务实施情况分析表。指导教师对任务实施情况进行讲评。

任务实施情况分析表

任务实施过程	存在的问题	解决问题的方法	点评
制订零件加工工艺			
编制加工程序			
仿真加工			
机床加工			
零件检测			
安全文明			

任务扩展训练

学习任务十二 型腔零件 CAD/CAM 数控铣削编程与加工

学习任务卡

任务编号	12	任务名称	型腔零件 CAD/CAM 数控铣削编程与加工
设备名称	数控铣床	实训区域	铣削中心
数控系统	HNC-8 型数控铣削系统	建议学时	4
参考文件	1+X 数控车铣加工职业技能等级标准		
学习目标	1. 掌握型腔类零件加工方法； 2. 掌握型腔类零件加工工艺分析； 3. 掌握 NX 软件型腔铣编程方法； 4. 巩固对刀操作； 5. 掌握机床安全操作及日常维护和相关知识。		
素质目标	1. 执行安全、文明生产规范，严格遵守车间制度和劳动纪律； 2. 着装规范，不携带与学习无关的物品进入车间； 3. 遵守实训现场工具、量具和刀具等相关物料的定制化管理； 4. 严禁徒手清理铁屑，气枪严禁指向人； 5. 培养爱岗敬业、工作严谨、精益求精的职业素养。		
任务书			
已知毛坯的外形尺寸为 100 mm×100 mm×30 mm，各表面为已加工表面，材料为 2A12，现要进行如图所示型腔特征加工，要求制订加工工艺方案，并运用 NX 软件进行自动编程设计，最后在数控铣床上加工实际产品。			

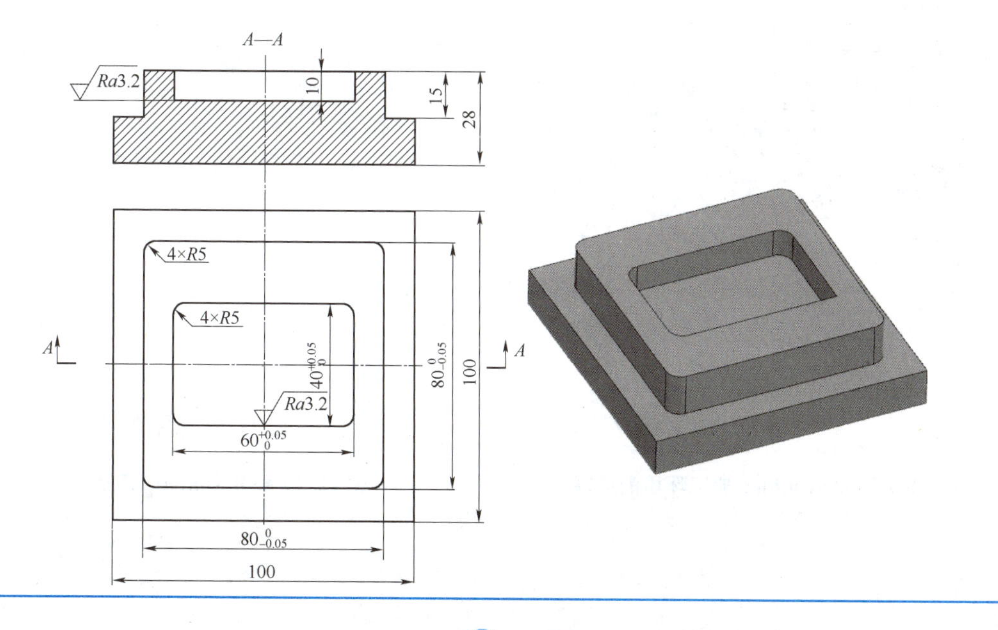

知识链接 <<<

1. NX CAM mill_contour 工序子类型加工环境

mill_contour：铣削轮廓（型腔铣）。

2. mill_contour 功能简介

型腔铣的使用范围很广泛，可加工的工件侧壁可垂直，也可不垂直，底面或顶面可为平面，也可为曲面模具的型芯和型腔等。型腔铣可用于大部分的粗加工、直壁或斜度不大的侧壁的精加工，通过限定高度值，做多层切削；也可用于平面的精加工以及清角加工等。

型腔铣刀路是 3D 模型加工中最基本、最有用的加工刀路，无论多么复杂的模型，都可通过此刀路干净利落地进行粗加工，为后面的精加工做好准备。

mill_contour 加工环境的选择如图 12.1 所示。

3. mill_contour 工序子类型

mill_contour 工序子类型如图 12.2 所示，mill_contour 工序子类型功能说明见表 12.1。

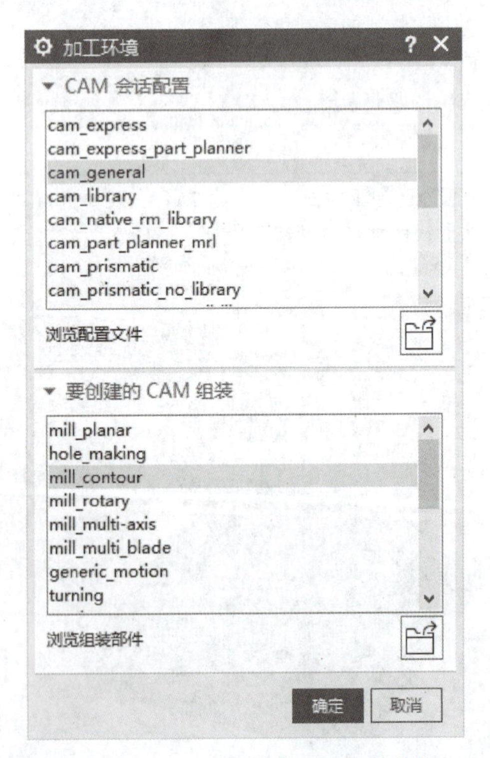

图 12.1 mill_contour 加工环境的选择

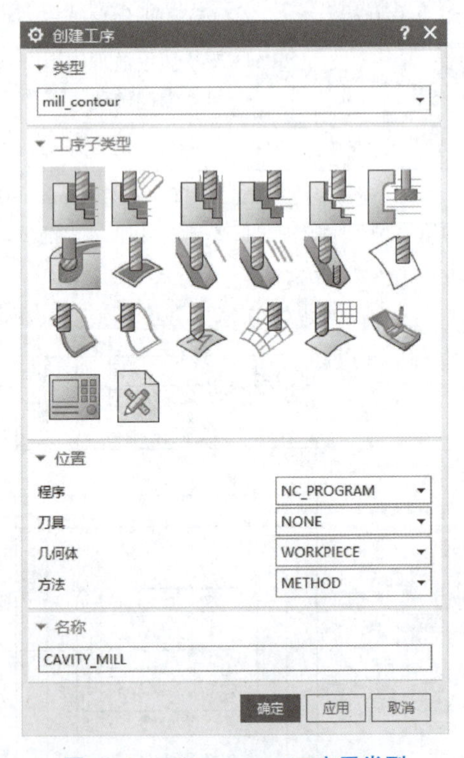

图 12.2 mill_contour 工序子类型

表 12.1 mill_contour 工序子类型介绍

序号	工序子类型	切削示意图	功能说明
1	型腔铣		1. 通过移除垂直于固定刀轴的平面切削层中的材料对轮廓形状进行粗加工。 2. 必须定义部件和毛坯几何体。 3. 建议用于移除模具型腔与型芯、凹模、铸造件和锻造件上的大量材料
2	自适应铣削		1. 该铣削工序在垂直于固定轴的平面切削层使用自适应切削模式来对一定量的材料进行粗加工，并同时保持刀具进刀一致。 2. 指定部件几何体和毛坯几何体。 3. 建议用于需要考虑延长刀具和机床寿命的高速加工
3	插铣		1. 该铣削工序用于粗加工轮廓形状。 2. 部件和毛坯几何体的定义方式与在型腔铣中相同。 3. 建议用于对需要较长刀具和增加刚度的深层区域中的大量材料进行有效粗加工
4	剩余铣		1. 使用型腔铣来移除之前工序所遗留下的材料。 2. 部件和毛坯几何体必须定义于 WORKPIECE 父级对象。切削区域由基于层的 IPW 定义。 3. 建议用于粗加工后残余量仍较大的二次切削加工
5	深度轮廓铣		1. 该铣削工序使用基于层的轮廓切削模式来精加工陡峭表面。 2. 指定部件几何体和切削区域。建议在几何体父级中指定切削区域。 3. 建议用于陡峭表面区域的精加工
6	深度加工底切壁		1. 该铣削工序使用垂直于刀轴的平面切削对指定层的底切壁进行轮廓加工。 2. 指定部件几何体、切削区域和刀具（支持 T 形刀、鼓形刀或圆形球刀）。指定轮廓加工刀路之间的每刀切削深度。 3. 建议用于精加工底切壁

续表

序号	工序子类型	切削示意图	功能说明
7	固定轴引导曲线		1. 该工序可以处理包含底切的任意数量的曲面。 2. 指定部件几何体、切削区域（不必属于部件）和刀具（允许球头刀尖）。编辑驱动方法，选择模式类型、刀轨和切削参数。 3. 建议用于精加工包含底切、双触点等的特定区域
8	区域铣		1. 该铣削工序使用在切削区域中定义的面作为驱动几何体。 2. 指定部件几何体和切削区域。编辑驱动方法，以指定切削模式。 3. 建议用于精加工特定区域
9	清根铣-单刀路		1. 该轨削工序使用单刀路来精加工或修整拐角和凹部。 2. 指定部件几何体和切削区域。建议在几何体父级中指定切削区域。可选的工序几何体为修剪边界和切削区域。 3. 建议用于在精加工时或精加工之前移除拐角的余料
10	清根铣-多刀路		1. 该铣削工序使用多刀路来精加工或修整拐角和凹部。 2. 指定部件几何体和切削区域。建议在几何体父级中指定切削区域。可选的工序几何体为修剪边界和切削区域。 3. 建议用于在精加工时或精加工之前移除拐角的余料
11	清根铣-参考刀具		1. 该铣削工序使用由指定参考刀具确定的多刀路来精加工或修整拐角和凹部。 2. 指定部件几何体和切削区域。建议在几何体父级中指定切削区域。可选的工序几何体为修剪边界和切削区域。 3. 建议用于在精加工时或精加工之前移除拐角的余料
12	曲线驱动		1. 该铣削工序使用曲线或点创建刀轨。 2. 指定部件几何体。仅需要选择曲线或点

续表

序号	工序子类型	切削示意图	功能说明
13	实体 3D 轮廓铣		1. 沿着选定直壁的轮廓边描绘轮廓。 2. 指定部件和壁几何体。 3. 建议用于精加工需要 3D 轮廓边的直壁
14	3D 轮廓加工		1. 使用部件边界描绘 3D 边或曲线的轮廓。 2. 选择 3D 边，以指定平面上的部件边界。 3. 建议用于线框模型
15	轮廓文本		1. 轮廓曲面上的机床文本。 2. 指定部件几何体，选择制图文本作为定义刀路的几何体。编辑文本深度来确定切削深度，文本将投影到沿固定刀轴的部件上。 3. 建议用于加工简单文本，如标识号
16	流线		1. 使用流曲线和交叉曲线来引导切削模式，并遵照驱动几何体形状的固定轴曲面轮廓铣工序。 2. 指定部件几何体和切削区域。编辑驱动方法来选择一组流曲线和交叉曲线，以引导和包含路径。指定切削模式。 3. 建议用于精加工复杂形状，尤其是要控制光顺切削模式的流和方向
17	曲面区域轮廓铣		1. 使用曲面区域驱动方法对选定面定义的驱动几何体进行加工的固定轴曲面轮廓铣工序。 2. 指定部件几何体，编辑驱动方法，以指定切削模式，并在矩形梯格中按行选择面，以定义驱动几何体。 3. 建议用于精加工包含顺序整齐的驱动面矩形梯格的单个区域
18	3 轴去毛刺		1. 该 3 轴铣削工序使用球头铣刀或球面铣刀对边去毛刺。自动进行刀具侧倾，以确保刀具方位的安全和光顺。 2. 使用 3 轴在保持一个固定刀轴的同时对边去毛刺。使用 3+2 轴并采用不同的固定刀轴对边去毛刺，使用 5 轴同步刀具在不同方位之间过渡。 3. 可以自动检测或手动选择边。 4. 建议用于未对倒斜角/圆角建模情况下的固定轴去毛刺

4. 型腔零件自动编程与仿真加工实施

1）创建 CAD 模型（图 12.3）

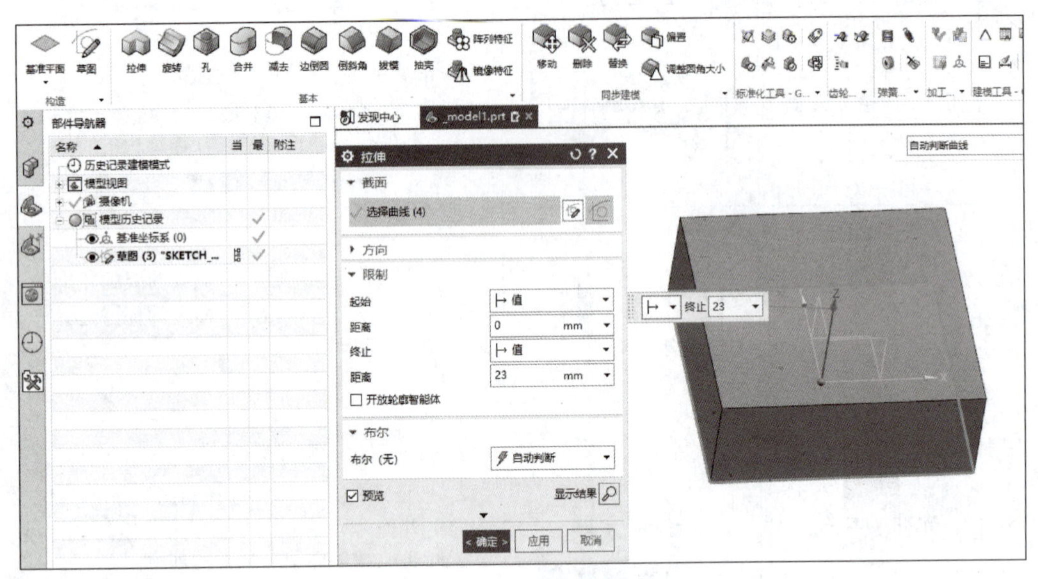

图 12.3　创建 CAD 模型

2）创建 CAM 组装（图 12.4）

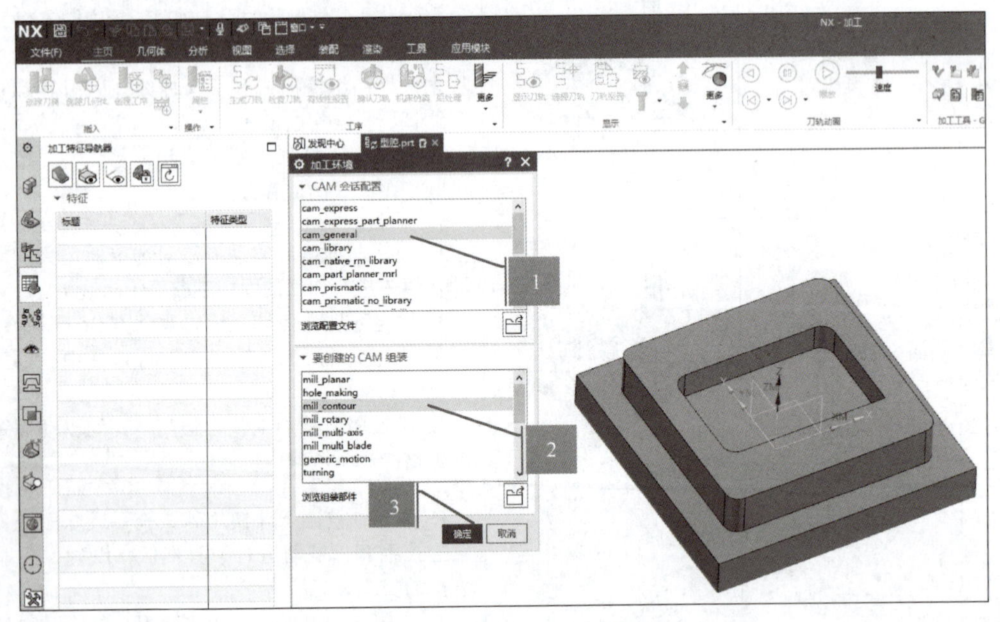

图 12.4　创建 CAM 组装

3）创建毛坯

进入建模模块，绘制毛坯草图，在模型布尔运算中选择“无”，在“视图”菜单栏中选择“编辑对象显示”（编辑对象显示图标），单击创建的毛坯，设置毛坯着色显示透明度，毛坯与工件便能很容易区分显示，如图 12.5 所示。

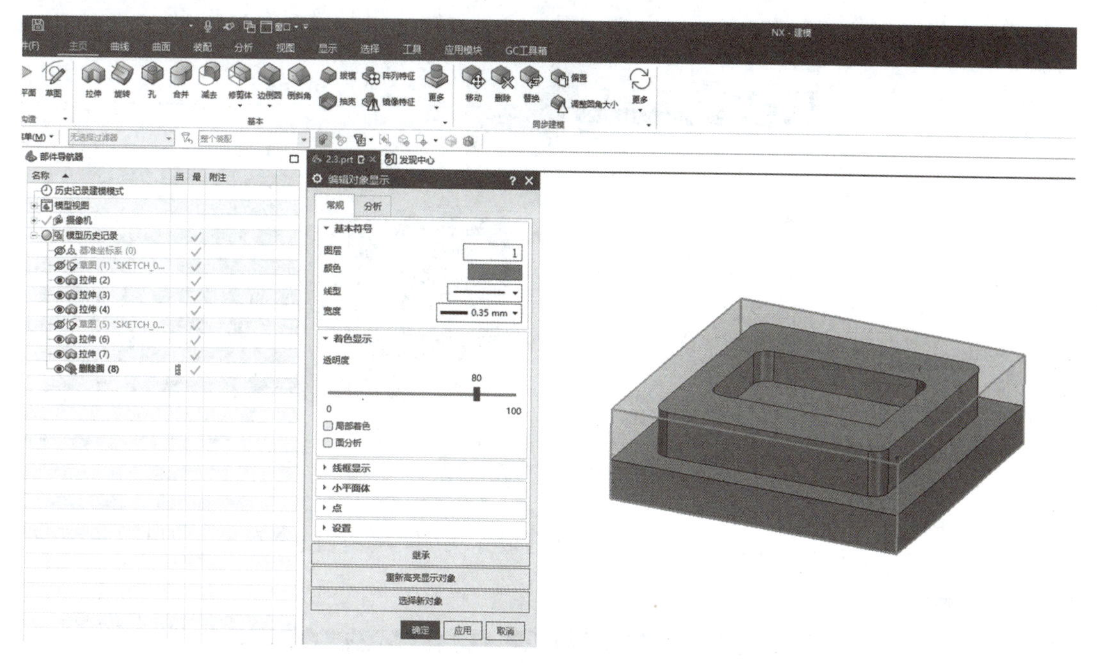

图 12.5　创建毛坯几何体

4）创建加工坐标系及安全平面

工序导航器切换至几何视图，双击“MCS_MILL”，创建加工坐标系及安全平面。操作步骤如图 12.6 所示。

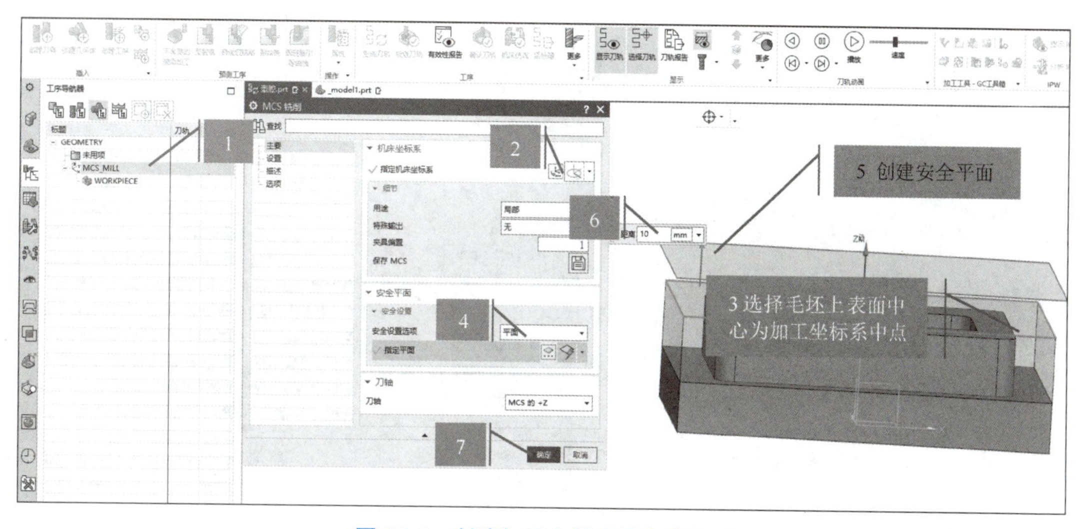

图 12.6　创建加工坐标系及安全平面

5）创建几何体（WORKPIECE）

双击“WORKPIECE”，进入“工件”对话框，分别指定部件与毛坯，如图 12.7 所示。

6）创建刀具

根据加工工艺的安排，粗加工刀具选用 $\phi16$ mm 硬质合金立铣刀，精加工选用 $\phi8$ mm

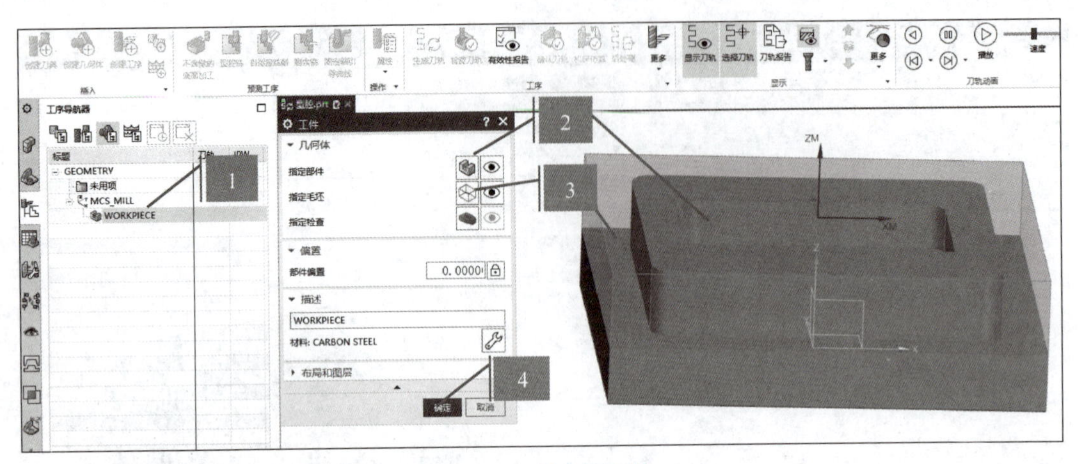

图 12.7　创建几何体

硬质合金立铣刀，将刀刃数更改为“3”，分别设定刀具号、补偿寄存器、刀具补偿寄存器，如图 12.8 所示。

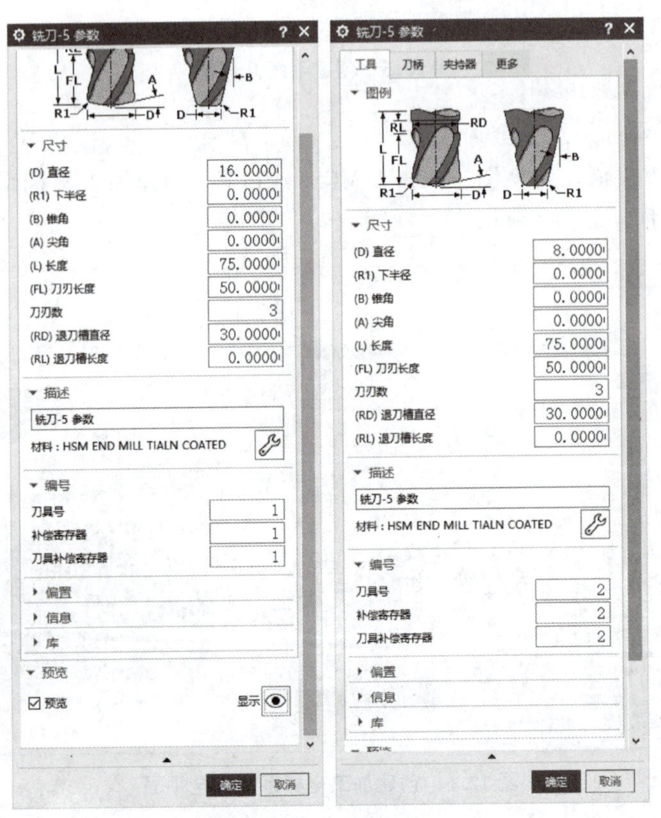

图 12.8　创建刀具

7）创建粗加工工序

型腔铣用于有曲面或斜度的壁、轮廓的型腔、型芯加工，一般用于粗加工。

创建工序，选择“型腔铣 cavity_mill”，如图 12.9 所示。各个位置选项设置如下：

“程序”选择父级组“NC_PROGRAM”。

“刀具”选择前面已创建好的刀具名称，即“T1-D16”。

“几何体”选择前面已创建好的几何体节点名称，即“WORKPIECE”。

“方法”选择前面已创建好的方法名称，即“MILL_ROUGH”。

“名称”可根据加工工艺的工序或工步名称命名。

(1)“主要”选项卡设置

在“型腔铣”选项设置中，“主要”选项包含刀具、刀轨设置、切削（方向、顺序）、冷却液等设置，如图 12.10 所示。按加工工艺要求，选择刀具为“T1-D16”，切削模式选择“跟随部件”，步距为刀具直径百分比的“60%”，公共每刀切削深度为“恒定”，最大距离为“2 mm”，粗加工切削方向选择“逆铣”，切削顺序为“深度优先”，根据加工要求打开冷却液。

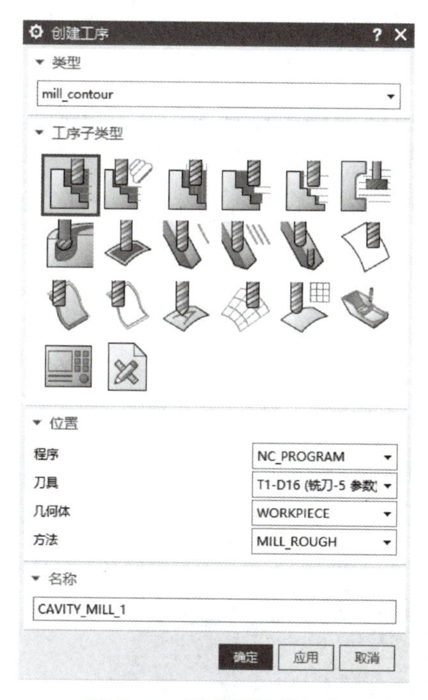

图 12.9　创建型腔铣工序

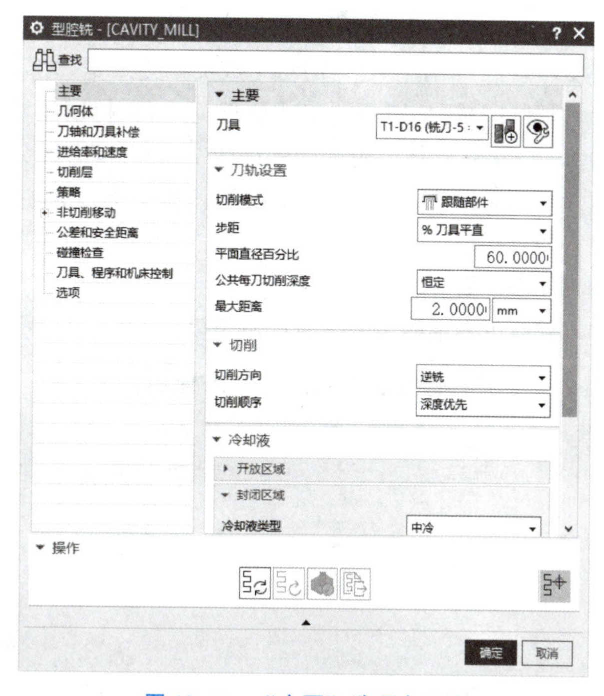

图 12.10　“主要”选项卡设置

(2)“几何体”选项卡设置

在“型腔铣”加工操作中，“几何体”选项卡里有指定部件、指定毛坯、指定检查、指定切削区域和指定修剪边界五个选项。与平面加工几何体有所不同，平面铣的几何体是使用边界来定义的，而型腔铣却是使用边界、面、曲线和体来定义的；相对型腔铣定义的几何体较为简单一些，部件与毛坯一般都用“部件”来定义。

①指定部件。

指定部件是最终要加工出来的形状，而这里定义的部件本身就是一个保护体，在加工中，刀具路径是不可以触碰部件几何体的，否则就是过切。在创建型腔铣操作中，此操作已继承了几何体 WORKPIECE 的父级组关系，因此，在型腔铣里不需要再指定部件。

②指定毛坯。

指定毛坯是要切削的材料，实际上，就是部件几何体与毛坯几何体的布尔运算，公共部件被保留，求差后，多出来的部分是切削范围。在创建型腔铣操作中，此操作已继承了几何体 WORKPIECE 的父级组关系，因此，在型腔铣里不需要再指定毛坯。

③指定检查。

指定检查用来定义不想触碰的几何体，就是避开不想加工的位置。例如，夹住部件的夹具，就是不能加工的部分，需要用检查几何体来定义，移除夹具的重叠区域将不被切削。可以通过指定检查余量值来控制刀具与检查几何体的距离。

④指定切削区域。

指定切削区域（图标）用来创建局部加工的范围。可以通过选择曲面区域、片体或面来定义切削区域。例如，在一些复杂的模具加工中，往往有很多区域的位置需要分开加工，此时定义切削区域就可以完成指定的区域位置做加工操作。在定义切削区域时，一定要注意："切削区域"的每个成员都必须是"部件几何体"的子集。例如，如果将面选为"切削区域"，则必须将此面选为"部件几何体"，或此面属于已选为"部件几何体"的体。如果将片体选为"切削区域"，则还必须将同一片体选为"部件几何体"；如果不指定"切削区域"，则系统会将整个已定义的"部件几何体"（不包括刀具无法接近的区域）用作切削区域。

⑤指定修剪边界。

修剪边界主要用来修剪掉不想要的刀轨，如图 12.11 所示。

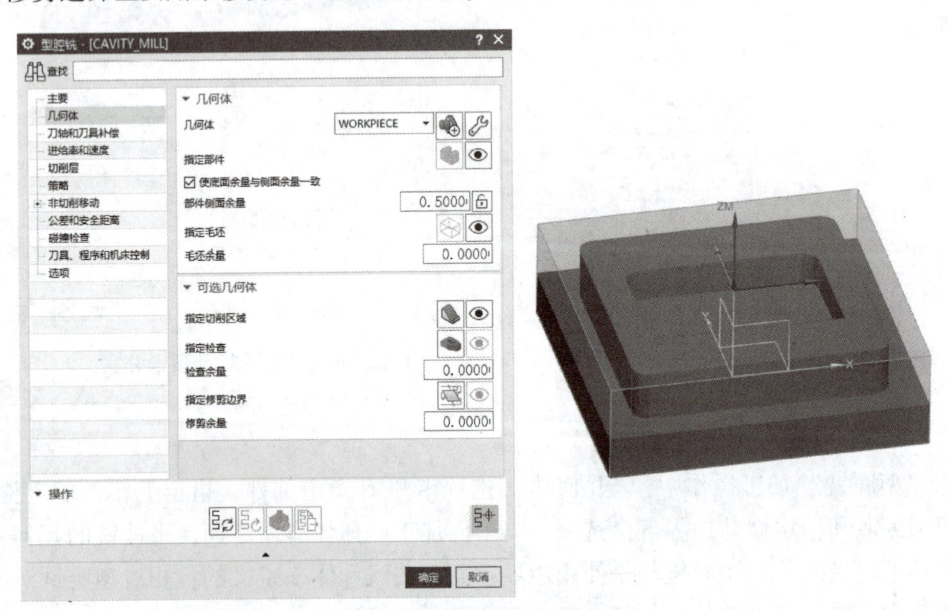

图 12.11　指定修剪边界

（3）进给率和速度

在进给率和速度设置中，粗加工时，切削速度 v_c 取"120 m/min"，每齿进给量 f_z 取"0.06 mm/z"，单击"计算"按钮，自动生成主轴转速和进给率。

（4）生成刀轨

根据加工工艺设置其余选项卡参数，单击“生成”按钮，计算并生成型腔铣粗加工刀轨，如图 12.12 所示。

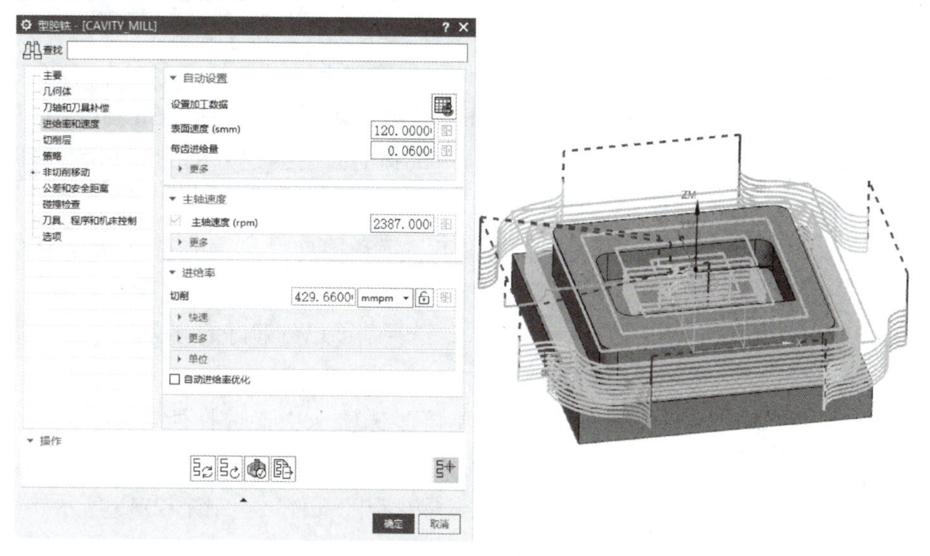

图 12.12　粗加工刀轨

（5）3D 动态仿真加工

单击“确认”图标，弹出“刀轨可视化”对话框，选择“3D 动态”选项卡，勾选“IPW 碰撞检查”，单击“确定”按钮返回。调整动画速度，单击“播放”按钮，最终的仿真结果与刀轨如图 2.13 所示。

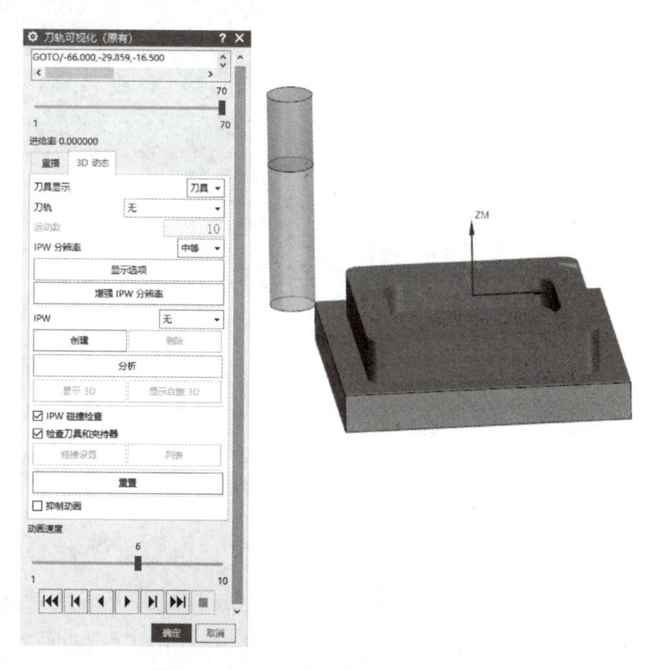

图 12.13　3D 动态仿真结果与刀轨

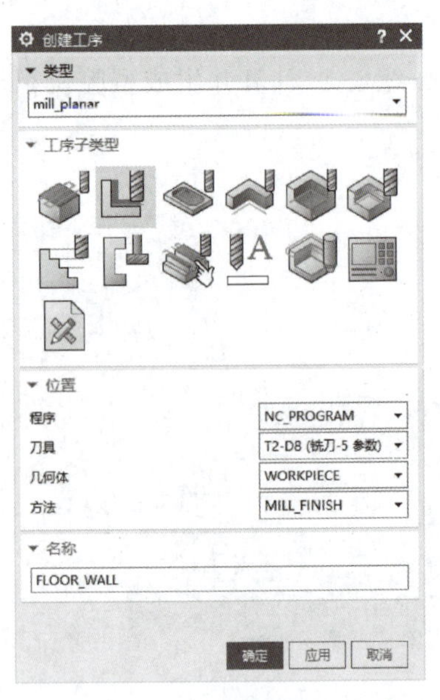

图 12.14　创建平面精加工程序

8）创建精加工程序

（1）精加工平面及凸台轮廓

在“创建工序”对话框中，类型选择“mill_planar”，在工序子类型中选择“底壁铣”，如图 12.14 所示。各个位置选项设置如下：

“程序”选择父级组“NC_PROGRAM”。

“刀具”选择前面已创建好的刀具名称，即“T2-D8”。

“几何体”选择前面已创建好的几何体节点名称，即“WORKPIECE”。

“方法”选择前面已创建好的方法名称，即“MILL_FINISH”。

在“主要”选项卡中，选择所需加工的底面，在指定壁几何体中勾选“自动壁”或手动选择加工的壁，切削模式选择“跟随部件”，如图 12.15 所示。

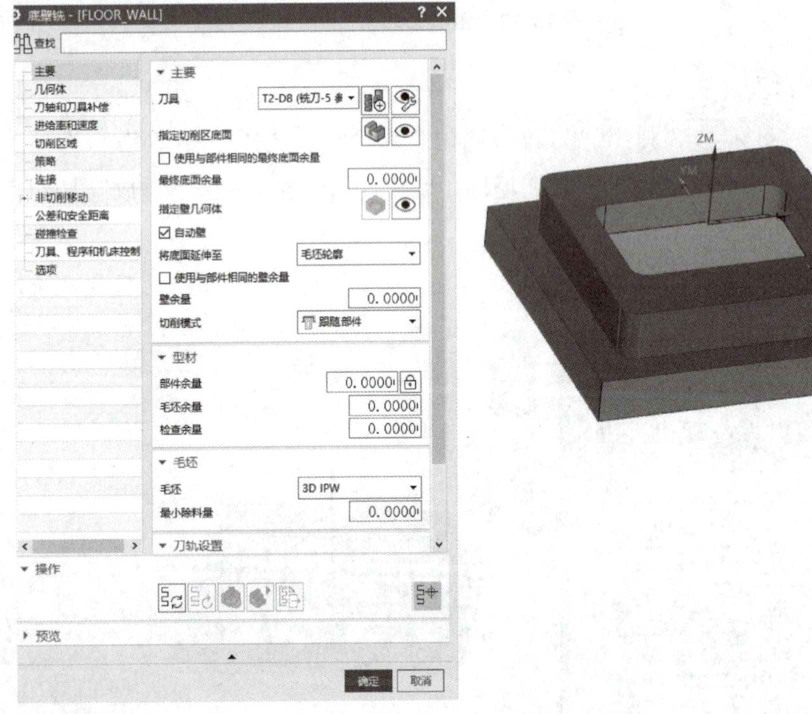

图 12.15　底壁铣加工参数设置

根据加工工艺，在进给率和速度设置中，粗加工时切削速度 v_c 取“150 m/min”，每齿进给量 f_z 取“0.05 mm/z”，单击“计算”按钮，自动生成主轴转速和进给率。根据加工工艺设置其余参数，单击“生成”按钮，计算并生成底壁铣加工刀轨，如图 12.16 所示。

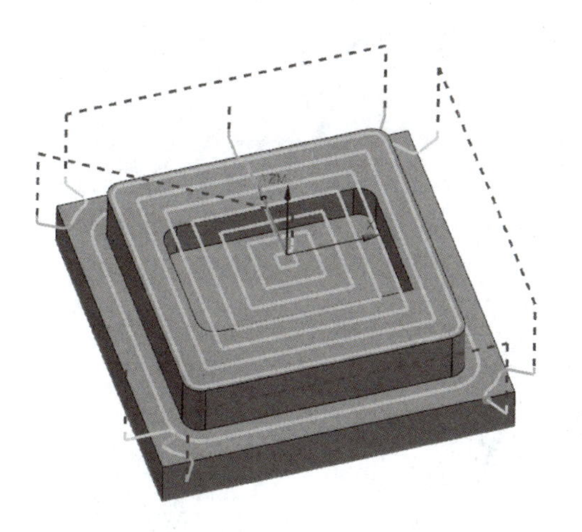

图 12.16　平面及凸台轮廓刀轨

（2）精加工型腔

型腔的精加工选择“mill_planar”和“腔铣”工序子类型，该铣削工序切削具有底面和壁的封闭腔。

指定切削底面，最终底面余量为“0”，在指定壁几何体中勾选“自动壁”，切削模式选择“跟随部件”，如图 12.17 所示。

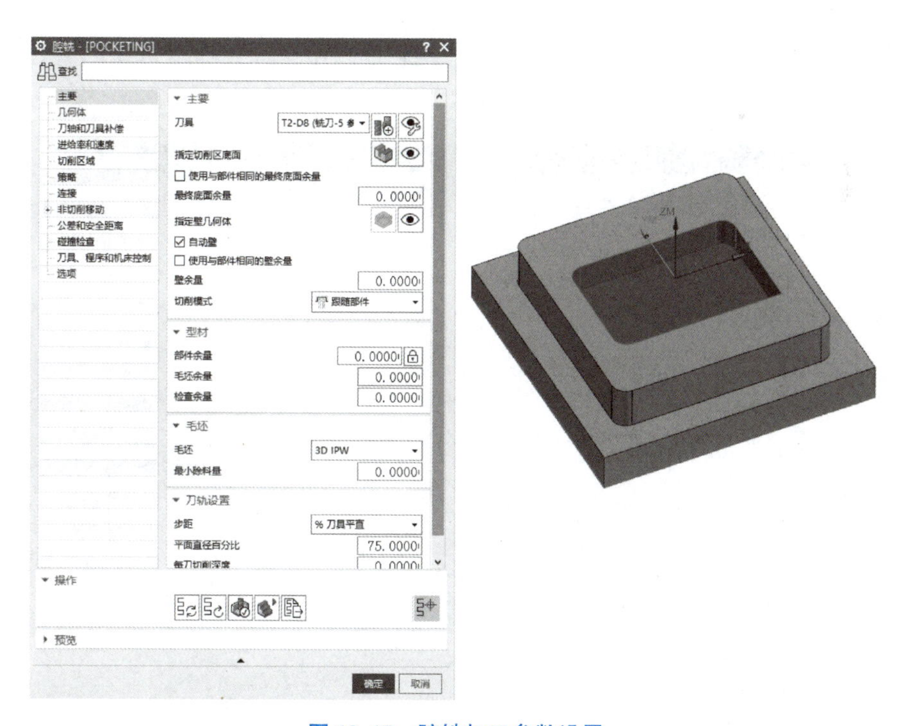

图 12.17　腔铣加工参数设置

根据加工工艺，在进给率和速度设置中，精加工时切削速度 v_c 取“150 m/min”，每齿进给量 f_z 取“0.05 mm/z”，单击“计算”按钮，自动生成主轴转速和进给率。根据加工工艺设置其余参数，单击“生成”按钮，计算并生成型腔铣加工刀轨。型腔精加工刀轨如图 12. 18 所示。

9）3D 动态仿真加工

同时选中所有加工程序，右击，选择“刀轨”，单击“确认”选项，选择“3D 动态”，调整动画速度，单击“播放”按钮。仿真加工结果如图 12. 19 所示。

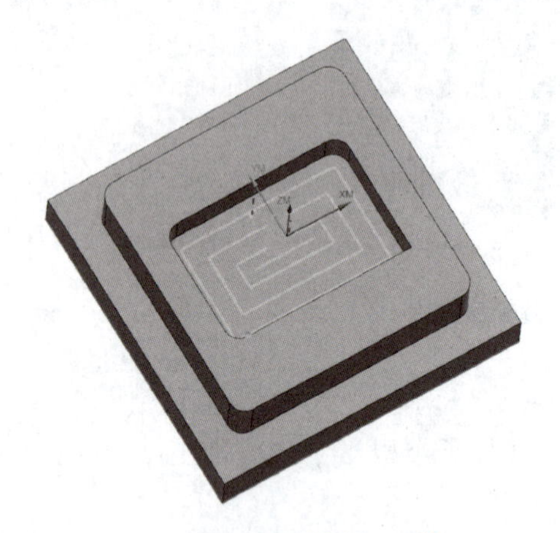

图 12. 18　型腔精加工刀轨

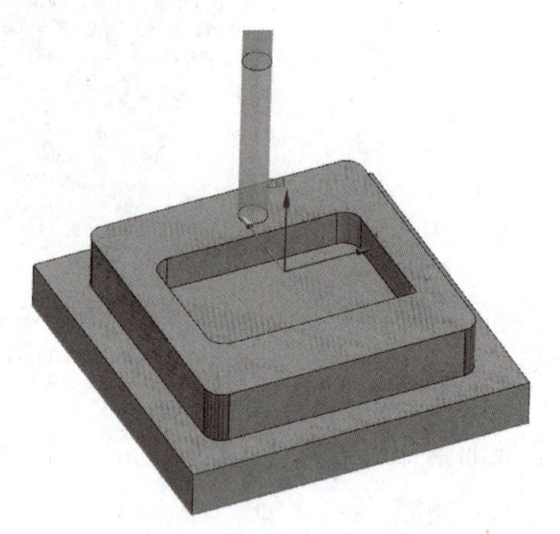

图 12. 19　3D 动态仿真加工结果

10）程序后处理

根据加工工序分别选择程序进行后处理。在后处理中，选择加工机床的后处理文件，生成机床能识别的程序代码，如图 12. 20 所示。

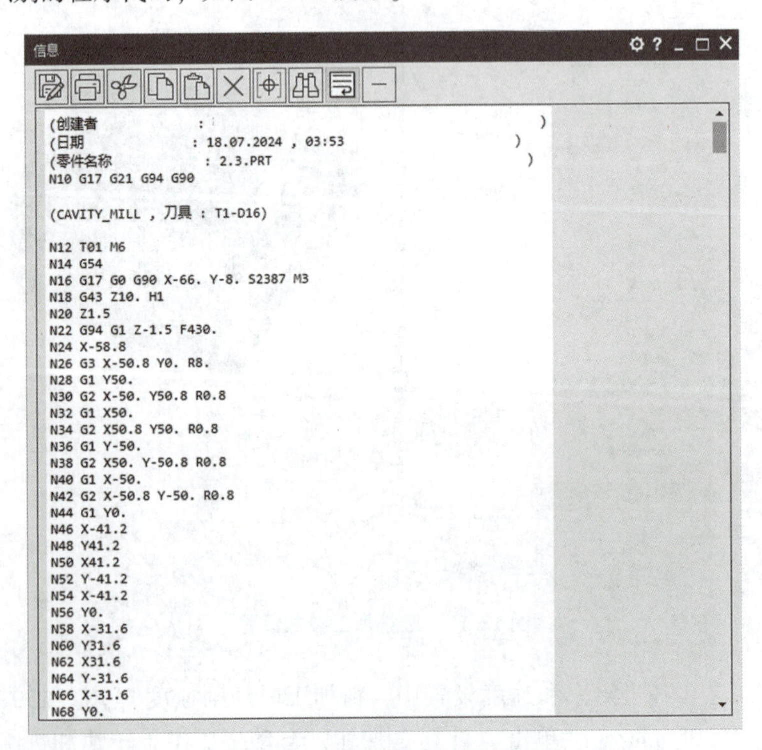

```
信息
(创建者          :                    )
(日期            : 18.07.2024 , 03:53  )
(零件名称        : 2.3.PRT             )
N10 G17 G21 G94 G90

(CAVITY_MILL , 刀具 : T1-D16)

N12 T01 M6
N14 G54
N16 G17 G0 G90 X-66. Y-8. S2387 M3
N18 G43 Z10. H1
N20 Z1.5
N22 G94 G1 Z-1.5 F430.
N24 X-58.8
N26 G3 X-50.8 Y0. R8.
N28 G1 Y50.
N30 G2 X-50. Y50.8 R0.8
N32 G1 X50.
N34 G2 X50.8 Y50. R0.8
N36 G1 Y-50.
N38 G2 X50. Y-50.8 R0.8
N40 G1 X-50.
N42 G2 X-50.8 Y-50. R0.8
N44 G1 Y0.
N46 X-41.2
N48 Y41.2
N50 X41.2
N52 Y-41.2
N54 X-41.2
N56 Y0.
N58 X-31.6
N60 Y31.6
N62 X31.6
N64 Y-31.6
N66 X-31.6
N68 Y0.
```

图 12. 20　后处理程序代码示意图

学习任务单

任务分组

学生任务分配表

<table>
<tr><td>班级</td><td></td><td>组号</td><td></td><td>指导教师</td><td></td></tr>
<tr><td>姓名</td><td></td><td>学号</td><td></td><td>工位号</td><td></td></tr>
<tr><td rowspan="6">组员</td><td>班级</td><td>姓名</td><td colspan="2">学号</td><td>电话</td></tr>
<tr><td></td><td></td><td colspan="2"></td><td></td></tr>
<tr><td></td><td></td><td colspan="2"></td><td></td></tr>
<tr><td></td><td></td><td colspan="2"></td><td></td></tr>
<tr><td></td><td></td><td colspan="2"></td><td></td></tr>
<tr><td></td><td></td><td colspan="2"></td><td></td></tr>
<tr><td>任务分工</td><td colspan="5"></td></tr>
</table>

获取资讯

引导问题 1：分析零件图样，并在加工数据表中写出该任务零件的主要加工尺寸、几何公差要求及表面质量要求，为零件的编程做准备。

加工数据表

<table>
<tr><td>序号</td><td>项目</td><td>内容</td><td>偏差范围</td></tr>
<tr><td>1</td><td rowspan="4">主要加工尺寸</td><td></td><td></td></tr>
<tr><td>2</td><td></td><td></td></tr>
<tr><td>3</td><td></td><td></td></tr>
<tr><td>4</td><td></td><td></td></tr>
<tr><td>5</td><td>几何公差要求</td><td></td><td></td></tr>
<tr><td>6</td><td>表面质量要求</td><td></td><td></td></tr>
</table>

引导问题 2：型腔零件数控铣削的加工特点是什么？

引导问题 3：简要说明 NX 软件型腔铣加工工序的编程应用范围及操作流程。

工作实施

1. 分析图样。

2. 选择刀具及确定工件装夹方式。

3. 建立工件坐标系。

4. 制订加工路线。

5. 确定切削用量。

6. 填写数控加工工序卡。

数控加工工序卡

单位		产品名称或代号		零件名称		零件图号
工序号	程序编号	夹具		使用设备		车间
工步号	工步内容	刀具号	刀具规格	主轴转速	进给速度	背吃刀量
编制		审核		时间		

7. 自动编程与仿真加工。

8. 零件试切加工。

实施检测

明确检测要素，组内检测分工，完成检测要素表。

检测要素表

序号	检测要素	精度要求	工/量具

按零件自检表对加工好的零件进行检测，将结果填入。

零件自检表

零件名称				允许读数误差				
序号	项目	尺寸要求	使用的量具	测量结果				项目判定（合格否）
				NO. 1	NO. 2	NO. 3	平均值	
结论（对上述测量尺寸进行评价）				合格品（　） 次品（　） 废品（　）				
处理意见								

考核评价

各组代表展示作品，介绍任务完成过程。作品展示前应准备阐述材料。

小组自评表

<table>
<tr><td>班级</td><td></td><td>组名</td><td></td><td>日期</td><td>年　月　日</td></tr>
<tr><td>评价指标</td><td colspan="3">评价要素</td><td>分数</td><td>分数评定</td></tr>
<tr><td>信息检索</td><td colspan="3">能有效利用网络资源、工作手册查找有效信息；能用自己的语言有条理地去解释、表述所学知识；能将查找到的信息有效转换到工作中</td><td>10</td><td></td></tr>
<tr><td>感知工作</td><td colspan="3">是否熟悉各自的工作岗位，认同工作价值；在工作中是否获得满足感</td><td>10</td><td></td></tr>
<tr><td rowspan="2">参与状态</td><td colspan="3">与教师、同学之间是否相互尊重、理解、平等；与教师、同学之间是否能够保持多向、丰富、适宜的信息交流</td><td>10</td><td></td></tr>
<tr><td colspan="3">探究学习、自主学习不流于形式，处理好合作学习和独立思考的关系，做到有效学习；能提出有意义的问题或能发表个人见解；能按要求正确操作；能够倾听、协作分享</td><td>10</td><td></td></tr>
<tr><td>学习方法</td><td colspan="3">工作计划、操作技能是否符合规范要求；是否获得了进一步发展的能力</td><td>10</td><td></td></tr>
<tr><td>工作过程</td><td colspan="3">遵守管理规程，操作过程符合现场管理要求；平时上课的出勤情况和每天完成工作任务情况较好；善于多角度思考问题，能主动发现、提出有价值的问题</td><td>15</td><td></td></tr>
<tr><td>思维状态</td><td colspan="3">能发现问题、提出问题、分析问题、解决问题、创新问题</td><td>10</td><td></td></tr>
<tr><td>自评反馈</td><td colspan="3">按时按质完成工作任务；较好地掌握了专业知识点；具有较强的信息分析能力和理解能力；具有较为全面、严谨的思维能力，并能条理明晰地表述成文</td><td>25</td><td></td></tr>
<tr><td colspan="4">自评分数</td><td colspan="2"></td></tr>
<tr><td>有益的经验和做法</td><td colspan="5"></td></tr>
<tr><td>总结反思建议</td><td colspan="5"></td></tr>
</table>

小组互评表

班级	组名	日期	年　月　日
评价指标	评价要素	分数	分数评定
信息检索	该组能否有效利用网络资源、工作手册查找有效信息	5	
	该组能否用自己的语言有条理地去解释、表述所学知识	5	
	该组能否将查找到的信息有效转换到工作中	5	
感知工作	该组能否熟悉自己的工作岗位、认同工作价值	5	
	该组成员在工作中是否获得满足感	5	
参与状态	该组与教师、同学之间是否相互尊重、理解、平等	5	
	该组与教师、同学之间是否能够保持多向、丰富、适宜的信息交流	5	
	该组能否处理好合作学习和独立思考的关系，做到有效学习	5	
	该组能否提出有意义的问题或能发表个人见解；能按要求正确操作；能够倾听、协作分享	5	
	该组能否积极参与，在产品加工过程中不断学习，综合运用信息技术的能力得到提高	5	
学习方法	该组的工作计划、操作技能是否符合规范要求	5	
	该组是否获得了进一步发展的能力	5	
工作过程	该组是否遵守管理规程，操作过程符合现场管理要求	5	
	该组平时上课的出勤情况和每天完成工作任务情况	5	
	该组成员是否能加工出合格工件，并善于多角度思考问题，能主动发现、提出有价值的问题	15	
思维状态	该组是否能发现问题、提出问题、分析问题、解决问题、创新问题	5	
互评反馈	该组是否能严肃、认真地对待互评，并能独立完成测试题	10	
互评分数			
有益的经验和做法			
总结反思建议			

总评表

序号	评价项目	小组自评（30%）	小组互评（30%）	教师评价（40%）	总评
1	任务是否按时完成				
2	材料完成并上交情况				
3	作品质量				
4	语言表达能力				
5	小组成员合作情况				
6	创新点				

问题分析总结

任务完成后，学员根据任务实施情况分析存在的问题及原因，并填写任务实施情况分析表。指导教师对任务实施情况进行讲评。

任务实施情况分析表

任务实施过程	存在的问题	解决问题的方法	点评
制订零件加工工艺			
编制加工程序			
仿真加工			
机床加工			
零件检测			
安全文明			

任务扩展训练

学习任务十三 孔类零件 CAD/CAM 数控铣削编程与加工

学习任务卡

<table>
<tr><td>任务编号</td><td>13</td><td>任务名称</td><td>孔类零件 CAD/CAM 数控铣削编程与加工</td></tr>
<tr><td>设备名称</td><td>数控铣床</td><td>实训区域</td><td>铣削中心</td></tr>
<tr><td>数控系统</td><td>HNC-8 型数控铣削系统</td><td>建议学时</td><td>4</td></tr>
<tr><td>参考文件</td><td colspan="3">1+X 数控车铣加工职业技能等级标准</td></tr>
<tr><td>学习目标</td><td colspan="3">1. 熟悉 NX 点位加工基础与应用方法；
2. 掌握孔加工方法；
3. 掌握孔加工刀具的选用；
4. 掌握孔系加工 NX 软件数控编程设计方法；
5. 掌握机床安全操作及日常维护及相关知识。</td></tr>
<tr><td>素质目标</td><td colspan="3">1. 执行安全、文明生产规范，严格遵守车间制度和劳动纪律；
2. 着装规范，不携带与学习无关的物品进入车间；
3. 遵守实训现场工具、量具和刀具等相关物料的定制化管理；
4. 严禁徒手清理铁屑，气枪严禁指向人；
5. 培养学生爱岗敬业、工作严谨、精益求精的职业素养。</td></tr>
<tr><td colspan="4">任务书</td></tr>
<tr><td colspan="4">已知工件为任务二已加工零件，现要进行如图所示孔特征加工，要求制订加工工艺方案，并运用 NX 软件进行自动编程设计，最后在数控铣床上加工实际产品。
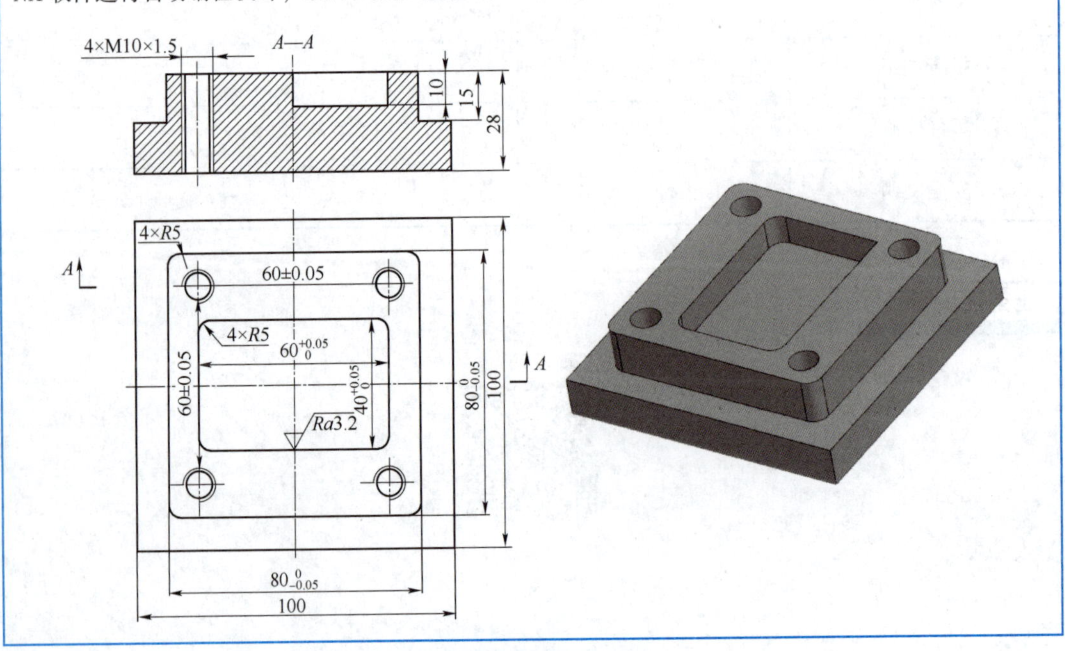
</td></tr>
</table>

知识链接 < < <

1. 孔加工方法

在数控铣床上加工孔的方法很多，根据孔的尺寸精度、位置精度及表面粗糙度等要求，一般有钻孔、扩孔、锪孔、铰孔、镗孔及铣孔等。常用孔的加工方案见表 13.1。

表 13.1 常用孔的加工方案

序号	加工方案	精度等级	表面粗糙度/μm	适用范围
1	钻	IT11~IT13	50~12.5	加工未淬火钢及铸铁的实心毛坯，也可用于加工有色金属（但表面粗糙度较大），孔径小于 15~20 mm
2	钻→铰	IT9~IT10	3.2~1.6	
3	钻→粗铰（扩）→精铰	IT7~IT8	1.6~0.8	
4	钻→扩	IT11	6.3~3.2	加工未淬火钢及铸铁的实心毛坯，也可用于加工有色金属（但表面粗糙度较大），孔径大于 15~20 mm
5	钻→扩→铰	IT8~IT9	1.6~0.8	
6	钻→扩→精铰→精铰	IT7	0.8~0.4	
7	粗镗（扩孔）	IT11~IT13	6.3~3.2	除淬火钢外的各种材料，毛坯有铸出孔或锻出孔
8	粗镗（扩孔）→半精堂（精扩）	IT8~IT9	3.2~1.6	
9	粗镗（扩）→半精镗（精扩）→精镗	IT6~IT7	1.6~0.8	

2. 孔加工刀具

在工件实体材料上钻孔或扩大已有孔的刀具统称为孔加工刀具。机械加工中的孔加工刀具分为两类：一类是在实体工件上加工出孔的刀具，如扁钻、麻花钻、中心钻及深孔钻等；另一类是对工件上已有孔进行再加工的工具，如扩孔钻、锪钻、铰刀、镗刀及圆拉刀等。

（1）扁钻

扁钻如图 13.1 所示，使用较早，结构简单，刚度好，成本低，刃磨方便，但切削和排屑性能较差，适于微孔和大孔。有整体式和装配式两种，前者用于较小直径孔的加工，后者适于较大直径的加工。

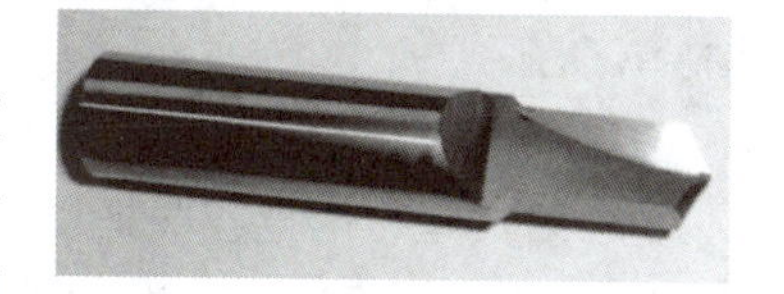

图 13.1 扁钻

（2）麻花钻

麻花钻是最常用的孔加工刀具，一般用于实体材料上孔的粗加工。钻孔的尺寸精度为 IT11~IT13，表面粗糙度 *Ra* 值为 50~12.5 μm。它由柄部、颈部和工作部分组成，如图 13.2 所示。柄部是钻头的夹持部分，有锥柄和直柄两种形式，钻头直径大于 12 mm 时常做成锥柄，小于 12 mm 时做成直柄。钻头的工作部分包括切削部分和导向部分，导向部分有两条螺旋槽和两条棱边，螺旋槽起排屑和输送切削液的作用，棱边起导向、修光孔壁的作用。导向部分有微小的倒锥度，从前端到尾部，每 100 mm 长度上直径减小 0.03~0.12 mm，以减少与孔壁的摩擦；切削部分由两条主切削刃、两条副切削刃、一条横刃及两个前刀面、两个后刀面组成。

(3) 中心钻

中心钻分为无护锥中心钻和带护锥中心钻，主要用于加工轴类零件中心孔，如图 13.3 所示。

图 13.2 麻花钻

图 13.3 中心钻

(4) 扩孔钻

扩孔钻是用来对工件上已有孔进行扩大加工的刀具。扩孔后，孔的精度可达到 IT9~IT10，表面粗糙度 *Ra* 值可达到 6.3~3.2 μm。扩孔钻没有横刃，加工余量小，刀齿数多（3~4 个齿），刀具的刚性及强度好，切削平稳。扩孔钻的结构形式分为带柄及套式两类。带柄的扩孔钻由工作部分及柄部组成，如图 13.4 所示。

(5) 铰刀

铰刀是一种半精加工或精加工孔的常用刀具，铰刀的刀齿数多（4~12 个齿），加工余量小，导向性好，刚性大。铰孔后，孔的精度可达 IT7~IT9，表面粗糙度 *Ra* 值达 1.6~0.4 μm。常见的铰刀如图 13.5 所示。铰刀可分为手用铰刀与机用铰刀两大类，手用铰刀又分为整体式和可调整式；机用铰刀分为带柄的和套式；加工锥孔用的铰刀称为锥度铰刀。

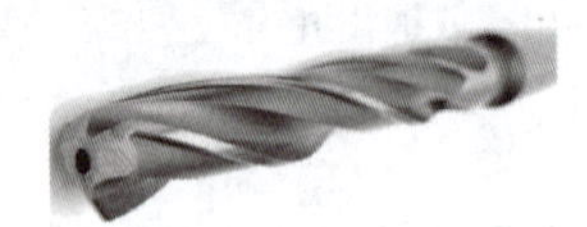

图 13.4 扩孔钻

图 13.5 铰刀

(6) 镗刀

镗孔是常用的加工方法，其加工范围很广，既可进行粗加工，也可进行精加工。镗刀的种类很多，根据结构特点及使用方式，可分为单刃镗刀和双刃镗刀等。常用镗刀如图 13.6 所示。

(7) 孔加工复合刀具

复合刀具是将两把或两把以上的同类或不同类的孔加工刀具组合成一体的专用刀具，如图 13.7 所示，它能在一次加工的过程中完成钻孔、扩孔、铰孔、锪孔和镗孔等多工序不同的工艺复合，具有高效率、高精度、高可靠性的成形加工特点。

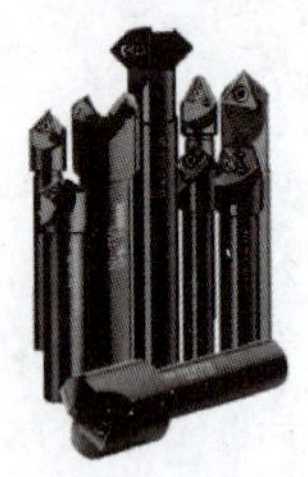

图 13.6 镗刀

图 13.7 复合钻铰倒刀

（8）丝锥

丝锥是一种加工内螺纹的工具，如图 13.8 所示。按照形状，可以分为螺旋槽丝锥、刃倾角丝锥、直槽丝锥和管用螺纹丝锥等；按照使用环境，可以分为手用丝锥和机用丝锥；按照规格，可以分为公制丝锥、美制丝锥和英制丝锥等。

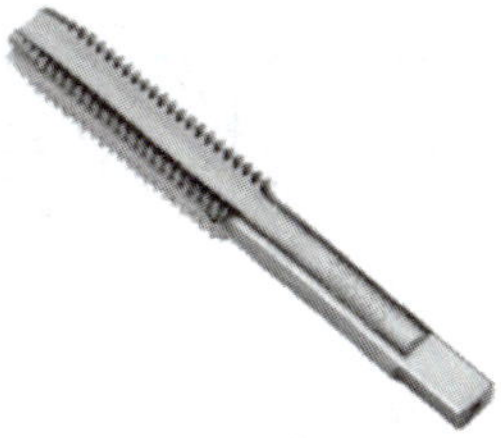

图 13.8　丝锥

3. NX 软件孔加工工序

孔加工最常用的方法是钻削加工。其主要的加工流程是钻孔、扩孔、铰孔或镗孔，由粗到精。虽然孔的加工方法不同且使用刀具不同，但这些常规孔的加工轨迹却是相同的，都是孔中心线，加工程序代码也非常简单。但在 NX 软件中可以选择多种模板进行这种简单程序的编制，如点位加工、平面铣和固定轴曲面轮廓铣模板，都可以完成加工轨迹的计算。

NX CAM 软件中有专用的孔加工模块“hole_making”，比较适合孔的钻削加工。钻加工的工序子类型有定心钻、钻孔、钻深孔、顺序钻、钩孔、孔铣、钻埋头孔、镗孔/铰、攻丝等。其中，钻孔是最基本的子类型，可以设定多种循环方式，可以创建除螺纹铣之外的所有钻动作。利用孔加工模块可以加工不同型面上的孔，而且不同的钻孔循环经过 NX 软件后置处理，会生成不同的 G 代码文件。如钻孔循环生成的 G 代码，是 G81 语句。通过孔加工模板编制的孔加工程序，后置处理后，通常都会使用相应的钻孔循环指令。hole_making 工序子类型切削示意图及功能说明见表 13.2。

表 13.2　hole_making 工序子类型介绍

序号	工序子类型	切削示意图	功能说明
1	定心钻		1. 该钻孔工序可以对孔几何体钻定心孔。 2. 选择孔几何体或使用识别的孔特征。通过过程特征的体积确定待除料量。 3. 建议用于对选定的孔、孔/凸台几何体组中的孔或特征组中之前识别的特征单独钻定心孔
2	钻孔		1. 该钻孔工序可以对孔几何体钻孔。 2. 选择孔几何体或使用识别的孔特征。通过过程特征的体积确定待除料量。 3. 建议用于对选定的孔、孔/凸台几何体组中的孔、或特征组中之前识别的特征单独钻孔
3	钻深孔	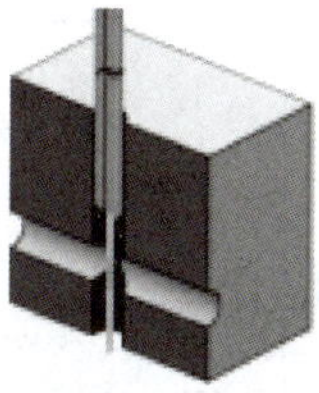	1. 该钻孔工序可以对深孔几何体钻孔。 2. 选择孔几何体或使用识别的孔特征。通过过程特征的体积确定是否已经钻了导孔以及之前是否已经加工了横孔。 3. 建议用于对选定的深孔或特征组中之前识别的深孔特征中的孔单独钻孔

续表

序号	工序子类型	切削示意图	功能说明
4	顺序钻		1. 该钻孔工序可以对断孔几何体钻孔。 2. 选择孔几何体或使用识别的孔特征。通过过程特征的体积确定待除料量。 3. 建议用于对选定的断孔或对特征组中之前识别的中断特征中的孔单独钻孔
5	钩孔		1. 切削别的轮廓曲面上的圆形、平整面上的点到点钻孔工序。 2. 选择曲线、边或点以定义孔顶部。选择面、平面或指分 *ZC* 值来定义顶部曲面。选择“用圆弧的轴”沿不平行的中心线切削。 3. 建议用于创建面，以安置螺栓头或垫圈，或者对配对部件进行平齐安装
6	孔铣		1. 该铣削工序使用平面螺旋和/或螺旋切削模式加工盲孔和通孔。 2. 选择孔几何体或使用识别的孔特征。通过过程特征的体积确定待除料量。 3. 建议用于加工太大而无法钻削的孔
7	凸台铣		1. 该铣削工序使用平面螺旋和/或螺旋切削模式加工圆柱形凸台。 2. 选择凸台几何体或使用识别的凸台特征。通过过程特征的体积确定待除料量。 3. 建议用于加工圆柱形凸台
8	钻埋头孔		1. 该钻埋头孔工序可以对孔几何体钻埋头孔。 2. 选择孔几何体或使用识别的孔特征。通过过程特征的体积确定待除料量。 3. 建议用于对选定的孔、孔/凸台几何体组中的孔或特征组中之前识别的特征单独钻埋头孔
9	沉头孔加工		1. 切削平整面，以扩大现有孔顶部的点到点钻孔工序。 2. 几何需求和刀轴规范与基础钻孔的相同。 3. 建议创建面，以安置螺栓头或垫圈，或者对配对部件进行平齐安装

续表

序号	工序子类型	切削示意图	功能说明
10	背面埋头钻孔		1. 该背面钻埋头孔工序可以对孔几何体钻埋头孔。 2. 选择孔几何体或使用识别的孔特征。通过过程特征的体积确定待除料量。 3. 建议用于对将从对侧加工自动判断的倒斜并以非旋转逼近穿过孔的孔钻埋头孔
11	孔倒斜铣		1. 该铣削工序使用圆弧模式对孔几何体倒斜。 2. 选择孔几何体或使用识别的孔特征。通过过程特征的体积确定倒斜的待除料量。 3. 建议用于使用倒斜刀具对孔倒斜
12	径向槽铣		1. 该铣削工序使用圆弧模式加工径向槽。 2. 选择径向槽几何体或使用识别的径向槽特征。通过过程特征的体积确定待除料量。 3. 建议用于使用 T 形刀加工一个或多个径向槽
13	镗孔/铰		1. 该镗孔/铰工序可以对孔几何体进行镗孔/铰。 2. 选择孔几何体或使用识别的孔特征。通过过程特征的体积确定待除料量。 3. 建议用于对选定的孔、孔/凸台几何体组中的孔或特征组中之前识别的特征单独镗孔/铰
14	攻丝		1. 该攻丝工序可以对孔几何体攻丝。 2. 选择孔几何体或使用识别的孔特征。通过过程特征的体积确定待除料量。 3. 建议用于对选定的孔、孔/凸台几何体组中的孔或特征组中之前识别的特征单独攻丝
15	螺纹铣		1. 该铣削工序可以在孔几何体内进行螺纹铣。 2. 螺纹参数和几何体信息可以派生自几何体、螺纹特征和刀具，也可以明确指定。刀具的牙型和螺距必须匹配工序中指定的牙型和螺距。选择孔几何体或使用识别的孔特征。 3. 建议用于切削过大而无法攻丝的螺纹

续表

序号	工序子类型	切削示意图	功能说明
16	凸台螺纹铣		1. 该铣削工序可以在圆柱形凸台几何体外进行螺纹铣。 2. 螺纹参数和几何体信息可以派生自几何体、螺纹凸台特征和刀具，也可以明确指定。刀具的牙型和螺距必须匹配工序中指定的牙型和螺距。选择凸台几何体或使用识别的凸台特征。 3. 建议用于在圆柱形凸台几何体上切削螺纹

4. 孔类零件自动编程与仿真加工实施

在上一任务加工完成的基础上，完成孔特征创建。进入加工模块“hole_making”，螺纹规格为 M10×1.5，型材高度为 0.811 95 mm，螺纹中径为 9.025 75 mm，小径为 8.376 25 mm，大径为 10 mm。

根据孔加工工艺要求，钻孔、钻深孔、孔铣等工序子类型均可完成螺纹孔小径的加工，再通过攻丝或螺纹铣完成螺纹的加工。下面以孔铣和攻丝为例对孔进行自动编程设计。

(1) 创建孔铣加工工序

创建孔铣加工刀具：选择键槽铣刀，刀具名称改为“T3－D6”，刀具直径为“6 mm”。创建孔铣加工工序：刀具选择“T3－D6”，几何体为“WORKPIECE”，如图 13.9 所示。

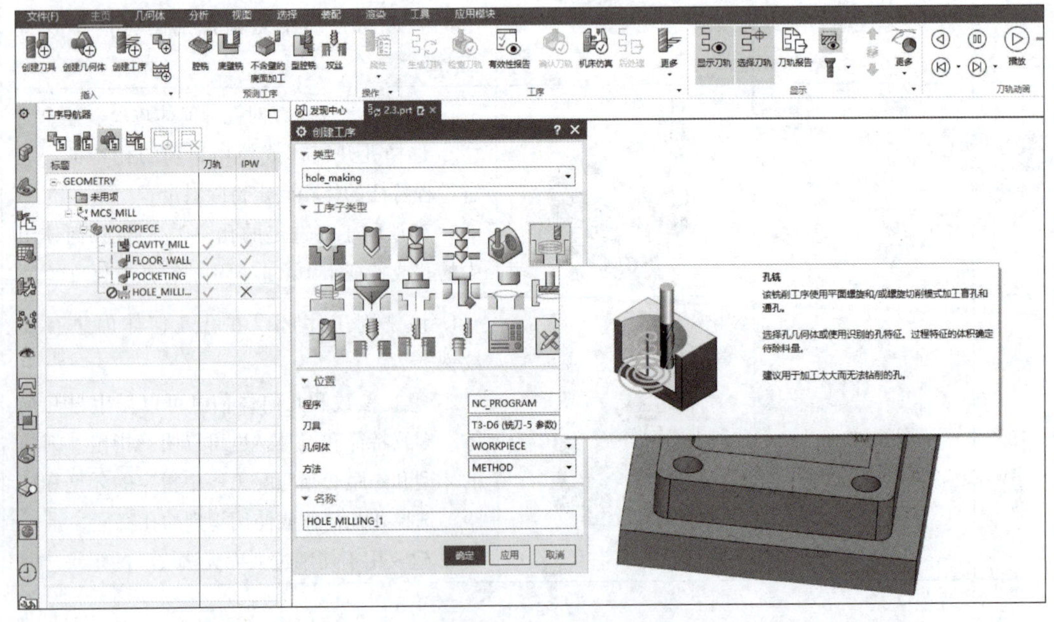

图 13.9　创建孔铣加工工序

孔铣工序“主要”选项卡设置：指定特征几何体，选择加工的孔，并分别对孔的加工直径、深度进行更改，直径更改为螺纹孔小径直径“8.376 25 mm”，深度改为“29 mm”；“进给率和速度”选项卡设置：主轴转速设置为“1 500 r/min”，进给率为“150 r/min”；“策略”选项卡设置：策略为“顺铣”，轴向步距为刀具直径的“20%”，最大距离为刀具直径的“30%”，径向步距最大距离为刀具直径的“30%”。各选项卡设置及加工刀轨如图 13.10 所示。

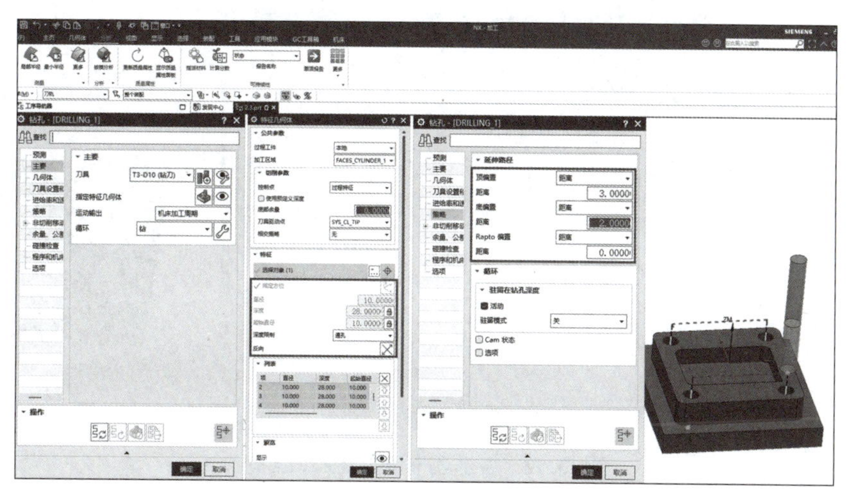

图 13.10　各选项卡设置及加工刀轨

（2）创建攻丝加工工序

创建攻丝刀具：选择丝锥刀具，刀具名称改为“T4-M10”，刀具直径为“10 mm”，螺距为“1.5 mm”。创建攻丝加工工序：刀具选择“T4-M10”，几何体为“WORKPIECE”，如图 13.11 所示。

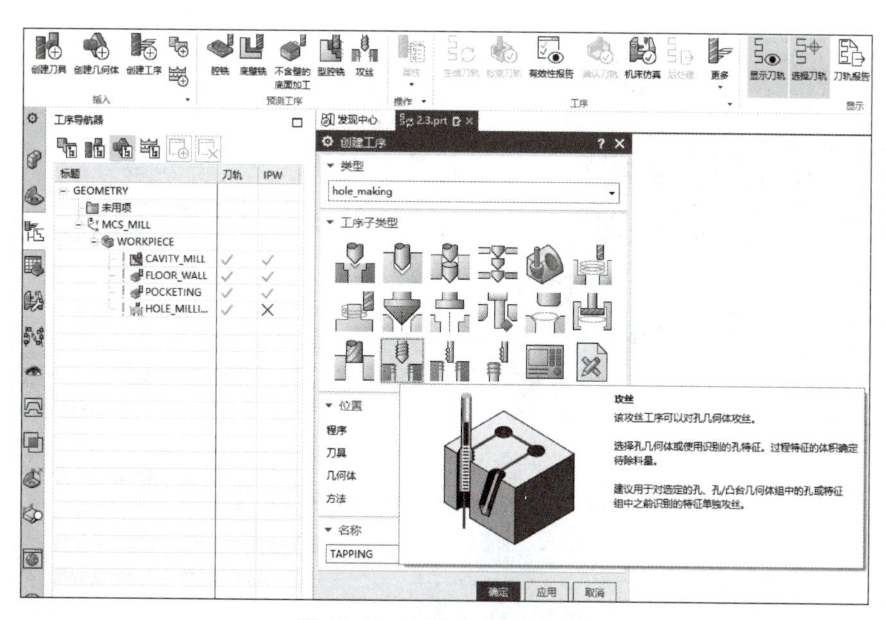

图 13.11　创建攻丝加工工序

攻丝工序“主要”选项卡设置：指定特征几何体，选择加工的孔，并分别将加工孔的螺纹尺寸大径和小径更改为“10.0 mm”和“8.376 25 mm”；主轴转速设置为“100 r/min”。各选项卡设置及加工刀轨如图 13.12 所示。

图 13.12　各选项卡设置及加工刀轨

(3) 3D 动态仿真及程序后处理

通过 3D 动态仿真加工，检查是否有过切或欠切情况。检查无误后，通过程序后处理生成数控加工程序，如图 13.13 所示。

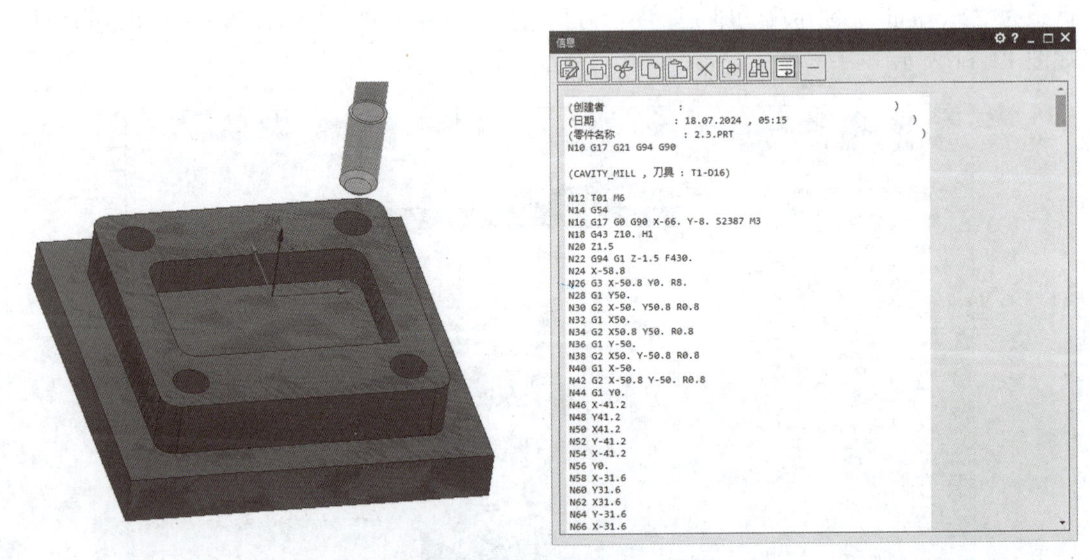

图 13.13　3D 动态仿真结果及程序后处理

 学习任务单

任务分组

学生任务分配表

<table>
<tr><td>班级</td><td></td><td>组号</td><td></td><td>指导教师</td><td></td></tr>
<tr><td>姓名</td><td></td><td>学号</td><td></td><td>工位号</td><td></td></tr>
<tr><td rowspan="7">组员</td><td>班级</td><td>姓名</td><td colspan="2">学号</td><td>电话</td></tr>
<tr><td></td><td></td><td colspan="2"></td><td></td></tr>
<tr><td></td><td></td><td colspan="2"></td><td></td></tr>
<tr><td></td><td></td><td colspan="2"></td><td></td></tr>
<tr><td></td><td></td><td colspan="2"></td><td></td></tr>
<tr><td></td><td></td><td colspan="2"></td><td></td></tr>
<tr><td></td><td></td><td colspan="2"></td><td></td></tr>
<tr><td>任务分工</td><td colspan="5"></td></tr>
</table>

获取资讯

引导问题 1：分析零件图样，并在加工数据表中写出该任务零件的主要加工尺寸、几何公差要求及表面质量要求，为零件的编程做准备。

加工数据表

序号	项目	内容	偏差范围
1	主要加工尺寸		
2			
3			
4			
5	几何公差要求		
6	表面质量要求		

引导问题 2：如何确定零件孔的位置坐标？

引导问题 3：要完成本任务零件的加工，需要用到哪些刀具、工具、量具？

工作实施

1. 分析图样。

2. 选择刀具及确定工件装夹方式。

3. 建立工件坐标系。

4. 制订加工路线。

5. 确定切削用量。

6. 填写数控加工工序卡。

数控加工工序卡

单位		产品名称或代号		零件名称		零件图号
工序号	程序编号	夹具		使用设备		车间
工步号	工步内容	刀具号	刀具规格	主轴转速	进给速度	背吃刀量
编制		审核		时间		

7. 自动编程与仿真加工。

8. 零件试切加工。

实施检测

明确检测要素，组内检测分工，完成检测要素表。

检测要素表

序号	检测要素	精度要求	工/量具

按零件自检表对加工好的零件进行检测，将结果填入。

零件自检表

零件名称				允许读数误差				
序号	项目	尺寸要求	使用的量具	测量结果				项目判定（合格否）
				NO. 1	NO. 2	NO. 3	平均值	
结论（对上述测量尺寸进行评价）				合格品（ ） 次品（ ） 废品（ ）				
处理意见								

考核评价

各组代表展示作品，介绍任务完成过程。作品展示前应准备阐述材料。

小组自评表

班级		组名		日期	年　月　日
评价指标	评价要素			分数	分数评定
信息检索	能有效利用网络资源、工作手册查找有效信息；能用自己的语言有条理地去解释、表述所学知识；能将查找到的信息有效转换到工作中			10	
感知工作	是否熟悉各自的工作岗位，认同工作价值；在工作中是否获得满足感			10	
参与状态	与教师、同学之间是否相互尊重、理解、平等；与教师、同学之间是否能够保持多向、丰富、适宜的信息交流			10	
	探究学习、自主学习不流于形式，处理好合作学习和独立思考的关系，做到有效学习；能提出有意义的问题或能发表个人见解；能按要求正确操作；能够倾听、协作分享			10	
学习方法	工作计划、操作技能是否符合规范要求；是否获得了进一步发展的能力			10	
工作过程	遵守管理规程，操作过程符合现场管理要求；平时上课的出勤情况和每天完成工作任务情况较好；善于多角度思考问题，能主动发现、提出有价值的问题			15	
思维状态	能发现问题、提出问题、分析问题、解决问题、创新问题			10	
自评反馈	按时按质完成工作任务；较好地掌握了专业知识点；具有较强的信息分析能力和理解能力；具有较为全面、严谨的思维能力，并能条理明晰地表述成文			25	
自评分数					
有益的经验和做法					
总结反思建议					

小组互评表

班级		组名		日期	年 月 日
评价指标	评价要素			分数	分数评定
信息检索	该组能否有效利用网络资源、工作手册查找有效信息			5	
	该组能否用自己的语言有条理地去解释、表述所学知识			5	
	该组能否将查找到的信息有效转换到工作中			5	
感知工作	该组能否熟悉自己的工作岗位、认同工作价值			5	
	该组成员在工作中是否获得满足感			5	
参与状态	该组与教师、同学之间是否相互尊重、理解、平等			5	
	该组与教师、同学之间是否能够保持多向、丰富、适宜的信息交流			5	
	该组能否处理好合作学习和独立思考的关系，做到有效学习			5	
	该组能否提出有意义的问题或能发表个人见解；能按要求正确操作；能够倾听、协作分享			5	
	该组能否积极参与，在产品加工过程中不断学习，综合运用信息技术的能力得到提高			5	
学习方法	该组的工作计划、操作技能是否符合规范要求			5	
	该组是否获得了进一步发展的能力			5	
工作过程	该组是否遵守管理规程，操作过程符合现场管理要求			5	
	该组平时上课的出勤情况和每天完成工作任务情况			5	
	该组成员是否能加工出合格工件，并善于多角度思考问题，能主动发现、提出有价值的问题			15	
思维状态	该组是否能发现问题、提出问题、分析问题、解决问题、创新问题			5	
互评反馈	该组是否能严肃、认真地对待互评，并能独立完成测试题			10	
互评分数					
有益的经验和做法					
总结反思建议					

总评表

序号	评价项目	小组自评（30%）	小组互评（30%）	教师评价（40%）	总评
1	任务是否按时完成				
2	材料完成并上交情况				
3	作品质量				
4	语言表达能力				
5	小组成员合作情况				
6	创新点				

问题分析总结

任务完成后，学员根据任务实施情况分析存在的问题及原因，并填写任务实施情况分析表。指导教师对任务实施情况进行讲评。

任务实施情况分析表

任务实施过程	存在的问题	解决问题的方法	点评
制订零件加工工艺			
编制加工程序			
仿真加工			
机床加工			
零件检测			
安全文明			

任务扩展训练

学习任务十四 综合零件 CAD/CAM 数控铣削编程与加工

学习任务卡

任务编号	14	任务名称	综合零件 CAD/CAM 数控铣削编程与加工
设备名称	数控铣床	实训区域	铣削中心
数控系统	HNC-8 型数控铣削系统	建议学时	4
参考文件	1+X 数控车铣加工职业技能等级标准		
学习目标	1. 掌握综合零件数控加工工艺编制方法； 2. 掌握翻面装夹定位精度的控制方法； 3. 掌握零件加工位置精度的控制方法； 4. 掌握综合零件数控自动编程设计方法； 5. 掌握机床安全操作及日常维护和相关知识。		
素质目标	1. 执行安全、文明生产规范，严格遵守车间制度和劳动纪律； 2. 着装规范，不携带与学习无关的物品进入车间； 3. 遵守实训现场工具、量具和刀具等相关物料的定制化管理； 4. 严禁徒手清理铁屑，气枪严禁指向人； 5. 培养学生爱岗敬业、工作严谨、精益求精的职业素养。		
任务书			

零件如下图所示，毛坯尺寸为 80 mm×80 mm×25 mm，材料为 2A12 铝，编制零件数控加工工艺文件，完成零件的编程及试切加工。

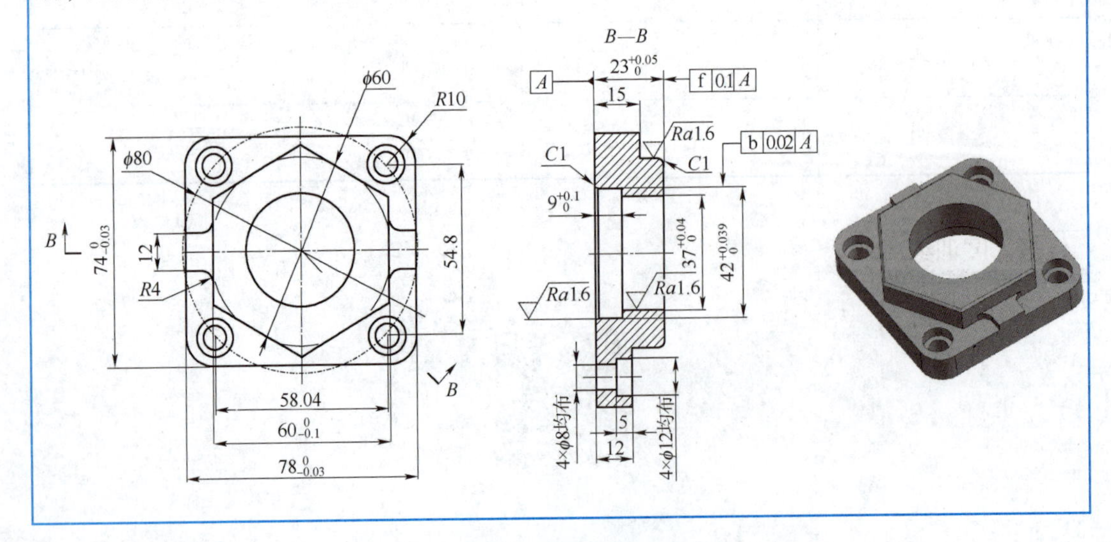

知识链接 <<<

1. 综合零件铣削加工工艺分析

（1）零件分析图样

该零件为典型的综合零件，加工要素包含了外轮廓、内轮廓和孔，其中，轮廓、上下平面与孔壁表面质量要求较高，所有加工要素均有较高的尺寸精度要求；根据零件特征，可选用数控立式铣床或加工中心机床通过两次装夹完成该零件的整体切削加工。

（2）工艺分析

根据给定加工毛坯和图纸的要求，确定主要型面加工方案，制订零件机械加工工艺过程卡（表 14.1）。

表 14.1 机械加工工艺过程卡

<table>
<tr><td rowspan="2">零件名称</td><td rowspan="2">综合零件</td><td colspan="3" rowspan="2">机械加工工艺过程卡</td><td>毛坯种类</td><td>方料</td><td>共 1 页</td></tr>
<tr><td>材料</td><td>2A12 铝</td><td>第 1 项</td></tr>
<tr><td>工序号</td><td>工序名称</td><td colspan="4">工序内容</td><td>设备</td><td>工艺装备</td></tr>
<tr><td>10</td><td>备料</td><td colspan="4">备料 80 mm×80 mm×25 mm，材料为 2A12 铝</td><td></td><td></td></tr>
<tr><td>20</td><td>铣反面</td><td colspan="4">粗、精铣反面平面 78 mm×74 mm×12 mm 的外形及 ϕ42 mm、ϕ37 mm 内孔至图纸要求并倒角</td><td>数控铣床/加工中心</td><td>虎钳</td></tr>
<tr><td>30</td><td>铣正面</td><td colspan="4">粗、精铣正面平面、ϕ60 mm 内接圆的六变形凸台、12 mm 宽一字凸台，同时铣 4×ϕ8 mm、4×ϕ12 mm 至图纸要求并倒角</td><td>数控铣床/加工中心</td><td>虎钳</td></tr>
<tr><td>40</td><td>钳</td><td colspan="4">锐边倒钝，去毛刺</td><td>钳台</td><td>虎钳</td></tr>
<tr><td>50</td><td>清洗</td><td colspan="4">用清洁剂清洗零件</td><td></td><td></td></tr>
<tr><td>60</td><td>检验</td><td colspan="4">按图样尺寸检测</td><td></td><td></td></tr>
<tr><td>编制</td><td></td><td>日期</td><td></td><td>审核</td><td></td><td>日期</td><td></td></tr>
</table>

2. 综合零件自动编程与仿真加工实施

1）零件的三维建模

根据零件图，绘制草图曲线，创建零件三维特征模型，如图 14.1 所示。

图 14.1 创建零件三维特征模型

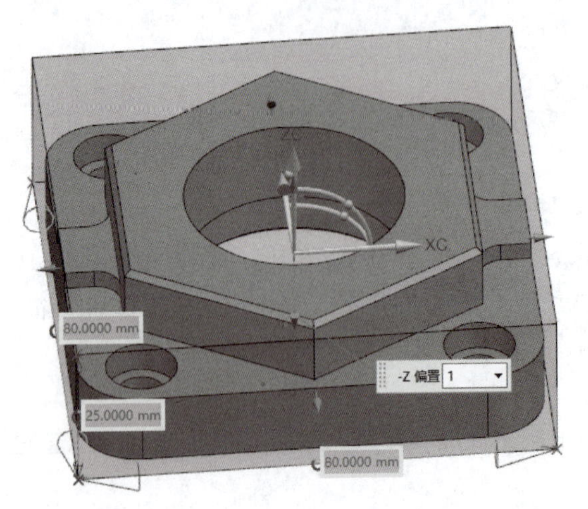

图 14.2 包容体创建零件毛坯

2）创建零件毛坯

根据已知毛坯尺寸为 80 mm×80 mm×25 mm，零件外形尺寸为 78 mm×74 mm×23 mm，创建零件毛坯模型，上、下平面均留 1 mm 加工余量。方形毛坯创建除了通过上述任务创建外，还可以通过“注塑模向导”中的“包容体”创建。选中工件，修改每侧毛坯相对工件的偏置值，创建零件毛坯，如图 14.2 所示。

3）铣反面

铣反面工序内容包括粗、精铣反面平面 78 mm×74 mm×12 mm 的外形及ϕ42 mm、ϕ37 mm内孔至图纸要求并倒角。在对该工序进行自动编程时，按开粗→精铣反面平面→精铣外轮廓→精铣 ϕ42 mm、ϕ37 mm内孔→C1 倒角加工→仿真加工的顺序设计。

（1）开粗

设定 MCS_MILL：以反面毛坯上表面中心为工件坐标系，设定安全平面。指定 WORKPIECE：选择加工工件，选择毛坯。创建刀具：开粗刀具选择硬质合金立铣刀，刀具直径为 ϕ16 mm，命名为“T1-D16”。创建工序：选择“mill_contour”，工序子类型选择“型腔铣”，选择刀具为“T1-D16”，几何体为“WORKPIECE”，方法为“MILL_ROUGH”。进入各选项卡，设置：步距最大距离为“10 mm”，公共每刀切削深度最大距离为“3 mm”，切削方向为“逆铣”，切削顺序为“深度优先”，刀轨方向为“向内”，将底面与侧面余量设置为单边“0.2 mm”，主轴转速设定为“2 500 r/min”，进给速度为“1 200 mm/min”。设置切削层时，以反面 12 mm 深度面为最大切削层深度，即相对毛坯上表面，切削总深度为“13 mm”，生成反面粗加工刀轨及仿真加工结果，如图 14.3 所示。

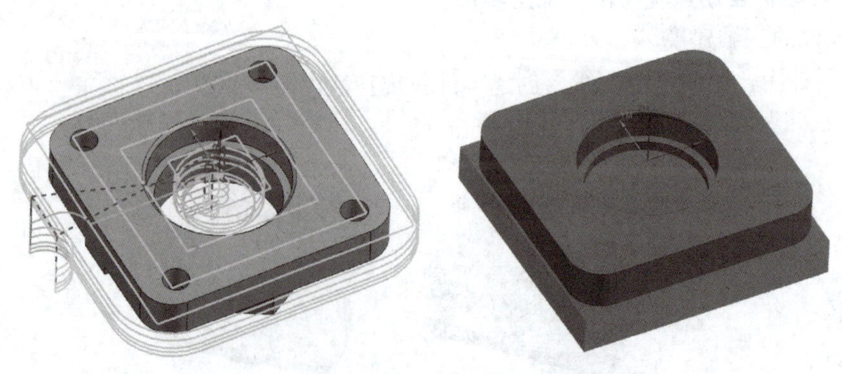

图 14.3 反面粗加工刀轨及仿真加工结果

（2）精铣反面平面

创建刀具：选择立铣刀，直径设定为“ϕ12 mm”，命名为“T2-D12”。创建工序：选择“mill_planar”里的“不含壁的底面加工”工序子类型。进入“工序”选项卡，设置：指定切削底面，最终底面余量为“0”，切削模式为“单向”，主轴转速为“3 500 r/min”，进给速度为“600 mm/min”，生成反面平面精加工刀轨，如图 14. 4 所示。

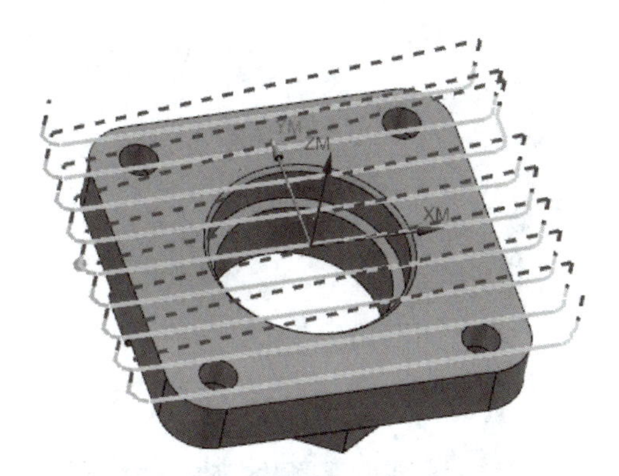

图 14. 4　反面平面精加工刀轨

（3）精铣外轮廓

创建工序：选择“mill_planar”里的“不含底面的壁 2D 轮廓铣”工序子类型，刀具选择“T2-D12”。进入“工序”选项卡，设置：指定壁几何体，*Z* 向深度偏置为“-3 mm”，毛坯选择“3D IPW”，主轴转速为“3 500 r/min”，进给速度为“600 mm/min”，生成反面外轮廓精加工刀轨，如图 14. 5 所示。

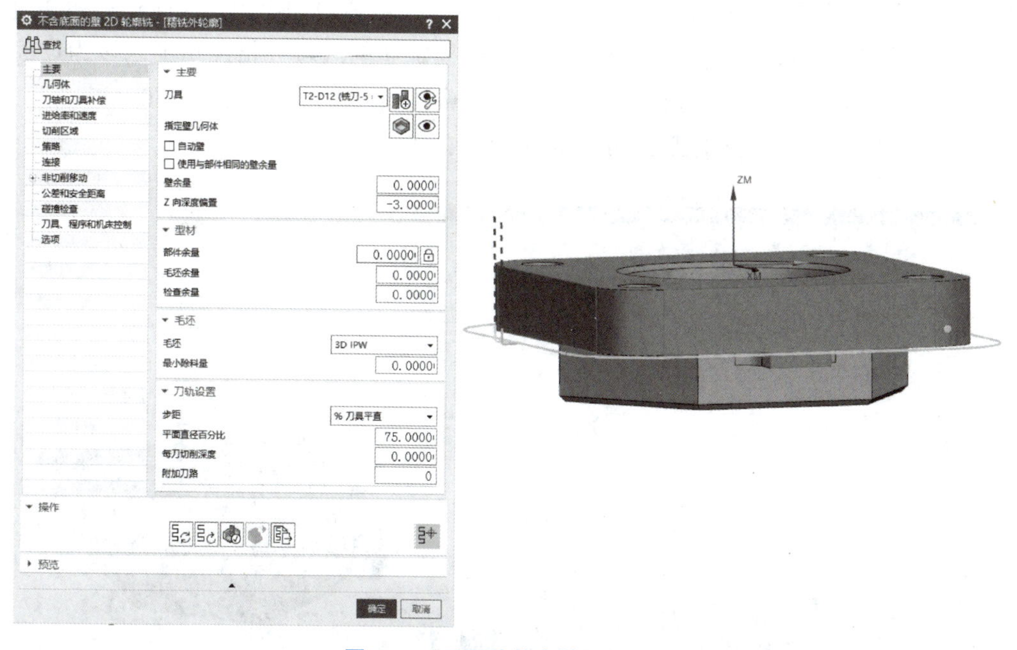

图 14. 5　反面外轮廓精加工刀轨

（4）精铣 ϕ42 mm、ϕ37 mm 内孔

创建工序：选择“mill_planar”里的“含底面的壁 2D 轮廓铣”工序子类型，刀具选择“T2-D12”。进入“工序”选项卡，设置：指定壁几何体，指定切削区底面，毛坯选择“3D IPW”，主轴转速为“3 500 r/min”，进给速度为“600 mm/min”，生成反面外轮廓精加工刀轨，如图 14.6 所示。

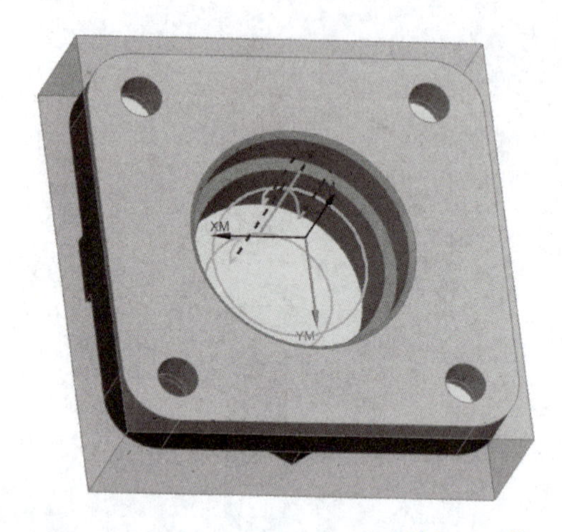

图 14.6　ϕ42 mm、ϕ37 mm 内孔精加工刀轨

（5）C1 倒角加工

创建刀具：刀具名称为“T4-D8C1”，倒角刀直径为“8 mm”，倒斜长度为“4 mm”，倒斜角为“45°”。创建工序：选择“mill_planar”里的“平面去毛刺”工序子类型。进入“工序”选项卡，设置：倒斜角 Z 向偏置为“2 mm”，倒斜角大小为“1 mm”；在几何体设置中，先在建模环境下将斜角特征删除，便于指定切削区域，指定切削区域为反面平面，排除边选择反面平面不倒角的边，勾选“忽略孔”；主轴转速为“3 500 r/min”，进给速度为“600 mm/min”，生成 C1 倒角加工刀轨，如图 14.7 所示。

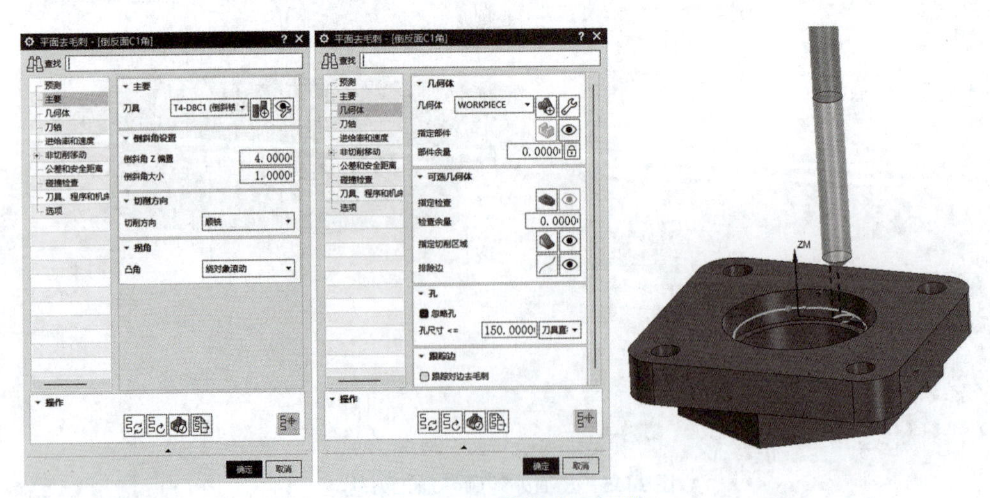

图 14.7　C1 倒角加工刀轨

(6) 仿真加工

选中所有反面加工程序进行3D动态仿真，结果如图14.8所示。

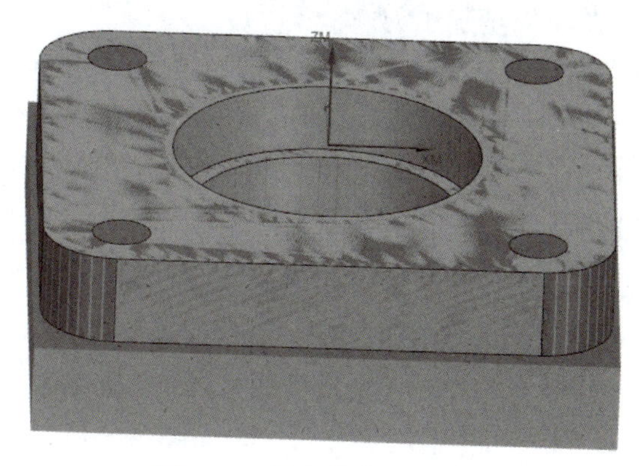

图 14.8　反面仿真加工结果

4) 铣正面

铣正面工序内容包括粗、精铣正面平面、$\phi60$ mm内接圆的六变形凸台、12 mm宽一字凸台、$4\times\phi8$ mm、$4\times\phi12$ mm至图纸要求并倒角。在对该工序进行自动编程时，按开粗→精加工平面→精加工凸台轮廓→孔加工→倒角的加工顺序设计。

(1) 开粗

设定MCS_MILL：以正面毛坯上表面中心为工件坐标系，设定安全平面。指定WORKPIECE：选择加工工件，选择毛坯，开粗刀具选择“T1-D16”。正面开粗加工工序设置参照反面开粗加工，指定正面切削层最大深度，因$\phi37$ mm孔在反面加工工序中已加工完成，所以，在此工序中需将$\phi37$ mm孔内侧刀轨修剪，生成的反面粗加工刀轨及仿真加工结果如图14.9所示。

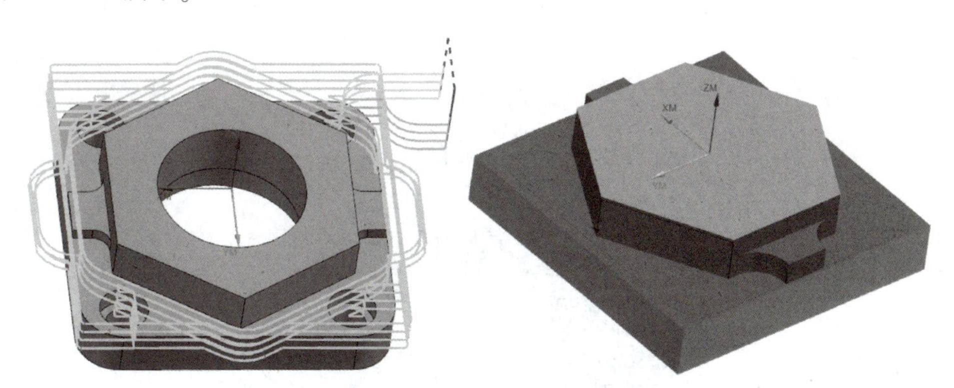

图 14.9　反面粗加工刀轨及仿真加工结果

(2) 精加工平面及精加工凸台轮廓

上面平精加工：选择“mill_planar”里的“不含壁的底面加工”工序子类型，具体设置参照精铣反面平面。

台阶平面精加工：选择“mill_planar”里的“底壁铣”工序子类型，指定台阶面为切削区底面，勾选“自动壁”，毛坯为“3D IPW”。在“几何体”选项卡中，指定修剪边界，将 ϕ37 mm 孔内侧刀轨修剪，主轴转速设置为“2 000 r/min”，进给速度为“300 mm/min”，生成台阶平面精加工刀轨。

12 mm 宽一字凸台平面精加工：复制台阶平面精加工工序并粘贴，将切削区底面更改为 12 mm 宽一字凸台平面。在“切削区域”选项卡中，将刀具延展量改为“5 mm”，生成 12 mm 宽一字凸台平面精加工刀轨。

凸台外轮廓残余量精加工：经过前几道精加工工序，12 mm 宽一字凸台侧壁仍有残余量未精加工，选择“mill_planar”里的“含底面的壁 2D 轮廓铣”工序子类型，分别指定壁几何体与切削区域底面，毛坯为“3D IPW”，主轴转速设置为“2 000 r/min”，进给速度为“300 mm/min”，生成凸台外轮廓残余量精加工刀轨，如图 14.10 所示。

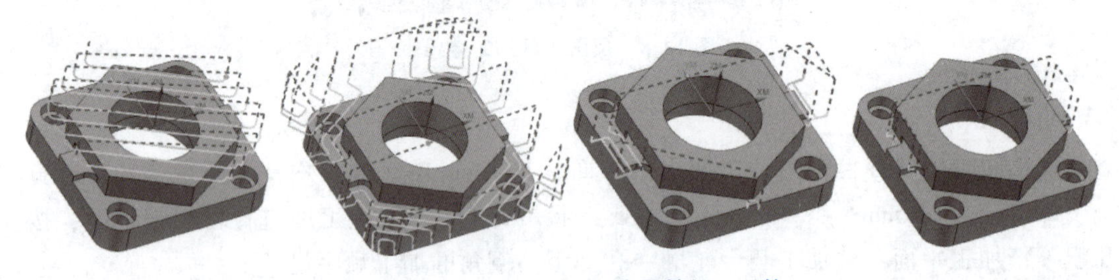

图 14.10　凸台外轮郭残余量精加工刀轨

（3）4×ϕ8 mm、4×ϕ12 mm 孔加工

钻 4×ϕ8 mm 孔：创建 ϕ7.5 mm 麻花钻并命名为“T6-D7.5”。创建钻孔加工工序：选择“hole_making”里的“钻孔”工序子类型，选择钻孔刀具，选择几何体；进入“工序”选项卡，设置：指定特征几何体为 4×ϕ8 mm 孔，钻孔深度改为“13 mm”，循环为“钻”，主轴转速设置为“500 r/min”，进给速度为“80 mm/min”，生成钻孔加工刀轨，如图 14.11 所示。

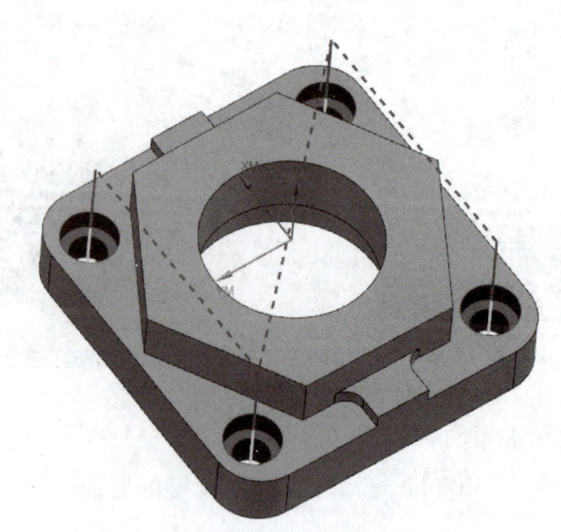

图 14.11　钻 4×ϕ8 mm 刀轨

铰 4×ϕ8 mm 孔：创建 ϕ8 mm 铰刀并命名为“T7-D8”。创建铰孔加工工序：选择“hole_making”里的“镗孔/铰”工序子类型，选择“T7-D8”刀具，选择几何体；进入“工序”选项卡，设置：指定特征几何体为 4×ϕ8 mm 孔，铰孔深度改为“13 mm”，循环为“钻”，主轴转速设置为“300 r/min”，进给速度为“50 mm/min”，生成铰孔加工刀轨，如图 14.12 所示。

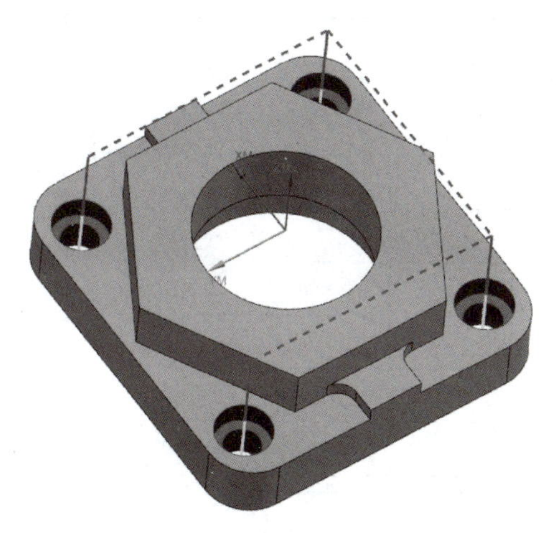

图 14.12 铰 4×ϕ8 mm 刀轨

孔铣 4×ϕ12 mm：选择“hole_making”里的“孔铣”工序子类型，选择“T5-D6”刀具，选择几何体，方法选择“MILL_FINISH”；进入“工序”选项卡，设置：指定特征几何体为 4×ϕ12 mm 孔，切削模式为“螺旋”，主轴转速设置为“2 000 r/min”，进给速度为“200 mm/min”，生成孔铣加工刀轨，如图 14.13 所示。

5）仿真加工

选中所有正面加工程序进行 3D 动态仿真，仿真加工结果如图 14.14 所示。

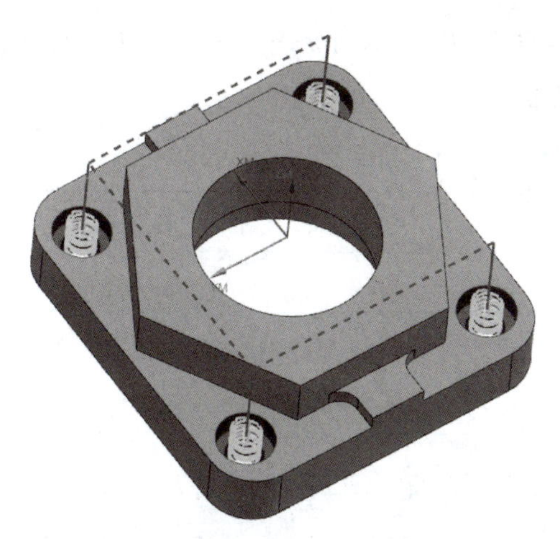

图 14.13 孔铣 4×ϕ12 mm 加工刀轨

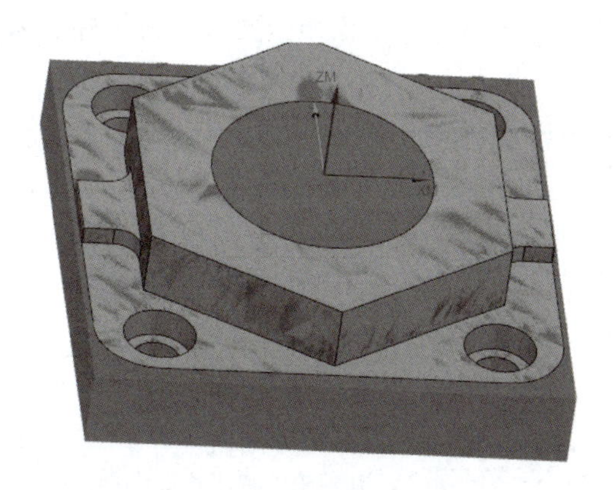

图 14.14 正面仿真加工结果

学习任务单

任务分组

学生任务分配表

<table>
<tr><td>班级</td><td></td><td>组号</td><td></td><td>指导教师</td><td></td></tr>
<tr><td>姓名</td><td></td><td>学号</td><td></td><td>工位号</td><td></td></tr>
<tr><td>组员</td><td colspan="5"><table>
<tr><td>班级</td><td>姓名</td><td>学号</td><td>电话</td></tr>
<tr><td></td><td></td><td></td><td></td></tr>
<tr><td></td><td></td><td></td><td></td></tr>
<tr><td></td><td></td><td></td><td></td></tr>
<tr><td></td><td></td><td></td><td></td></tr>
<tr><td></td><td></td><td></td><td></td></tr>
</table></td></tr>
<tr><td>任务分工</td><td colspan="5"></td></tr>
</table>

获取资讯

引导问题1：分析零件图样，并在加工数据表中写出该任务零件的主要加工尺寸、几何公差要求及表面质量要求，为零件的编程做准备。

加工数据表

<table>
<tr><td>序号</td><td>项目</td><td>内容</td><td>偏差范围</td></tr>
<tr><td>1</td><td rowspan="4">主要加工尺寸</td><td></td><td></td></tr>
<tr><td>2</td><td></td><td></td></tr>
<tr><td>3</td><td></td><td></td></tr>
<tr><td>4</td><td></td><td></td></tr>
<tr><td>5</td><td>几何公差要求</td><td></td><td></td></tr>
<tr><td>6</td><td>表面质量要求</td><td></td><td></td></tr>
</table>

引导问题 2：如何控制翻面装夹零件的定位精度？

引导问题 3：完成本任务零件的加工需要用到哪些刀具、工具、量具？

工作实施

1. 分析图样。

2. 选择刀具及确定工件装夹方式。

3. 建立工件坐标系。

4. 制订加工路线。

5. 确定切削用量。

6. 填写数控加工工序卡。

数控加工工序卡

<table>
<tr><td rowspan="2">单位</td><td rowspan="2"></td><td colspan="2">产品名称或代号</td><td colspan="2">零件名称</td><td>零件图号</td></tr>
<tr><td colspan="2"></td><td colspan="2"></td><td></td></tr>
<tr><td>工序号</td><td>程序编号</td><td colspan="2">夹具</td><td colspan="2">使用设备</td><td>车间</td></tr>
<tr><td></td><td></td><td colspan="2"></td><td colspan="2"></td><td></td></tr>
<tr><td>工步号</td><td>工步内容</td><td>刀具号</td><td>刀具规格</td><td>主轴转速</td><td>进给速度</td><td>背吃刀量</td></tr>
<tr><td></td><td></td><td></td><td></td><td></td><td></td><td></td></tr>
<tr><td></td><td></td><td></td><td></td><td></td><td></td><td></td></tr>
<tr><td></td><td></td><td></td><td></td><td></td><td></td><td></td></tr>
<tr><td></td><td></td><td></td><td></td><td></td><td></td><td></td></tr>
<tr><td></td><td></td><td></td><td></td><td></td><td></td><td></td></tr>
<tr><td></td><td></td><td></td><td></td><td></td><td></td><td></td></tr>
<tr><td></td><td></td><td></td><td></td><td></td><td></td><td></td></tr>
<tr><td></td><td></td><td></td><td></td><td></td><td></td><td></td></tr>
<tr><td>编制</td><td></td><td>审核</td><td></td><td>时间</td><td colspan="2"></td></tr>
</table>

7. 自动编程与仿真加工。

8. 零件试切加工。

实施检测

明确检测要素，组内检测分工，完成检测要素表。

检测要素表

序号	检测要素	精度要求	工/量具

按零件自检表对加工好的零件进行检测，将结果填入。

零件自检表

零件名称				允许读数误差				
序号	项目	尺寸要求	使用的量具	测量结果				项目判定（合格否）
				NO. 1	NO. 2	NO. 3	平均值	
结论（对上述测量尺寸进行评价）				合格品（ ） 次品（ ） 废品（ ）				
处理意见								

考核评价

各组代表展示作品，介绍任务完成过程。作品展示前应准备阐述材料。

小组自评表

班级		组名		日期	年 月 日
评价指标	评价要素			分数	分数评定
信息检索	能有效利用网络资源、工作手册查找有效信息；能用自己的语言有条理地去解释、表述所学知识；能将查找到的信息有效转换到工作中			10	
感知工作	是否熟悉各自的工作岗位，认同工作价值；在工作中是否获得满足感			10	
参与状态	与教师、同学之间是否相互尊重、理解、平等；与教师、同学之间是否能够保持多向、丰富、适宜的信息交流			10	
	探究学习、自主学习不流于形式，处理好合作学习和独立思考的关系，做到有效学习；能提出有意义的问题或能发表个人见解；能按要求正确操作；能够倾听、协作分享			10	
学习方法	工作计划、操作技能是否符合规范要求；是否获得了进一步发展的能力			10	
工作过程	遵守管理规程，操作过程符合现场管理要求；平时上课的出勤情况和每天完成工作任务情况较好；善于多角度思考问题，能主动发现、提出有价值的问题			15	
思维状态	能发现问题、提出问题、分析问题、解决问题、创新问题			10	
自评反馈	按时按质完成工作任务；较好地掌握了专业知识点；具有较强的信息分析能力和理解能力；具有较为全面、严谨的思维能力，并能条理明晰地表述成文			25	
自评分数					
有益的经验和做法					
总结反思建议					

小组互评表

班级		组名		日期	年　月　日
评价指标	评价要素			分数	分数评定
信息检索	该组能否有效利用网络资源、工作手册查找有效信息			5	
	该组能否用自己的语言有条理地去解释、表述所学知识			5	
	该组能否将查找到的信息有效转换到工作中			5	
感知工作	该组能否熟悉自己的工作岗位、认同工作价值			5	
	该组成员在工作中是否获得满足感			5	
参与状态	该组与教师、同学之间是否相互尊重、理解、平等			5	
	该组与教师、同学之间是否能够保持多向、丰富、适宜的信息交流			5	
	该组能否处理好合作学习和独立思考的关系，做到有效学习			5	
	该组能否提出有意义的问题或能发表个人见解；能按要求正确操作；能够倾听、协作分享			5	
	该组能否积极参与，在产品加工过程中不断学习，综合运用信息技术的能力得到提高			5	
学习方法	该组的工作计划、操作技能是否符合规范要求			5	
	该组是否获得了进一步发展的能力			5	
工作过程	该组是否遵守管理规程，操作过程符合现场管理要求			5	
	该组平时上课的出勤情况和每天完成工作任务情况			5	
	该组成员是否能加工出合格工件，并善于多角度思考问题，能主动发现、提出有价值的问题			15	
思维状态	该组是否能发现问题、提出问题、分析问题、解决问题、创新问题			5	
互评反馈	该组是否能严肃、认真地对待互评，并能独立完成测试题			10	
互评分数					
有益的经验和做法					
总结反思建议					

总评表

序号	评价项目	小组自评（30%）	小组互评（30%）	教师评价（40%）	总评
1	任务是否按时完成				
2	材料完成并上交情况				
3	作品质量				
4	语言表达能力				
5	小组成员合作情况				
6	创新点				

问题分析总结

任务完成后，学员根据任务实施情况分析存在的问题及原因，并填写任务实施情况分析表。指导教师对任务实施情况进行讲评。

任务实施情况分析表

任务实施过程	存在的问题	解决问题的方法	点评
制订零件加工工艺			
编制加工程序			
仿真加工			
机床加工			
零件检测			
安全文明			

任务扩展训练

学习领域三

1+X数控车铣加工考核训练

学习任务十五 1+X 数控车铣加工考核训练（初级）

学习任务卡

任务编号	15	任务名称	1+X 数控车铣加工 考核训练（初级）
设备名称	数控车床、数控铣床	考核区域	铣削中心、车削中心
数控系统	HNC-8 型数控 车削系统	考核时间	240 分钟
参考文件	1+X 数控车铣加工职业技能等级标准		
考核要求	1+X 数控车铣加工（初级）考核要求如下： 1. CAD/CAM 软件由考点提供，考生不得使用自带软件；考生根据清单自带刀具、夹具、量具、工具等，禁止使用清单中所列规格之外的刀具，否则，考核师有权决定终止其参加考核。 2. 考生考核场次和考核工位由考点统一安排抽取。 3. 考核时间，机床编程加工为 240 分钟。 4. 考生按规定时间到达指定地点，凭身份证和准考证进入考场。 5. 考生考核前 15 分钟进入考核工位，清点工具，确认现场条件无误；考核时间开始方可进行操作。考生迟到 15 分钟按自行放弃考核处理。 6. 考生不得携带通信工具和其他未经允许的资料、物品进入考核现场，不得中途退场。如出现较严重的违规、违纪、舞弊等现象，考核管理部门有权取消其考核成绩。 7. 考生自备劳服用品（工作服、安全鞋、安全帽、防护镜等），考核时，应按照专业安全操作要求穿戴个人劳保防护用品，并严格遵照操作规程进行考核，符合安全、文明生产要求。 8. 考生的着装及所带用具不得出现标识。 9. 考核时间为连续进行，包括数控编程、零件加工、检测和清洁整理等时间；考生休息、饮食和如厕等时间都计算在考核时间内。 10. 考核过程中，考生须严格遵守相关操作规程，确保设备及人身安全，并接受考核师的监督和警示；如考生在考核中因违章操作出现安全事故，取消继续考核的资格，成绩记零分。		

续表

<table>
<tr><td>任务编号</td><td>15</td><td colspan="2">任务名称</td><td colspan="2">1+X 数控车铣加工
考核训练（初级）</td></tr>
<tr><td>考核要求</td><td colspan="5">11. 机床在工作中发生故障或产生不正常现象时，应立即停机，保持现场状态，同时应立即报告当值考核师。如因设备故障所造成的停机排除时间，考生应抓紧时间完成其他工作内容，现场考核师经请示核准后酌情补偿考核时间。
12. 考生完成考核项目后，提请考核师到工位处检查确认并登记相关内容，考核终止时间由考核师记录，考生签字确认；考生结束考核后，不得再进行任何操作。
13. 考生不得擅自修改数控系统内的机床参数。
14. 考核师在考核结束前 15 分钟提醒考生剩余时间。当听到考核结束指令时，考生应立即停止操作，不得以任何理由拖延时间继续操作。离开考核场地时，不得将草稿纸等与考核有关的物品带离考核现场。</td></tr>
<tr><td>考核内容</td><td colspan="5">考试现场操作的方式，以批量加工中试切件为考核项目，完成以下考核任务：
1. 职业素养。（10 分）
2. 执行机械加工工艺过程卡，完成图纸零件的数控加工。（12 分）
3. 零件编程及加工：
（1）按照任务书要求，完成零件的加工。（70 分）
（2）根据自检表完成零件的部分尺寸自检。（5 分）
（3）按照任务书完成零件的装配。（5 分）</td></tr>
<tr><td colspan="6">考核提供的考件</td></tr>
<tr><td>序号</td><td>零件名称</td><td>材料</td><td>规格</td><td>数量</td><td>备注</td></tr>
<tr><td>1</td><td>传动轴</td><td>45 钢</td><td>ϕ50 mm×78 mm</td><td>1</td><td>棒料</td></tr>
<tr><td>2</td><td>端盖</td><td>2A12
铝合金</td><td>80 mm×80 mm×25 mm</td><td>1</td><td>方料</td></tr>
<tr><td colspan="6">注明：每一名考生每次考试过程中只允许各使用一个毛坯。</td></tr>
</table>

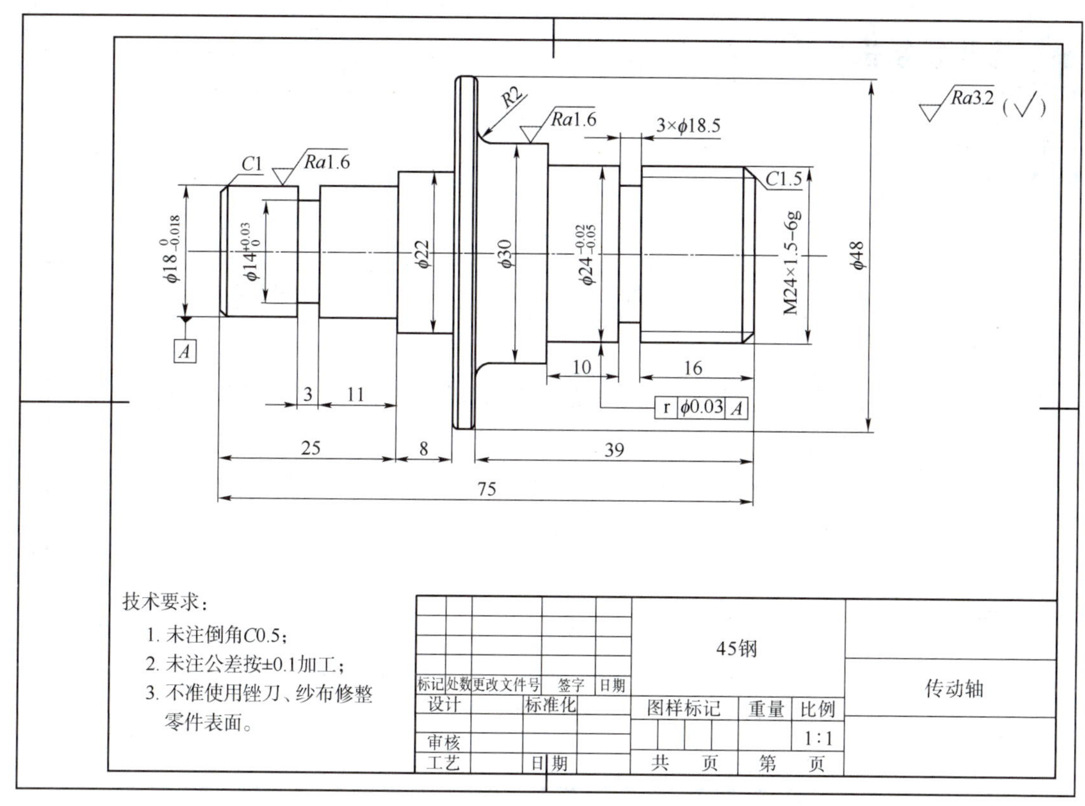
Ra3.2 (√)
R2
Ra1.6
3×ϕ18.5
C1
C1.5
ϕ18 0 -0.018
ϕ14 +0.03 0
ϕ22
ϕ30
ϕ24 -0.02 -0.05
M24×1.5-6g
ϕ48
A
10
16
3
11
ϕ0.03 A
25
8
39
75
技术要求：
1. 未注倒角C0.5；
2. 未注公差按±0.1加工；
3. 不准使用锉刀、纱布修整零件表面。
45钢
传动轴
标记 处数 更改文件号 签字 日期
设计 标准化
图样标记 重量 比例
1:1
审核
工艺 日期
共 页 第 页

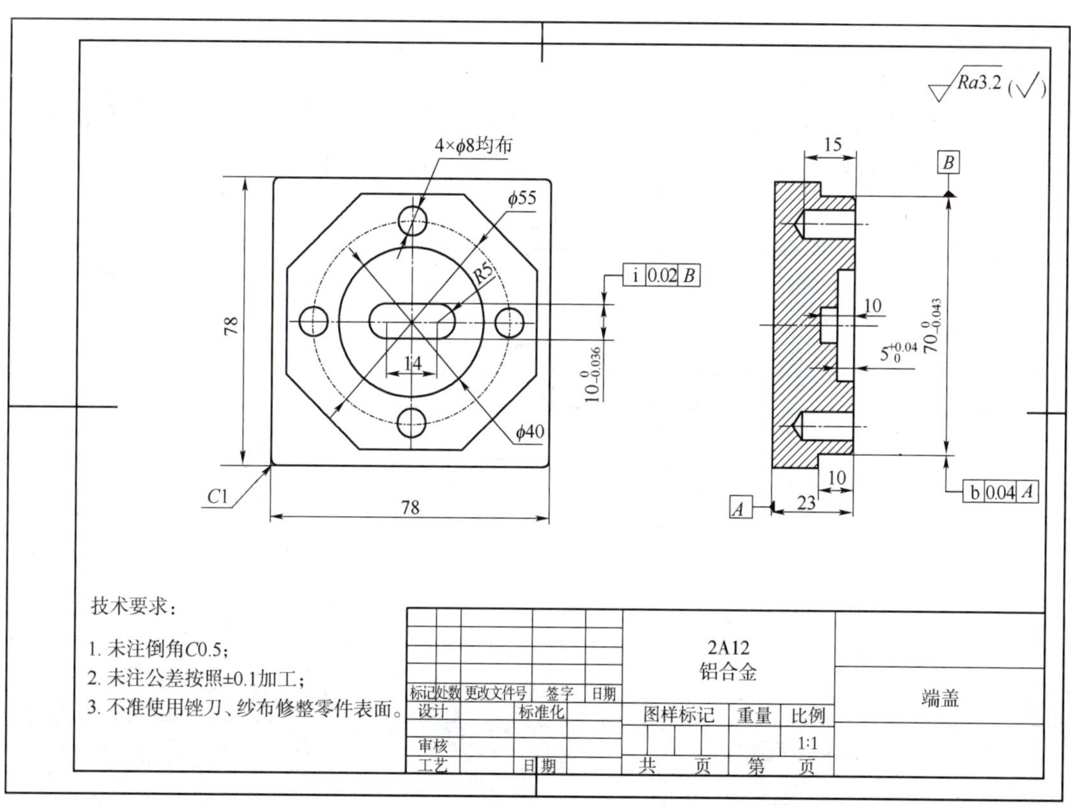
Ra3.2 (√)
4×ϕ8均布
ϕ55
R5
0.02 B
78
14
10 0 -0.036
ϕ40
C1
78
15
B
10
5 +0.04 0
70 0 -0.043
10
0.04 A
A
23
技术要求：
1. 未注倒角C0.5；
2. 未注公差按照±0.1加工；
3. 不准使用锉刀、纱布修整零件表面。
2A12
铝合金
端盖
标记 处数 更改文件号 签字 日期
设计 标准化
图样标记 重量 比例
1:1
审核
工艺 日期
共 页 第 页

考核任务书

任务分组

学生任务分配表

<table>
<tr><td>班级</td><td></td><td>组号</td><td></td><td>指导教师</td><td></td></tr>
<tr><td>姓名</td><td></td><td>学号</td><td></td><td>工位号</td><td></td></tr>
<tr><td>组员</td><td colspan="5">
<table>
<tr><td>班级</td><td>姓名</td><td>学号</td><td>电话</td></tr>
<tr><td></td><td></td><td></td><td></td></tr>
<tr><td></td><td></td><td></td><td></td></tr>
<tr><td></td><td></td><td></td><td></td></tr>
<tr><td></td><td></td><td></td><td></td></tr>
<tr><td></td><td></td><td></td><td></td></tr>
</table>
</td></tr>
<tr><td>任务分工</td><td colspan="5"></td></tr>
</table>

获取资讯

引导问题1： 分析传动轴零件图样，并在传动轴加工数据表中写出任务零件的主要加工尺寸、几何公差要求及表面质量要求，为零件的编程做准备。

传动轴加工数据表

<table>
<tr><th>序号</th><th>项目</th><th>内容</th><th>偏差范围</th></tr>
<tr><td>1</td><td rowspan="8">主要加工尺寸</td><td></td><td></td></tr>
<tr><td>2</td><td></td><td></td></tr>
<tr><td>3</td><td></td><td></td></tr>
<tr><td>4</td><td></td><td></td></tr>
<tr><td>5</td><td></td><td></td></tr>
<tr><td>6</td><td></td><td></td></tr>
<tr><td>7</td><td></td><td></td></tr>
<tr><td>8</td><td></td><td></td></tr>
<tr><td>9</td><td>几何公差要求</td><td></td><td></td></tr>
<tr><td>10</td><td>表面质量要求</td><td></td><td></td></tr>
</table>

引导问题 2：分析端盖零件图样，并在端盖加工数据表中写出任务零件的主要加工尺寸、几何公差要求及表面质量要求，为零件的编程做准备。

端盖加工数据表

<table>
<tr><th>序号</th><th>项目</th><th>内容</th><th>偏差范围</th></tr>
<tr><td>1</td><td rowspan="8">主要加工尺寸</td><td></td><td></td></tr>
<tr><td>2</td><td></td><td></td></tr>
<tr><td>3</td><td></td><td></td></tr>
<tr><td>4</td><td></td><td></td></tr>
<tr><td>5</td><td></td><td></td></tr>
<tr><td>6</td><td></td><td></td></tr>
<tr><td>7</td><td></td><td></td></tr>
<tr><td>8</td><td></td><td></td></tr>
<tr><td>9</td><td>几何公差要求</td><td></td><td></td></tr>
<tr><td>10</td><td>表面质量要求</td><td></td><td></td></tr>
</table>

工作实施

1. 分析传动轴零件图样，明确加工要系，填写传动轴机械加工工艺过程卡。

传动轴机械加工工艺过程卡

<table>
<tr><td rowspan="2">零件名称</td><td rowspan="2"></td><td rowspan="2">机械加工工艺
过程卡</td><td>毛坯种类</td><td>材料</td><td>共　页</td></tr>
<tr><td></td><td></td><td>第　页</td></tr>
</table>

<table>
<tr><th>工序号</th><th>工序名称</th><th>工序内容</th><th>设备</th><th>工艺装备</th></tr>
<tr><td></td><td></td><td></td><td></td><td></td></tr>
<tr><td></td><td></td><td></td><td></td><td></td></tr>
<tr><td></td><td></td><td></td><td></td><td></td></tr>
<tr><td></td><td></td><td></td><td></td><td></td></tr>
<tr><td></td><td></td><td></td><td></td><td></td></tr>
<tr><td></td><td></td><td></td><td></td><td></td></tr>
<tr><td></td><td></td><td></td><td></td><td></td></tr>
</table>

编制		日期		审核		日期	

2. 分析端盖零件图样，填写端盖机械加工工艺过程卡。

端盖机械加工工艺过程卡

零件名称		机械加工工艺过程卡	毛坯种类	材料	共　页
					第　页

工序号	工序名称	工序内容	设备	工艺装备

编制		日期		审核		日期	

3. 明确加工工艺，填写数控加工工序卡。

数控加工工序卡（1）

单位		产品名称或代号		零件名称		零件图号
工序号	程序编号	夹具		使用设备		车间
工步号	工步内容	刀具号	刀具规格	主轴转速	进给速度	背吃刀量
编制		审核		时间		

数控加工工序卡（2）

单位		产品名称或代号		零件名称		零件图号
工序号	程序编号	夹具		使用设备		车间
工步号	工步内容	刀具号	刀具规格	主轴转速	进给速度	背吃刀量
编制		审核		时间		

实施检测

明确检测要素，组内检测分工，完成传动轴检测要素表和端盖检测要素表。

传动轴检测要素表

序号	检测要素	精度要求	工/量具

端盖检测要素表

序号	检测要素	精度要求	工/量具

按传动轴零件自检表和端盖零件自检表对加工好的零件进行检测，将结果填入。

传动轴零件自检表

零件名称				允许读数误差			
序号	项目	尺寸要求	使用的量具	测量结果			项目判定（合格否）
				NO. 1	NO. 2	NO. 3	平均值	
结论（对上述测量尺寸进行评价）				合格品（ ） 次品（ ） 废品（ ）				
处理意见								

端盖零件自检表

零件名称				允许读数误差				
序号	项目	尺寸要求	使用的量具	测量结果				项目判定（合格否）
				NO. 1	NO. 2	NO. 3	平均值	
结论（对上述测量尺寸进行评价）				合格品（　） 次品（　） 废品（　）				
处理意见								

考核评价

各组代表展示作品，介绍任务完成过程。作品展示前应准备阐述材料。

小组自评表

班级	组名	日期	年　月　日
评价指标	评价要素	分数	分数评定
信息检索	能有效利用网络资源、工作手册查找有效信息；能用自己的语言有条理地去解释、表述所学知识；能将查找到的信息有效转换到工作中	10	
感知工作	是否熟悉各自的工作岗位，认同工作价值；在工作中是否获得满足感	10	
参与状态	与教师、同学之间是否相互尊重、理解、平等；与教师、同学之间是否能够保持多向、丰富、适宜的信息交流	10	
	探究学习、自主学习不流于形式，处理好合作学习和独立思考的关系，做到有效学习；能提出有意义的问题或能发表个人见解；能按要求正确操作；能够倾听、协作分享	10	
学习方法	工作计划、操作技能是否符合规范要求；是否获得了进一步发展的能力	10	

续表

班级		组名		日期	年　月　日
评价指标	评价要素			分数	分数评定
工作过程	遵守管理规程，操作过程符合现场管理要求；平时上课的出勤情况和每天完成工作任务情况较好；善于多角度思考问题，能主动发现、提出有价值的问题			15	
思维状态	能发现问题、提出问题、分析问题、解决问题、创新问题			10	
自评反馈	按时按质完成工作任务；较好地掌握了专业知识点；具有较强的信息分析能力和理解能力；具有较为全面、严谨的思维能力，并能条理明晰地表述成文			25	
自评分数					
有益的经验和做法					
总结反思建议					

小组互评表

班级		组名		日期	年　月　日
评价指标	评价要素			分数	分数评定
信息检索	该组能否有效利用网络资源、工作手册查找有效信息			5	
	该组能否用自己的语言有条理地去解释、表述所学知识			5	
	该组能否将查找到的信息有效转换到工作中			5	
感知工作	该组能否熟悉自己的工作岗位、认同工作价值			5	
	该组成员在工作中是否获得满足感			5	
参与状态	该组与教师、同学之间是否相互尊重、理解、平等			5	
	该组与教师、同学之间是否能够保持多向、丰富、适宜的信息交流			5	
	该组能否处理好合作学习和独立思考的关系，做到有效学习			5	
	该组能否提出有意义的问题或能发表个人见解；能按要求正确操作；能够倾听、协作分享			5	
	该组能否积极参与，在产品加工过程中不断学习，综合运用信息技术的能力得到提高			5	

续表

班级		组名		日期	年 月 日
评价指标	评价要素			分数	分数评定
学习方法	该组的工作计划、操作技能是否符合规范要求			5	
	该组是否获得了进一步发展的能力			5	
工作过程	该组是否遵守管理规程，操作过程符合现场管理要求			5	
	该组平时上课的出勤情况和每天完成工作任务情况			5	
	该组成员是否能加工出合格工件，并善于多角度思考问题，能主动发现、提出有价值的问题			15	
思维状态	该组是否能发现问题、提出问题、分析问题、解决问题、创新问题			5	
互评反馈	该组是否能严肃、认真地对待互评，并能独立完成测试题			10	
互评分数					
有益的经验和做法					
总结反思建议					

总评表

序号	评价项目	小组自评（30%）	小组互评（30%）	教师评价（40%）	总评
1	任务是否按时完成				
2	材料完成并上交情况				
3	作品质量				
4	语言表达能力				
5	小组成员合作情况				
6	创新点				

问题分析总结

任务完成后，学员根据任务实施情况分析存在的问题及原因，并填写任务实施情况分析表。指导教师对任务实施情况进行讲评。

任务实施情况分析表

任务实施过程	存在的问题	解决问题的方法	点评
制订零件加工工艺			
编制加工程序			
仿真加工			
机床加工			
零件检测			
安全文明			

学习任务十六 1+X 数控车铣加工考核训练（中级）

学习任务卡

任务编号	16	任务名称	1+X 数控车铣加工考核训练（中级）
设备名称	数控车床、数控铣床	考核区域	铣削中心、车削中心
数控系统	HNC-8 型数控车削系统	考核时间	270 分钟
参考文件	1+X 数控车铣加工职业技能等级标准		
考核要求	1+X 数控车铣加工（中级）考核要求如下： 1. CAD/CAM 软件由考点提供，考生不得使用自带软件；考生根据清单自带刀具、夹具、量具、工具等，禁止使用清单中所列规格之外的刀具，否则，考核师有权决定终止其参加考核。 2. 考生考核场次和考核工位由考点统一安排抽取。 3. 考核时间：机床编程加工共 270 分钟。也可为两个环节进行，即机床连续加工 210 分钟和工艺编制与编程 60 分钟。 4. 考生按规定时间到达指定地点，凭身份证和准考证进入考场。 5. 考生考核前 15 分钟进入考核工位，清点工具，确认现场条件无误；考核时间开始方可进行操作。考生迟到 15 分钟按自行放弃考核处理。 6. 考生不得携带通信工具和其他未经允许的资料、物品进入考核现场，不得中途退场。如出现较严重的违规、违纪、舞弊等现象，考核管理部门有权取消其考核成绩。 7. 考生自备劳服用品（工作服、安全鞋、安全帽、防护镜等），考核时，应按照专业安全操作要求穿戴个人劳保防护用品，并严格遵照操作规程进行考核，符合安全、文明生产要求。 8. 考生的着装及所带用具不得出现标识。 9. 考核时间为连续进行，包括数控编程、零件加工、检测和清洁整理等时间；考生休息、饮食和如厕等时间都计算在考核时间内。 10. 考核过程中，考生须严格遵守相关操作规程，确保设备及人身安全，并接受考核师的监督和警示；如考生在考核中因违章操作出现安全事故，取消继续考核的资格，成绩记零分。 11. 机床在工作中发生故障或产生不正常现象时，应立即停机，保持现场状态，同时应立即报告当值考核师。如因设备故障所造成的停机排除时间，考生应抓紧时间完成其他工作内容，现场考核师经请示核准后酌情补偿考核时间。 12. 考生完成考核项目后，提请考核师到工位处检查确认并登记相关内容，考核终止时间由考核师记录，考生签字确认；考生结束考核后，不得再进行任何操作。 13. 考生不得擅自修改数控系统内的机床参数。 14. 考核师在考核结束前 15 分钟提醒考生剩余时间。当听到考核结束指令时，考生应立即停止操作，不得以任何理由拖延时间继续操作。离开考核场地时，不得将草稿纸等与考核有关的物品带离考核现场。			

续表

任务编号	16	任务名称	1+X 数控车铣加工考核训练（中级）		
考核内容	考试现场操作的方式，以批量加工中试切件为考核项目，完成以下考核任务： 1. 职业素养。(8 分) 2. 根据机械加工工艺过程卡，完成指定零件的机械加工工序卡、数控加工刀具卡、数控加工程序单。(12 分) 3. 零件编程及加工： (1) 按照任务书要求，完成零件的加工。(70 分) (2) 根据自检表完成零件的部分尺寸自检。(5 分) (3) 按照任务书完成零件的装配。(5 分)				
考核提供的考件					
序号	零件名称	材料	规格	数量	备注
1	传动轴	45 钢	ϕ50 mm×78 mm	1	棒料
2	端盖	2A12 铝合金	80 mm×80 mm×25 mm	1	方料
注明：每一名考生每次考试过程中只允许各使用一个毛坯。					

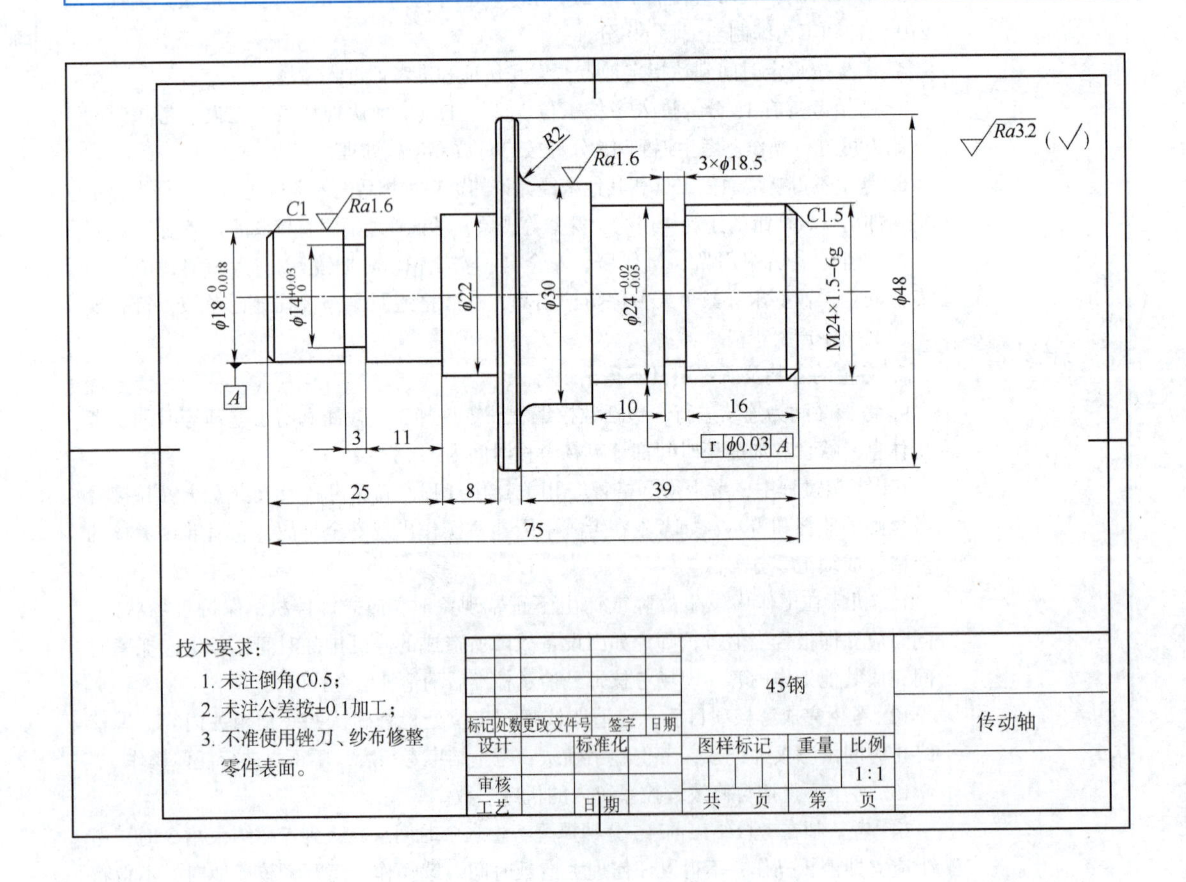

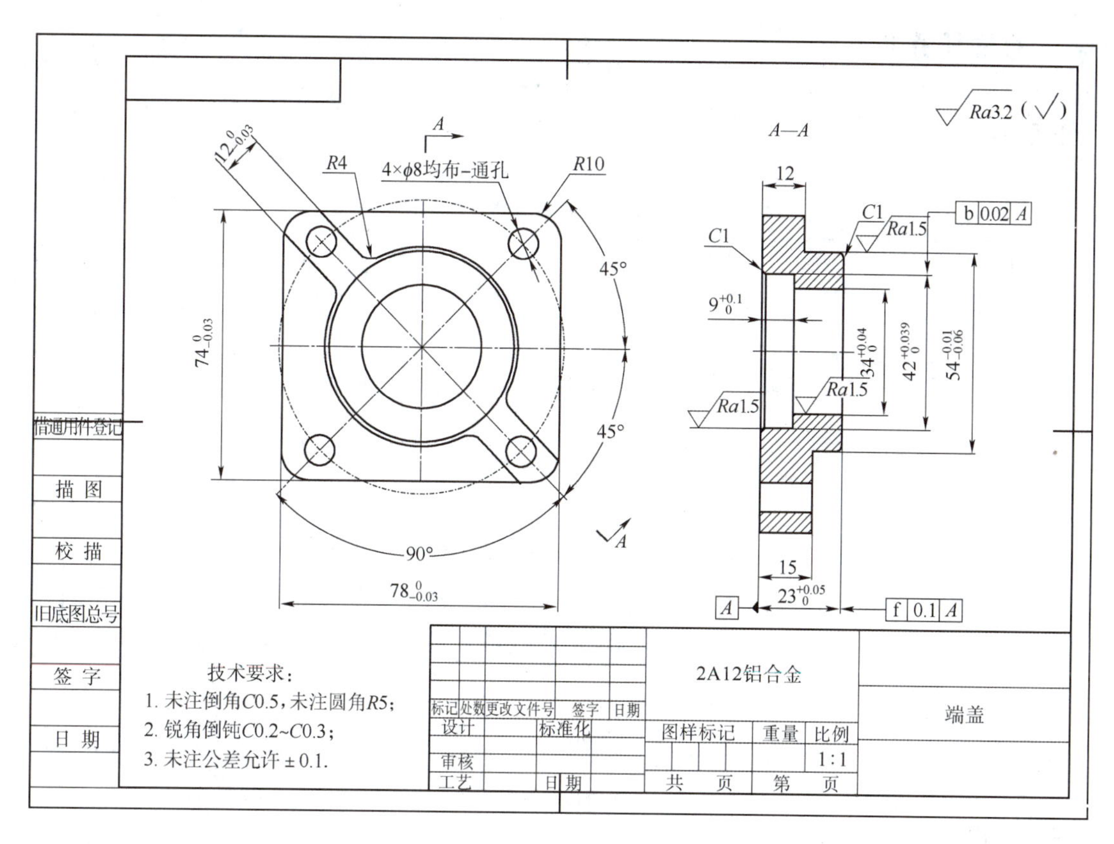

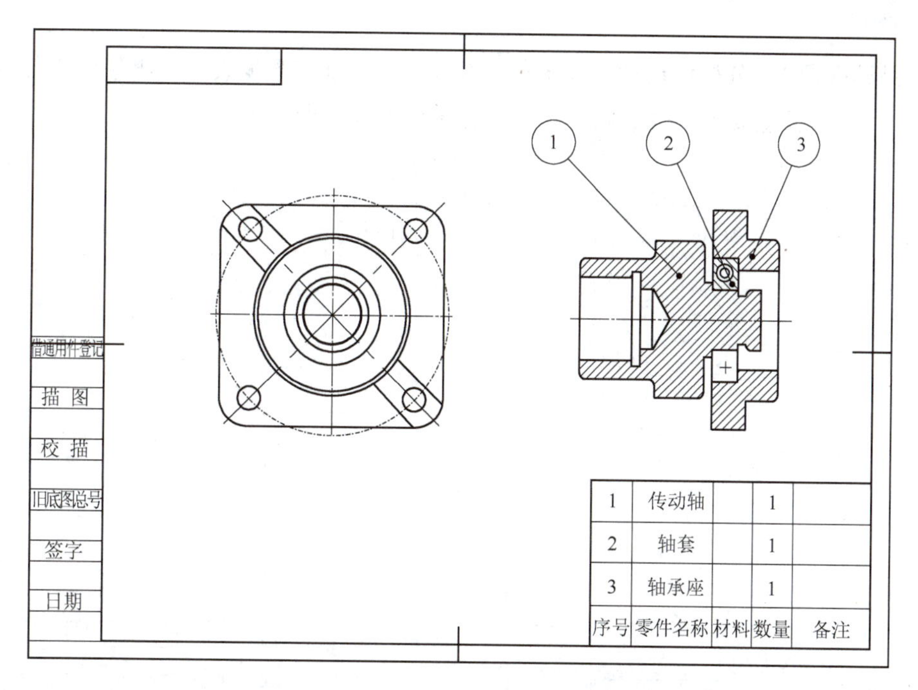

1	传动轴		1	
2	轴套		1	
3	轴承座		1	
序号	零件名称	材料	数量	备注

考核任务书

任务分组

学生任务分配表

<table>
<tr><td>班级</td><td></td><td>组号</td><td></td><td>指导教师</td><td></td></tr>
<tr><td>姓名</td><td></td><td>学号</td><td></td><td>工位号</td><td></td></tr>
<tr><td rowspan="6">组员</td><td>班级</td><td>姓名</td><td>学号</td><td colspan="2">电话</td></tr>
<tr><td></td><td></td><td></td><td colspan="2"></td></tr>
<tr><td></td><td></td><td></td><td colspan="2"></td></tr>
<tr><td></td><td></td><td></td><td colspan="2"></td></tr>
<tr><td></td><td></td><td></td><td colspan="2"></td></tr>
<tr><td></td><td></td><td></td><td colspan="2"></td></tr>
<tr><td>任务分工</td><td colspan="5"></td></tr>
</table>

获取资讯

引导问题1：分析传动轴零件图样，并在传动轴加工数据表中写出任务零件的主要加工尺寸、几何公差要求及表面质量要求，为零件的编程做准备。

传动轴加工数据表

序号	项目	内容	偏差范围
1	主要加工尺寸		
2			
3			
4			
5			
6			
7			
8			
9	几何公差要求		
10	表面质量要求		

引导问题 2：分析端盖零件图样，并在端盖加工数据表中写出任务零件的主要加工尺寸、几何公差要求及表面质量要求，为零件的编程做准备。

端盖加工数据表

序号	项目	内容	偏差范围
1	主要加工尺寸		
2			
3			
4			
5			
6			
7			
8			
9	几何公差要求		
10	表面质量要求		

工作实施

1. 分析传动轴零件图样，明确加工要系，填写传动轴机械加工工艺过程卡。

传动轴机械加工工艺过程卡

<table>
<tr><td rowspan="2" colspan="2">零件名称</td><td rowspan="2" colspan="2"></td><td rowspan="2" colspan="2">机械加工工艺
过程卡</td><td>毛坯种类</td><td>材料</td><td colspan="2">共　页</td></tr>
<tr><td></td><td></td><td colspan="2">第　页</td></tr>
<tr><td>工序号</td><td colspan="2">工序名称</td><td colspan="4">工序内容</td><td>设备</td><td colspan="2">工艺装备</td></tr>
<tr><td></td><td colspan="2"></td><td colspan="4"></td><td></td><td colspan="2"></td></tr>
<tr><td></td><td colspan="2"></td><td colspan="4"></td><td></td><td colspan="2"></td></tr>
<tr><td></td><td colspan="2"></td><td colspan="4"></td><td></td><td colspan="2"></td></tr>
<tr><td></td><td colspan="2"></td><td colspan="4"></td><td></td><td colspan="2"></td></tr>
<tr><td></td><td colspan="2"></td><td colspan="4"></td><td></td><td colspan="2"></td></tr>
<tr><td></td><td colspan="2"></td><td colspan="4"></td><td></td><td colspan="2"></td></tr>
<tr><td></td><td colspan="2"></td><td colspan="4"></td><td></td><td colspan="2"></td></tr>
<tr><td>编制</td><td></td><td>日期</td><td colspan="2"></td><td>审核</td><td colspan="2"></td><td>日期</td><td></td></tr>
</table>

2. 分析端盖零件图样，填写端盖机械加工工艺过程卡。

端盖机械加工工艺过程卡

零件名称		机械加工工艺过程卡	毛坯种类	材料	共　页
					第　页
工序号	工序名称	工序内容	设备	工艺装备	
编制		日期		审核	日期

3. 明确加工工艺，填写数控加工工序卡。

数控加工工序卡（1）

单位		产品名称或代号		零件名称		零件图号
工序号	程序编号	夹具		使用设备		车间
工步号	工步内容	刀具号	刀具规格	主轴转速	进给速度	背吃刀量
编制		审核		时间		

数控加工工序卡（2）

单位		产品名称或代号		零件名称		零件图号
工序号	程序编号	夹具		使用设备		车间
工步号	工步内容	刀具号	刀具规格	主轴转速	进给速度	背吃刀量
编制		审核		时间		

实施检测

明确检测要素，组内检测分工，完成传动轴检测要素表和端盖检测要素表。

传动轴检测要素表

序号	检测要素	精度要求	工/量具

端盖检测要素表

序号	检测要素	精度要求	工/量具

按传动轴零件自检表和端盖零件自检表对加工好的零件进行检测，将结果填入。

传动轴零件自检表

零件名称				允许读数误差				
序号	项目	尺寸要求	使用的量具	测量结果				项目判定（合格否）
				NO. 1	NO. 2	NO. 3	平均值	
结论（对上述测量尺寸进行评价）				合格品（　　）	次品（　　）		废品（　　）	
处理意见								

端盖零件自检表

零件名称				允许读数误差				
序号	项目	尺寸要求	使用的量具	测量结果				项目判定（合格否）
				NO. 1	NO. 2	NO. 3	平均值	
结论（对上述测量尺寸进行评价）				合格品（ ）	次品（ ）		废品（ ）	
处理意见								

考核评价

各组代表展示作品，介绍任务完成过程。作品展示前应准备阐述材料。

小组自评表

班级		组名		日期	年 月 日
评价指标	评价要素			分数	分数评定
信息检索	能有效利用网络资源、工作手册查找有效信息；能用自己的语言有条理地去解释、表述所学知识；能将查找到的信息有效转换到工作中			10	
感知工作	是否熟悉各自的工作岗位，认同工作价值；在工作中是否获得满足感			10	
参与状态	与教师、同学之间是否相互尊重、理解、平等；与教师、同学之间是否能够保持多向、丰富、适宜的信息交流			10	
	探究学习、自主学习不流于形式，处理好合作学习和独立思考的关系，做到有效学习；能提出有意义的问题或能发表个人见解；能按要求正确操作；能够倾听、协作分享			10	
学习方法	工作计划、操作技能是否符合规范要求；是否获得了进一步发展的能力			10	

续表

<table>
<tr><td>班级</td><td></td><td>组名</td><td></td><td>日期</td><td>年 月 日</td></tr>
<tr><td>评价指标</td><td colspan="3">评价要素</td><td>分数</td><td>分数评定</td></tr>
<tr><td>工作过程</td><td colspan="3">遵守管理规程，操作过程符合现场管理要求；平时上课的出勤情况和每天完成工作任务情况较好；善于多角度思考问题，能主动发现、提出有价值的问题</td><td>15</td><td></td></tr>
<tr><td>思维状态</td><td colspan="3">能发现问题、提出问题、分析问题、解决问题、创新问题</td><td>10</td><td></td></tr>
<tr><td>自评反馈</td><td colspan="3">按时按质完成工作任务；较好地掌握了专业知识点；具有较强的信息分析能力和理解能力；具有较为全面、严谨的思维能力，并能条理明晰地表述成文</td><td>25</td><td></td></tr>
<tr><td colspan="4">自评分数</td><td colspan="2"></td></tr>
<tr><td>有益的经验和做法</td><td colspan="5"></td></tr>
<tr><td>总结反思建议</td><td colspan="5"></td></tr>
</table>

小组互评表

<table>
<tr><td>班级</td><td></td><td>组名</td><td></td><td>日期</td><td>年 月 日</td></tr>
<tr><td>评价指标</td><td colspan="3">评价要素</td><td>分数</td><td>分数评定</td></tr>
<tr><td rowspan="3">信息检索</td><td colspan="3">该组能否有效利用网络资源、工作手册查找有效信息</td><td>5</td><td></td></tr>
<tr><td colspan="3">该组能否用自己的语言有条理地去解释、表述所学知识</td><td>5</td><td></td></tr>
<tr><td colspan="3">该组能否将查找到的信息有效转换到工作中</td><td>5</td><td></td></tr>
<tr><td rowspan="2">感知工作</td><td colspan="3">该组能否熟悉自己的工作岗位、认同工作价值</td><td>5</td><td></td></tr>
<tr><td colspan="3">该组成员在工作中是否获得满足感</td><td>5</td><td></td></tr>
<tr><td rowspan="5">参与状态</td><td colspan="3">该组与教师、同学之间是否相互尊重、理解、平等</td><td>5</td><td></td></tr>
<tr><td colspan="3">该组与教师、同学之间是否能够保持多向、丰富、适宜的信息交流</td><td>5</td><td></td></tr>
<tr><td colspan="3">该组能否处理好合作学习和独立思考的关系，做到有效学习</td><td>5</td><td></td></tr>
<tr><td colspan="3">该组能否提出有意义的问题或能发表个人见解；能按要求正确操作；能够倾听、协作分享</td><td>5</td><td></td></tr>
<tr><td colspan="3">该组能否积极参与，在产品加工过程中不断学习，综合运用信息技术的能力得到提高</td><td>5</td><td></td></tr>
</table>

续表

班级		组名		日期	年 月 日
评价指标	评价要素			分数	分数评定
学习方法	该组的工作计划、操作技能是否符合规范要求			5	
	该组是否获得了进一步发展的能力			5	
工作过程	该组是否遵守管理规程，操作过程符合现场管理要求			5	
	该组平时上课的出勤情况和每天完成工作任务情况			5	
	该组成员是否能加工出合格工件，并善于多角度思考问题，能主动发现、提出有价值的问题			15	
思维状态	该组是否能发现问题、提出问题、分析问题、解决问题、创新问题			5	
互评反馈	该组是否能严肃、认真地对待互评，并能独立完成测试题			10	
自评分数					
有益的经验和做法					
总结反思建议					

总评表

序号	评价项目	小组自评（30%）	小组互评（30%）	教师评价（40%）	总评
1	任务是否按时完成				
2	材料完成并上交情况				
3	作品质量				
4	语言表达能力				
5	小组成员合作情况				
6	创新点				

问题分析总结

任务完成后，学员根据任务实施情况分析存在的问题及原因，并填写任务实施情况分析表。指导教师对任务实施情况进行讲评。

任务实施情况分析表

任务实施过程	存在的问题	解决问题的方法	点评
制订零件加工工艺			
编制加工程序			
仿真加工			
机床加工			
零件检测			
安全文明			

学习任务十七 1+X 数控车铣加工考核训练（高级）

学习任务卡

任务编号	17	任务名称	1+X 数控车铣加工考核训练（高级）
设备名称	数控车床、数控铣床	考核区域	铣削中心、车削中心
数控系统	HNC-8 型数控车削系统	考核时间	300 分钟
参考文件	1+X 数控车铣加工职业技能等级标准		
考核要求	1+X 数控车铣加工（中级）考核要求如下： 1. CAD/CAM 软件由考点提供，考生不得使用自带软件；考生根据清单自带刀具、夹具、量具、工具等，禁止使用清单中所列规格之外的刀具，否则，考核师有权决定终止其参加考核。 2. 考生考核场次和考核工位由考点统一安排抽取。 3. 考核时间分为两个环节，即机床连续加工 240 分钟和工艺编制与编程 60 分钟，共计 300 分钟。 4. 考生按规定时间到达指定地点，凭身份证和准考证进入考场。 5. 考生考核前 15 分钟进入考核工位，清点工具，确认现场条件无误；考核时间开始方可进行操作。考生迟到 15 分钟按自行放弃考核处理。 6. 考生不得携带通信工具和其他未经允许的资料、物品进入考核现场，不得中途退场。如出现较严重的违规、违纪、舞弊等现象，考核管理部门有权取消其考核成绩。 7. 考生自备劳服用品（工作服、安全鞋、安全帽、防护镜等），考核时，应按照专业安全操作要求穿戴个人劳保防护用品，并严格遵照操作规程进行考核，符合安全、文明生产要求。 8. 考生的着装及所带用具不得出现标识。 9. 考核时间为连续进行，包括数控编程、零件加工、检测和清洁整理等时间；考生休息、饮食和如厕等时间都计算在考核时间内。 10. 考核过程中，考生须严格遵守相关操作规程，确保设备及人身安全，并接受考核师的监督和警示；如考生在考核中因违章操作出现安全事故，取消继续考核的资格，成绩记零分。 11. 机床在工作中发生故障或产生不正常现象时，应立即停机，保持现场状态，同时应立即报告当值考核师。如因设备故障所造成的停机排除时间，考生应抓紧时间完成其他工作内容，现场考核师经请示核准后酌情补偿考核时间。 12. 考生完成考核项目后，提请考核师到工位处检查确认并登记相关内容，考核终止时间由考核师记录，考生签字确认；考生结束考核后，不得再进行任何操作。 13. 考生不得擅自修改数控系统内的机床参数。 14. 考核师在考核结束前 15 分钟提醒考生剩余时间。当听到考核结束指令时，考生应立即停止操作，不得以任何理由拖延时间继续操作。离开考核场地时，不得将草稿纸等与考核有关的物品带离考核现场。			

续表

任务编号	17	任务名称	1+X 数控车铣加工考核训练（高级）
考核内容	考试现场操作的方式，以批量加工中试切件为考核项目，完成以下考核任务： 1. 职业素养。（8 分） 2. 根据机械加工工艺过程卡，完成指定零件的机械加工工序卡、数控加工刀具卡、数控加工程序单。（12 分） 3. 零件编程及加工： （1）按照任务书要求，完成零件的加工。（70 分） （2）根据自检表完成零件的部分尺寸自检。（5 分） （3）按照任务书完成零件的装配。（5 分）		

考核提供的考件

序号	零件名称	材料	规格	数量	备注
1	传动轴	45 钢	ϕ50 mm×78mm	1	圆棒
2	端盖	2A12 铝合金	80 mm×80 mm×25mm	1	方料

注明：每一名考生每次考试过程中只允许各使用一个毛坯。

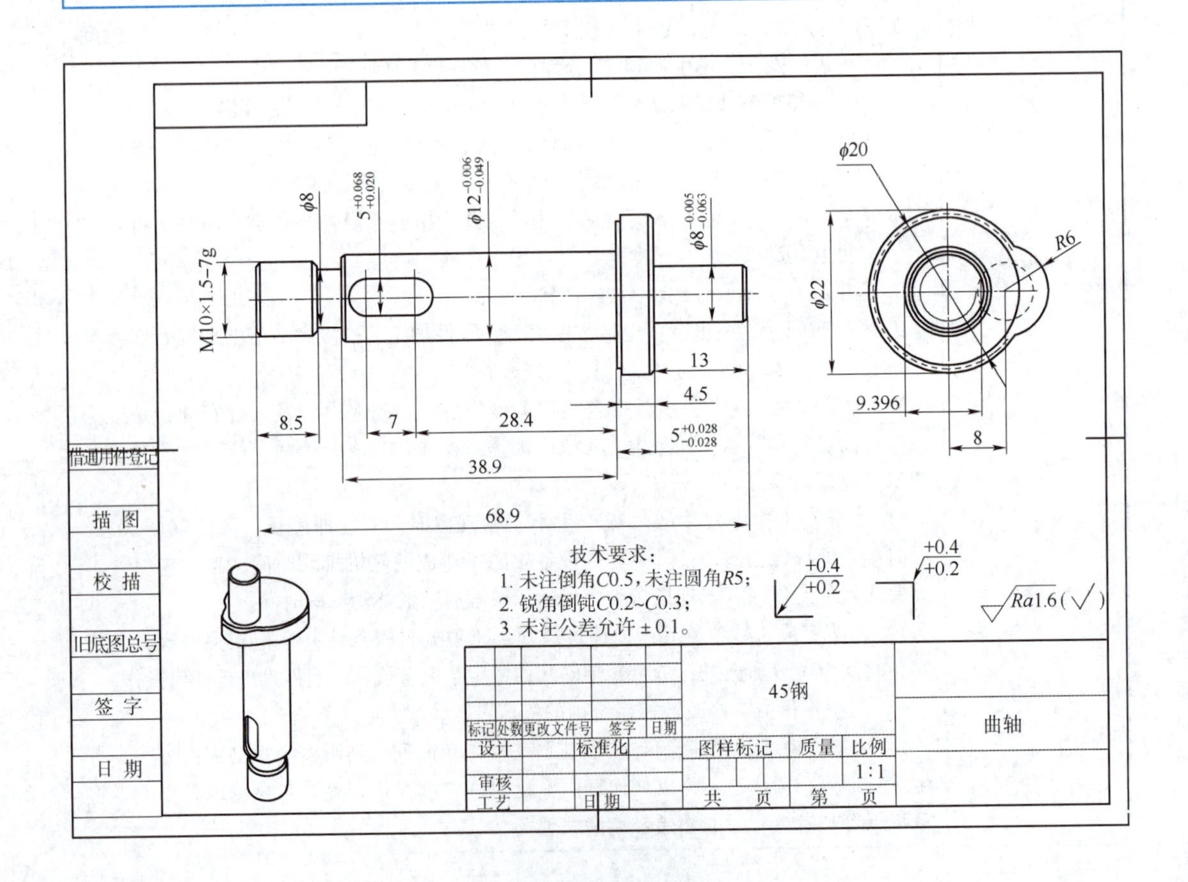

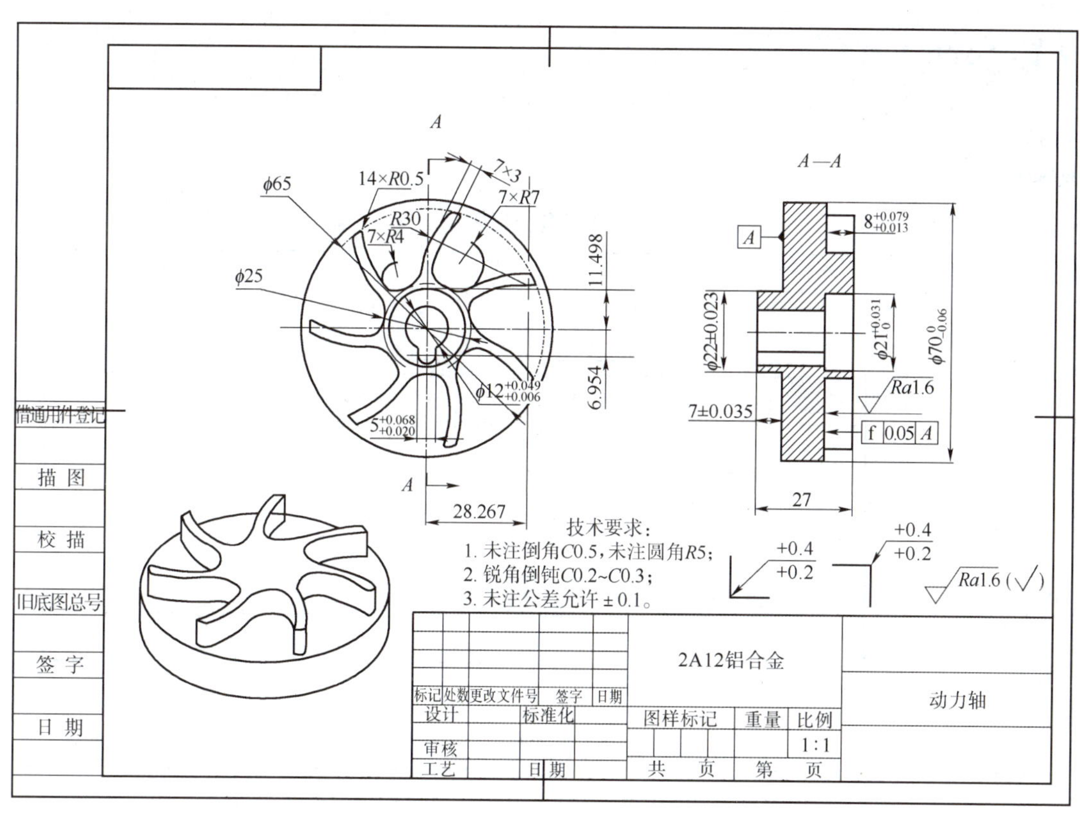

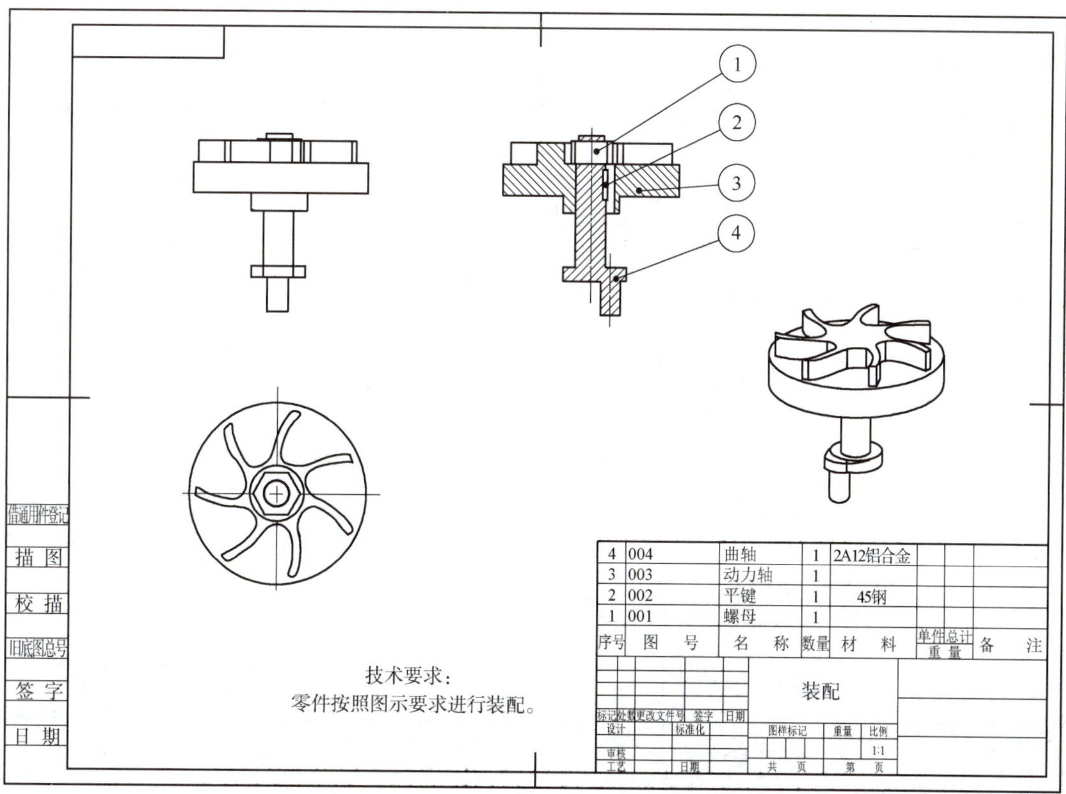

序号	图号	名称	数量	材料	单件 总计 重量	备注
4	004	曲轴	1	2A12铝合金		
3	003	动力轴	1			
2	002	平键	1	45钢		
1	001	螺母	1			

考核任务书

任务分组

学生任务分配表

<table>
<tr><td>班级</td><td></td><td>组号</td><td></td><td>指导教师</td><td></td></tr>
<tr><td>姓名</td><td></td><td>学号</td><td></td><td>工位号</td><td></td></tr>
<tr><td>组员</td><td colspan="5"><table>
<tr><td>班级</td><td>姓名</td><td>学号</td><td>电话</td></tr>
<tr><td></td><td></td><td></td><td></td></tr>
<tr><td></td><td></td><td></td><td></td></tr>
<tr><td></td><td></td><td></td><td></td></tr>
<tr><td></td><td></td><td></td><td></td></tr>
<tr><td></td><td></td><td></td><td></td></tr>
</table></td></tr>
<tr><td>任务分工</td><td colspan="5"></td></tr>
</table>

获取资讯

引导问题 1： 分析传动轴零件图样，并在传动轴加工数据表中写出任务零件的主要加工尺寸、几何公差要求及表面质量要求，为零件的编程做准备。

传动轴加工数据表

<table>
<tr><td>序号</td><td>项目</td><td>内容</td><td>偏差范围</td></tr>
<tr><td>1</td><td rowspan="8">主要加工尺寸</td><td></td><td></td></tr>
<tr><td>2</td><td></td><td></td></tr>
<tr><td>3</td><td></td><td></td></tr>
<tr><td>4</td><td></td><td></td></tr>
<tr><td>5</td><td></td><td></td></tr>
<tr><td>6</td><td></td><td></td></tr>
<tr><td>7</td><td></td><td></td></tr>
<tr><td>8</td><td></td><td></td></tr>
<tr><td>9</td><td>几何公差要求</td><td></td><td></td></tr>
<tr><td>10</td><td>表面质量要求</td><td></td><td></td></tr>
</table>

引导问题 2：分析端盖零件图样，并在端盖加工数据表中写出任务零件的主要加工尺寸、几何公差要求及表面质量要求，为零件的编程做准备。

端盖加工数据表

<table>
<tr><th>序号</th><th>项目</th><th>内容</th><th>偏差范围</th></tr>
<tr><td>1</td><td rowspan="8">主要加工尺寸</td><td></td><td></td></tr>
<tr><td>2</td><td></td><td></td></tr>
<tr><td>3</td><td></td><td></td></tr>
<tr><td>4</td><td></td><td></td></tr>
<tr><td>5</td><td></td><td></td></tr>
<tr><td>6</td><td></td><td></td></tr>
<tr><td>7</td><td></td><td></td></tr>
<tr><td>8</td><td></td><td></td></tr>
<tr><td>9</td><td>几何公差要求</td><td></td><td></td></tr>
<tr><td>10</td><td>表面质量要求</td><td></td><td></td></tr>
</table>

工作实施

1. 分析传动轴零件图样，明确加工要系，填写传动轴机械加工工艺过程卡。

传动轴机械加工工艺过程卡

<table>
<tr><td colspan="2" rowspan="2">零件名称</td><td rowspan="2"></td><td rowspan="2">机械加工工艺
过程卡</td><td>毛坯种类</td><td>材料</td><td>共　页</td></tr>
<tr><td></td><td></td><td>第　页</td></tr>
<tr><td>工序号</td><td colspan="2">工序名称</td><td colspan="2">工序内容</td><td>设备</td><td>工艺装备</td></tr>
<tr><td></td><td colspan="2"></td><td colspan="2"></td><td></td><td></td></tr>
<tr><td></td><td colspan="2"></td><td colspan="2"></td><td></td><td></td></tr>
<tr><td></td><td colspan="2"></td><td colspan="2"></td><td></td><td></td></tr>
<tr><td></td><td colspan="2"></td><td colspan="2"></td><td></td><td></td></tr>
<tr><td></td><td colspan="2"></td><td colspan="2"></td><td></td><td></td></tr>
<tr><td></td><td colspan="2"></td><td colspan="2"></td><td></td><td></td></tr>
<tr><td></td><td colspan="2"></td><td colspan="2"></td><td></td><td></td></tr>
<tr><td>编制</td><td></td><td>日期</td><td></td><td>审核</td><td></td><td>日期</td></tr>
</table>

2. 分析端盖零件图样，填写端盖加机械加工工艺过程卡。

端盖机械加工工艺过程卡

零件名称		机械加工工艺过程卡		毛坯种类	材料	共　页	
						第　页	
工序号	工序名称		工序内容		设备	工艺装备	
编制		日期		审核		日期	

3. 明确加工工艺，填写数控加工工序卡。

数控加工工序卡（1）

单位		产品名称或代号		零件名称		零件图号
工序号	程序编号	夹具		使用设备		车间
工步号	工步内容	刀具号	刀具规格	主轴转速	进给速度	背吃刀量
编制		审核		时间		

数控加工工序卡（2）

单位		产品名称或代号		零件名称		零件图号
工序号	程序编号	夹具		使用设备		车间
工步号	工步内容	刀具号	刀具规格	主轴转速	进给速度	背吃刀量
编制		审核		时间		

实施检测

明确检测要素，组内检测分工，完成传动轴检测要素表和端盖检测要素表。

传动轴检测要素表

序号	检测要素	精度要求	工/量具

端盖检测要素表

序号	检测要素	精度要求	工/量具

按传动轴零件自检表和端盖零件自检表对加工好的零件进行检测，将结果填入。

传动轴零件自检表

零件名称				允许读数误差				
序号	项目	尺寸要求	使用的量具	测量结果				项目判定（合格否）
				NO. 1	NO. 2	NO. 3	平均值	
结论（对上述测量尺寸进行评价）				合格品（　）		次品（　）		废品（　）
处理意见								

端盖零件自检表

零件名称				允许读数误差				
序号	项目	尺寸要求	使用的量具	测量结果				项目判定（合格否）
				NO. 1	NO. 2	NO. 3	平均值	
结论（对上述测量尺寸进行评价）				合格品（ ） 次品（ ） 废品（ ）				
处理意见								

考核评价

各组代表展示作品，介绍任务完成过程。作品展示前应准备阐述材料。

小组自评表

班级		组名		日期	年 月 日
评价指标	评价要素			分数	分数评定
信息检索	能有效利用网络资源、工作手册查找有效信息；能用自己的语言有条理地去解释、表述所学知识；能将查找到的信息有效转换到工作中			10	
感知工作	是否熟悉各自的工作岗位，认同工作价值；在工作中是否获得满足感			10	
参与状态	与教师、同学之间是否相互尊重、理解、平等；与教师、同学之间是否能够保持多向、丰富、适宜的信息交流			10	
	探究学习、自主学习不流于形式，处理好合作学习和独立思考的关系，做到有效学习；能提出有意义的问题或能发表个人见解；能按要求正确操作；能够倾听、协作分享			10	
学习方法	工作计划、操作技能是否符合规范要求；是否获得了进一步发展的能力			10	

续表

班级		组名		日期	年　月　日
评价指标	评价要素			分数	分数评定
工作过程	遵守管理规程，操作过程符合现场管理要求；平时上课的出勤情况和每天完成工作任务情况较好；善于多角度思考问题，能主动发现、提出有价值的问题			15	
思维状态	能发现问题、提出问题、分析问题、解决问题、创新问题			10	
自评反馈	按时按质完成工作任务；较好地掌握了专业知识点；具有较强的信息分析能力和理解能力；具有较为全面、严谨的思维能力，并能条理明晰地表述成文			25	
自评分数					
有益的经验和做法					
总结反思建议					

小组互评表

班级		组名		日期	年　月　日
评价指标	评价要素			分数	分数评定
信息检索	该组能否有效利用网络资源、工作手册查找有效信息			5	
	该组能否用自己的语言有条理地去解释、表述所学知识			5	
	该组能否将查找到的信息有效转换到工作中			5	
感知工作	该组能否熟悉自己的工作岗位、认同工作价值			5	
	该组成员在工作中是否获得满足感			5	
参与状态	该组与教师、同学之间是否相互尊重、理解、平等			5	
	该组与教师、同学之间是否能够保持多向、丰富、适宜的信息交流			5	
	该组能否处理好合作学习和独立思考的关系，做到有效学习			5	
	该组能否提出有意义的问题或能发表个人见解；能按要求正确操作；能够倾听、协作分享			5	
	该组能否积极参与，在产品加工过程中不断学习，综合运用信息技术的能力得到提高			5	

续表

班级		组名		日期	年 月 日
评价指标	评价要素			分数	分数评定
学习方法	该组的工作计划、操作技能是否符合规范要求			5	
	该组是否获得了进一步发展的能力			5	
工作过程	该组是否遵守管理规程，操作过程符合现场管理要求			5	
	该组平时上课的出勤情况和每天完成工作任务情况			5	
	该组成员是否能加工出合格工件，并善于多角度思考问题，能主动发现、提出有价值的问题			15	
思维状态	该组是否能发现问题、提出问题、分析问题、解决问题、创新问题			5	
互评反馈	该组是否能严肃、认真地对待互评，并能独立完成测试题			10	
互评分数					
有益的经验和做法					
总结反思建议					

总评表

序号	评价项目	小组自评（30%）	小组互评（30%）	教师评价（40%）	总评
1	任务是否按时完成				
2	材料完成并上交情况				
3	作品质量				
4	语言表达能力				
5	小组成员合作情况				
6	创新点				

问题分析总结

任务完成后，学员根据任务实施情况分析存在的问题及原因，并填写任务实施情况分析表。指导教师对任务实施情况进行讲评。

任务实施情况分析表

任务实施过程	存在的问题	解决问题的方法	点评
制订零件加工工艺			
编制加工程序			
仿真加工			
机床加工			
零件检测			
安全文明